재료화학

정찬문 지음

자유아카데미

머리말

돌을 재료로 하는 석기, 진흙을 재료로 하는 토기를 사용하던 인류는 청동이나 철을 제련하는 방법을 알아내면서 더 진보된 문명으로 발전하였다. 인류는 자연에서 얻은 다양한 재료로 기구를 만들어 농사를 짓고 사냥을 했으며 나아가 마을과 국가를 세웠다. 금속과 세라믹 재료에 이어서 19세기에는 합성 고분자가 개발되면서 우리 생활의 전 영역에 재료가 기여하고 있다. 우리의 기본적인 의식주에 사용되는 재료로부터 컴퓨터, 휴대전화, 자동차, 비행기 등의 첨단 제품을 구성하는 재료에 이르기까지 인류의 문명에서 재료는 핵심적이다. 향후 21세기 첨단 과학기술의 발전에서도 재료는 주도적인 역할을 할 것이다.

재료는 물질로 되어 있고, 화학은 물질의 합성과 반응을 다루는 학문이므로, 재료의 발전에는 화학이 핵심적인 역할을 한다고 할 수 있다. 화학은 특히 새로운 구조의 물질을 합성하는 데 유용하다. 이 책에서는 재료를 화학적 측면에서 살펴보았으며, 금속, 세라믹, 고분자로 구분하여 각 재료의 종류, 미세구조, 구조–특성 상관관계, 제조 방법, 첨단소재 등을 소개하였다. 이 책의 집필을 위해 다양한 도서, 잡지, 인터넷 기사 등을 참고하였음을 미리 밝혀 둔다.

좋은 책을 만들기 위해 나름대로 최선을 다했지만 미흡한 부분이 있을 수 있다. 이 점은 양해를 바라며, 수정 또는 보완이 필요한 부분이 있으면 출판사나 저자(cmchung@yonsei.ac.kr)에게 알려주시길 부탁드린다. 추후 수정사항이 정리되면 자유아카데미 홈페이지 자료실(www.freeaca.com)을 통해 제공하고, 다음 인쇄판 또는 개정판에 반영할 계획이다.

끝으로, 이 책의 집필을 적극 권유하고 또 도움을 아끼지 않은 자유아카데미 관계자들께 감사의 뜻을 전하고 싶다.

2023년 3월 어느 날,

따스한 봄의 기운이 스며드는 캠퍼스에서

차례

PART 1

재료화학 개요

CHAPTER 1 재료화학 서론

CHAPTER

1 재료화학 서론

01 재료

우리 주변에 있는 산업 제품들을 살펴보자. 예를 들어, 강의실을 둘러보면 천장, 바닥, 벽, 창문 등을 구성하는 건축 제품이 눈에 띄며, 책상, 칠판, 빔프로젝터 등의 교육용 기자재도 보일 것이다. 우리가 몸에 걸치고 있는 옷이나 신발을 비롯하여, 휴대전화와 노트북 컴퓨터, 필기구, 음료수 병 등도 보이며, 창밖으로는 자동차나 건물 등이 보인다. 이러한 제품들은, 그 내부로 들어가 보면 매우 다양한 '재료'(같은 의미로 소재라는 표현도 사용됨)로 구성된 것을 알 수 있다.

일반적으로 '**재료**(材料)' 또는 '**소재**(素材)'라는 표현(영어로는 materials라고 함)은 매우 다양한 분야에 사용되고 있다. 음식 재료, 미술 재료 등의 표현에도 사용되며, 문학 작품 또는 영화의 소재라는 표현에도 사용된다. 범위를 산업 제품으로 좁혀서 살펴보면 형체(모양)가 중요한 역할을 하는 제품과, 형체가 중요하지 않은 제품으로 나눌 수 있다. 형체가 중요한 물체 제품의 예로는 위에 나열한, 강의실에서 눈에 띄는 대부분의 제품을 들 수 있다(그림 1.1). 형체가 중요하지 않고, 형체를 가지고 있더라도 사용 후 형체가 없어지는 제품으로서는 음식, 의약품, 염료, 잉크, 세제, 식품 첨가물, 연료, 살충제 등이 있다. 이 책에서는 형체가 중요한 제품을 구성하는 재료를 중점적으로 다룰 것이다.

그림 1.1 형체가 중요한 제품의 예.

어떤 제품의 품질에 핵심적으로 영향을 주는 요소 중의 하나는 기본적으로 그 제품을 구성하는 재료라고 할 수 있다. 재료의 품질이 우수해야 그 재료로 만든 제품의 품질이 우수할 것이다. 따라서 재료의 본질을 정확하게 이해하는 것은 중요하다고 할 수 있다. 이를 바탕으로 재료의 품질을 향상시키거나 새로운 재료를 개발하는 것이 가능해지기 때문이다.

02 재료화학

화학은 우주와 지구에 존재하는 물질을 연구하는 학문으로, 물질을 구성하는 원자와 분자의 세계를 탐구하여 물질의 구조와 특성을 파악하고, 어떤 물질이 다른 물질로 변하는 과정인 반응(즉, 화학 반응)을 연구한다. 재료는 기본적으로 물질로 구성되어 있으므로, 물질을 연구하는 화학은 재료 연구의 핵심 학문이라고 할 수 있다.

'**재료화학**(materials chemistry)'은 재료와 관련된 화학을 의미한다. 재료화학의 궁극적인 목표는, 물질로부터 다양한 재료를 개발하여 인류의 삶을 편리하고 풍요롭게 하는 것이다. 우리의 일상생활 속에 깊숙이 자리 잡고 있는 대표적인 재료의 예로는, 식 1.1에 나타낸 **폴리에틸렌테레프탈레이트**(poly(ethylene terephthalate), PET 또는 PETE, 1941년 특허 획득)를 들 수 있다. PET는 주로 에틸렌글리콜(ethylene glycol)과 테레프탈산(terephthalic acid)의 반응을 통해 합성되며, 투명한 것이 특징이다. PET는 그림 1.2에 나타내었듯이 플라스틱으로는 음료수병, 음식 용기 등에, 섬유로는 의복, 인조혈관 등에 널리 사용되고 있다.

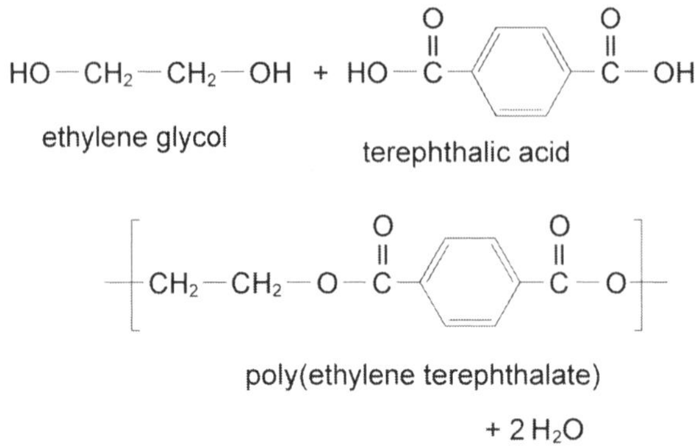

(1.1)

그림 1.2 PET(또는 PETE)의 활용(음료수병, 의복, 인조혈관).
(출처: (가운데)Tarzhanova/Shutterstock, (오른쪽)Elkagye/Wikimedia Commons)

재료화학의 보편적인 연구체계를 그림 1.3에 나타내었다. 첫 번째로, 재료화학자는 어떤 특정한 화학구조의 물질이 어떠한 성질을 나타낼 것이라는 가설을 세우고 해당 화학구조의 물질을 **분자 설계**하고 합성한다. 두 번째로, 합성된 물질의 화학구조를 분석하여 본래 의도했던 화학구조가 생성되었는지를 확인하고, 고체 구조(고체 내의 원자 또는 분자의 배열 상태 등)를 분석한다. 세 번째로, 해당 재료가 필요한 물리적, 화학적 특성을 원하는 수준으로 나타내는지 평가한다. 여기서 **구조–특성 상관관계**(structure–property relationship)에 대한 지식이 얻어지고 축적된다. 구조–특성 상

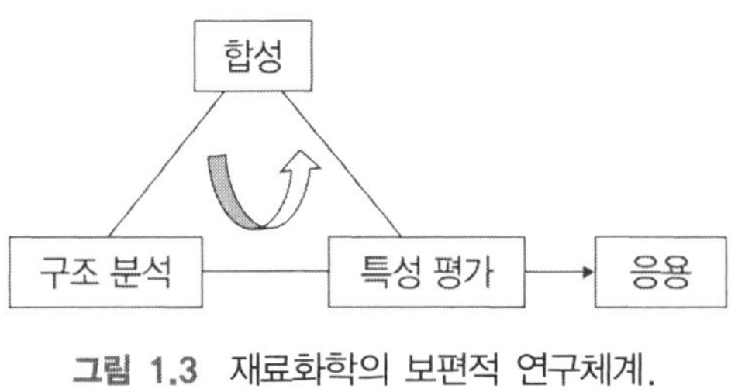

그림 1.3 재료화학의 보편적 연구체계.

관관계에 대한 지식은 새로운 재료를 개발하는 데 중요한 역할을 한다. 이런 지식이 축적될수록, 구조만 보고도 재료의 특성을 어느 정도 예측할 수 있기 때문이다. 한편, 합성된 재료에서 원하는 특성이 충분한 수준으로 나타난다면 응용(상업화) 연구로 발전시킬 수 있다. 재료의 특성이 충분하지 않다면 그 원인을 추정하고 환류(feedback)하여 다시 첫 번째 단계로 되돌아가, 개선된 화학구조를 분자 설계하여 합성하거나, 두 번째 단계로 되돌아가 고체 구조를 개선해 본다.

화학이 다른 학문과 뚜렷이 구별되는 부분은 새로운 화학구조 및 고체 구조를 가진 물질의 합성이 가능하다는 점이라고 할 수 있다. 혁신적인 재료는 일반적으로 새로운 화학구조를 토대로 하므로, 재료화학은 재료의 발전에 있어서 가장 중요한 토대 중의 하나라고 할 수 있다. 그러나 재료의 발전에는 화학뿐만 아니라 물리학, 생명과학, 수학, 신소재공학, 화학공학, 전자공학, 기계공학, 컴퓨터공학, 의학 등의 학문이 폭넓게 관련되어 있다. 따라서 재료의 효과적인 개발을 위해서는 다른 분야와의 지속적인 협업 역시 중요하다.

03 신소재와 재료화학

신소재의 의미는, 종래의 재료에 비하여 우수한 특성(성능(performance)이나 기능(function))이 있어서 효용 가치가 큰 재료를 말한다. 예를 들면, 석기에 비하면 청동기가, 청동기에 비하면 철기가 보다 우수한 성능을 가지므로 신소재라고 할 수 있다. 인류는 끊임없이 신소재를 개발하면서 문명을 발전시켜 왔고, 따라서 재료는 인류의 문명과 밀접한 관련이 있다고 말할 수 있다.

신소재는 앞으로도 21세기의 인류 문명과 과학기술을 이끄는 핵심 역할을 할 것으로 예상된다. 첨단 제품은 기본적으로 새로운 성능이나 기능을 갖는 신소재를 필요로 하기 때문이다. 컴퓨터용 모니터 또는 TV를 예로 들어 보자. **유기발광 다이오드**(organic light emitting diode, OLED) 디스플레이가 **액정 디스플레이**(liquid crystal display, LCD)의 뒤를 이어 주력 디스플레이로 성장하고 있다. 표 1.1에 정리한 대로,

OLED 디스플레이는 LCD에 비해 화질 반응속도가 1000배 이상 빠르다. LCD가 액정 분자의 움직임을 통해 동영상 신호를 재생하기 때문에 구조적으로 시야각이 좁고 응답속도가 느린 데 비해, OLED 디스플레이는 색소 물질이 직접 색깔을 내기 때문에 어떤 각도에서든 선명한 이미지를 보여줄 수 있고 응답속도가 빨라 잔상이 남지 않는다. 또한 LCD에는 백라이트와 컬러 필터가 필요한 반면 OLED 디스플레이에는 이런 요소들이 필요하지 않다. 따라서 향후 OLED가 신소재로서 디스플레이 시장을 주도할 것으로 예상된다. OLED 디스플레이는 나아가 둘둘 말 수 있거나(rollable), 접을 수 있는(foldable) 디스플레이 재료로도 발전할 것으로 기대되고 있다.

표 1.1 LCD와 OLED 디스플레이의 비교

	LCD	OLED 디스플레이
화질 반응속도	느림	빠름
시야각	좁음	넓음
응답속도	느림(잔상 남음)	빠름(잔상 남지 않음)
백라이트, 컬러 필터 필요 여부	필요	불필요

신소재의 개발에는 재료화학이 새로운 재료의 합성이라는 측면에서 지속적으로 이바지해야 한다. 그림 1.3에 나타내었듯이 재료화학의 접근 방법에서는 우선, 어떤 화학구조의 재료가 우리가 원하는 특성을 나타낼 것인지를 예측한다. 여기에는 계산화학(computational chemistry)의 도움을 받을 수도 있을 것이다. 다음으로, 이 구조의 재료를 합성하기 위한 방법을 고안한다. 이 재료를 합성하고 구조를 확인한 후, 원하는 특성을 갖는지를 평가한다. 이 사이클을 반복함으로써 마침내 원하는 수준까지 특성을 향상시킨 신소재를 얻어낼 수 있다.

PART 2

재료화학의 기본 개념

CHAPTER 2

재료의 기본 개념

01 재료들의 특성이 서로 다른 이유

자연계에 존재하는 천연재료들이나 인류가 지금까지 개발해 온 인공 재료들은 그 특성이 매우 다양하다. 재료들이 이렇게 서로 다른 특성을 나타내는 근본적인 이유는 다음과 같이 설명될 수 있다. 첫째, 구성 원소가 다르거나 구성 원소의 조합이 다르다. 둘째, **화학 결합**(chemical bond)의 종류가 다르다. 셋째, 고체 구조 내에서 원자/분자의 배열 방식이 다르다. 고체 내의 배열은 배열이 규칙적인 결정성(crystalline)과 규칙성이 없는 비정질(amorphous)로 크게 나누어지며, 결정성인 경우에도 결정 구조(crystal structure)가 서로 다를 수 있다. 넷째, 분자에서 원자의 연결 방식이 다르다. 다섯째, 분자에서 분자 단위의 크기(즉, 분자량)가 다르다. 여섯째, 결함의 종류나 정도가 다르다. 이들 중 하나 이상의 요소가 다를 경우 특성이 달라질 수 있다.

재료들은 그 구성 물질과 특성이 매우 다양하여 간단하게 분류하기 쉽지는 않으나, 원소의 종류, 원자들의 전자 구조와 결합 방식에 따라 크게 금속(metal), 세라믹(ceramic), 고분자(polymer)로 분류하는 것이 일반적이다. **금속** 재료는 구리나 철 같은 금속 원소의 원자들이 규칙적으로 배열하여 결정 상태의 구조를 이루고 있는 무기 물질이다. **세라믹**은 MgO, Al_2O_3, SiC, 그래핀 등과 같이 (준)금속 원소와 비금속 원소가 결합하거나 비금속 원소들끼리 결합하여 생성된 화합물로, 일반적으로 결정 또는 비정질 상태로 존재하는 무기 물질이다. **고분자**는 탄소, 수소, 산소 등의 비금속 원소의 원자들이 결합하여 생성된 긴 분자 사슬로 이루어져 있으며, 주로 비정질 상태로 존재한다. 고분자의 대부분은 유기 물질에 속한다. 이 장에서는 재료의 특성을 결정하는 기본 원리인 원자들의 화학 결합 방식을 먼저 살펴볼 것이다.

02 화학 결합

원자는 양전하를 띤 핵과 음전하를 띤 전자로 구성되어 있다. 핵심부 전자(core electron)는 원자의 내부에 있는 전자로, 핵으로부터 강한 인력을 받고 있다. 최외각 전자(**원자가 전자**, valence electron)는 그렇지 않기 때문에 다른 원자들과의 결합에서 주된 역할을 할 수 있다. 원자가 전자수가 같은 원소들은 매우 유사한 물리적 · 화학적 성질을 가지며, 따라서 원자가 전자수를 기준으로 원소들을 분류한 것이 **주기율표**(periodic table)이다(그림 2.1). 주기율표에 나오는 원소들의 원자 간 화학 결합에 의하여 다양한 화합물들이 만들어지고, 우주 만물이 구성된다.

원자들의 원자가 전자끼리의 상호작용을 통해, 원자들 사이에 원자들을 잡아주는 힘이 형성된다. 이를 화학 결합이라고 한다. 금속에서 원자들은 바다처럼 퍼져 있는 전자들에 의해 붙들려 있다(금속 결합). 양전하를 띠는 원자들이 음전하를 띠는 원자들에 의해 붙들려 있는가 하면(이온 결합), 원자들이 전자를 공유하면서 붙들려 있기도 한다(공유 결합). 일반적으로, 원자 간의 결합에서 원자가 전자들의 거동 방식에 따라 화학 결합 방식을 이처럼 금속 결합, 이온 결합, 공유 결합으로 분류한다.

원소 기호 → C 6 ← 원자 번호
영어명 → Carbon
한글명 → 탄소
원자량 → 12.011

금속 (Metal)
준금속 (Semimetal)
비금속 (Nonmetal)

주기＼족	1	2	3	4	5	6	7	8	9	10	11	12	13	14	15	16	17	18
1	H 1 Hydrogen 수소 1.007																	He 2 Helium 헬륨 4.0026
2	Li 3 Lithium 리튬 6.941	Be 4 Beryllium 베릴륨 9.0122											B 5 Boron 붕소 10.811	C 6 Carbon 탄소 12.011	N 7 Nitrogen 질소 14.0067	O 8 Oxygen 산소 15.9994	F 9 Fluorine 플루오린 18.9984	Ne 10 Neon 네온 20.1797
3	Na 11 Sodium 소듐(나트륨) 22.9898	Mg 12 Magnesium 마그네슘 24.305											Al 13 Aluminium 알루미늄 26.9815	Si 14 Silicon 규소 28.0855	P 15 Phosphorus 인 30.9738	S 16 Sulfur 황 32.0650	Cl 17 Chlorine 염소 35.4533	Ar 18 Argon 아르곤 39.948
4	K 19 Potassium 포타슘(칼륨) 39.0983	Ca 20 Calcium 칼슘 40.078	Sc 21 Scandium 스칸듐 44.9559	Ti 22 Titanium 타이타늄 47.867	V 23 Vanadium 바나듐 50.9415	Cr 24 Chromium 크로뮴 51.9961	Mn 25 Manganese 망가니즈 54.938	Fe 26 Iron 철 55.845	Co 27 Cobalt 코발트 58.9332	Ni 28 Nickel 니켈 58.6934	Cu 29 Copper 구리 63.546	Zn 30 Zinc 아연 65.409	Ga 31 Gallium 갈륨 69.723	Ge 32 Germanium 저마늄 72.64	As 33 Arsenic 비소 74.9216	Se 34 Selenium 셀레늄 78.96	Br 35 Bromine 브로민 79.904	Kr 36 Krypton 크립톤 83.798
5	Rb 37 Rubidium 루비듐 85.4678	Sr 38 Strontium 스트론튬 87.62	Y 39 Yttrium 이트륨 88.9059	Zr 40 Zirconium 지르코늄 91.224	Nb 41 Niobium 나이오븀 92.9064	Mo 42 Molybdenum 몰리브데넘 95.94	Tc 43 Technetium 테크네튬 98.9063	Ru 44 Ruthenium 루테늄 101.07	Rh 45 Rhodium 로듐 102.9055	Pd 46 Palladium 팔라듐 106.42	Ag 47 Silver 은 107.8682	Cd 48 Cadmium 카드뮴 112.411	In 49 Indium 인듐 114.818	Sn 50 Tin 주석 118.71	Sb 51 Antimony 안티모니 121.76	Te 52 Tellurium 텔루륨 127.6	I 53 Iodine 아이오딘 126.9045	Xe 54 Xenon 제논 131.293
6	Cs 55 Cesium 세슘 132.9055	Ba 56 Barium 바륨 137.327		Hf 72 Hafnium 하프늄 178.49	Ta 73 Tantalum 탄탈럼 180.9479	W 74 Tungsten 텅스텐 183.84	Re 75 Rhenium 레늄 186.207	Os 76 Osmium 오스뮴 190.23	Ir 77 Iridium 이리듐 192.217	Pt 78 Platinum 백금 195.078	Au 79 Gold 금 196.9666	Hg 80 Mercury 수은 200.59	Tl 81 Thallium 탈륨 204.3833	Pb 82 Lead 납 207.2	Bi 83 Bismuth 비스무트 208.9804	Po 84 Polonium 폴로늄 208.9824	At 85 Astatine 아스타틴 209.9871	Rn 86 Radon 라돈 222.0176
7	Fr 87 Francium 프랑슘 223.0197	Ra 88 Radium 라듐 226.0254		Rf 104 Rutherfordium 러더포듐 261.1088	Db 105 Dubnium 더브늄 262.1142	Sg 106 Seaborgium 시보귬 266.1219	Bh 107 Bohrium 보륨 264.1247	Hs 108 Hassium 하슘 269.13	Mt 109 Meitnerium 마이트너륨 268.1388	Ds 110 Darmstadtium 다름스타튬 271.15	Rg 111 Roentgenuim 뢴트게늄 272.1535	Cn 112 Copernicium 코페르니슘 (277)	Nh 113 Nihonium 니호늄 (284.18)	Fl 114 Flerovium 플레로븀 (289.19)	Mc 115 Moscovium 모스코븀 (288.19)	Lv 116 Livermorium 리버모륨 (293)	Ts 117 Tennessine 테네신 (294)	Og 118 Oganesson 오가네손 (294)

란타넘족 (Lanthanides)	6	La 57 Lanthanum 란타넘 138.9055	Ce 58 Cerium 세륨 140.116	Pr 59 Praseodymium 프라세오디뮴 140.9077	Nd 60 Neodymium 네오디뮴 144.24	Pm 61 Promethium 프로메튬 146.9151	Sm 62 Samarium 사마륨 150.36	Eu 63 Europium 유로퓸 151.964	Gd 64 Gadolinium 가돌리늄 157.25	Tb 65 Terbium 터븀 158.9	Dy 66 Dysprosium 디스프로슘 162.5	Ho 67 Holmium 홀뮴 164.93	Er 68 Erbium 어븀 167.259	Tm 69 Thulium 툴륨 168.9342	Yb 70 Ytterbium 이터븀 173.04	Lu 71 Lutetium 루테튬 174.967
악티늄족 (Actinides)	7	Ac 89 Actinium 악티늄 227.0278	Th 90 Thorium 토륨 232.0381	Pa 91 Protactinium 프로트악티늄 231.0359	U 92 Uranium 우라늄 238.0289	Np 93 Neptunium 넵투늄 237.0482	Pu 94 Plutonium 플루토늄 244.0642	Am 95 Americium 아메리슘 243.0614	Cm 96 Curium 퀴륨 247.0703	Bk 97 Berkelium 버클륨 247.0703	Cf 98 Californium 캘리포늄 251.0796	Es 99 Einsteinium 아인슈타이늄 252.083	Fm 100 Fermium 페르뮴 257.0951	Md 101 Mendelevium 멘델레븀 258.0984	No 102 Nobelium 노벨륨 259.101	Lr 103 Lawrencium 로렌슘 262.1097

그림 2.1 원소의 주기율표.

1. 금속 결합

주기율표의 3주기 원소(Na–Ar)들을 살펴보면, 원자가 전자 8개를 가진 Ar은 팔전자 규칙(octet rule)을 스스로 만족하므로 다른 원자와 결합을 형성하지 않고, 원자가 전자를 각각 7, 6, 5, 4개 가진 Cl, S, P, Si은 각각 1, 2, 3, 4개의 공유 결합을 형성하여 팔전자 규칙을 만족시킨다. 이러한 경향에 따른다면 알루미늄은 3개의 원자가 전자를 가지기 때문에 팔전자 규칙을 따르기 위하여 추가적으로 5개의 전자를 얻는 결합을 형성할 것으로 예상되지만, 실제 알루미늄은 12개의 인접 원자에 둘러싸인 금속성 조밀 쌓임 구조를 형성한다. 원자가 전자를 각각 2, 1개 가진 마그네슘과 소듐도 유사한 경향을 보인다. 알루미늄, 마그네슘, 소듐이 3주기 내의 타 원소와 다른 경향을 보이는 이유는 이들 원소의 원자가 전자의 수가 편재화된(localized) 전자쌍 결합을 형성할 수 있을 만큼 충분하지 못하기 때문이다. 따라서 이들은 원자가 전자의 부족함을 보상하기 위하여 다 함께 원자가 전자를 내놓고 전체적으로 공유하는 **금속 결합**을 형성한다. 조밀 쌓임 구조는 이러한 비편재화(delocalized)된 전자의 공유가 쉽게 일어난다.

금속성 고체는 상기한 금속 결합에 기인하는 다양한 특성을 나타낸다. 이러한 금속의 특성을 설명하기 위해 전자 바다 모형과 분자 오비탈 모형이 제시되었다.

1) 전자 바다 모형

전자 바다 모형(electron sea model)은 그림 2.2와 같이 표현된다. 금속을 원자가 전자의 바다에 떠 있는 금속 양이온의 배열로 표현한다. 금속 원자들은 원자가 전자를

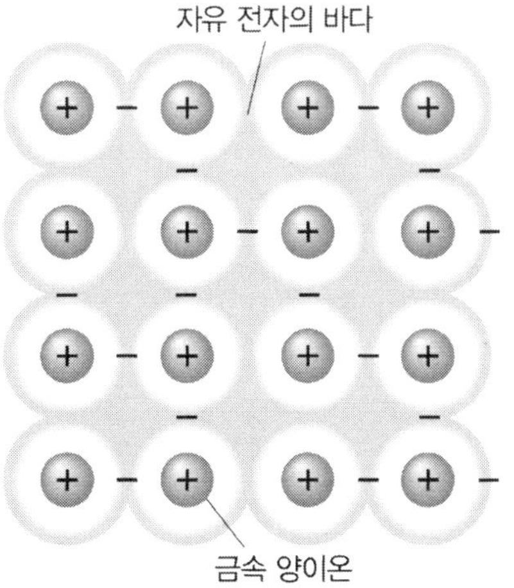

그림 2.2 금속 결합의 전자–바다 모형.

내놓고 양이온이 되며, 이 양이온이 전자들에 둘러싸여 나열된 구조를 가진다. 전자들은 양이온과의 정전기적 인력(즉, 금속 결합)에 의해 양이온에 이끌리면서 구조 전체에 일정하게 분포된다. 그러나 각 전자는 특정 금속 양이온에 한정되어 존재하지 않고 쉽게 움직일 수 있다. 이 구조에서 양이온은 고정되어 있고, 전자들은 비교적 자유롭게 이동이 가능한 **자유 전자**(free electron)이다. 자유 전자를 마치 자유롭게 움직이는 바닷물로 비유하여 전자 바다 모형이라고 한 것이다. 이 자유 전자가 금속 재료의 주요 특성을 결정한다(2장 03절에서 자세히 설명한다).

2) 분자 오비탈 모형

전자 바다 모형이 금속의 많은 특성을 잘 설명하지만, 일부 특성은 충분히 설명할 수 없다. 예를 들면, (전자 바다 모형에 따르면) 원자가 전자의 수가 증가할수록 금속 원자 간의 결합 세기가 증가하여 녹는점이 증가할 것으로 예상된다. 그러나 실제로는 그림 2.3에 나타낸 것처럼 같은 주기에서 족 번호가 증가함에 따라 녹는점이 높아졌다가 다시 낮아진다. 끓는점, 용융열, 경도 등의 다른 물리적 특성에서도 유사한

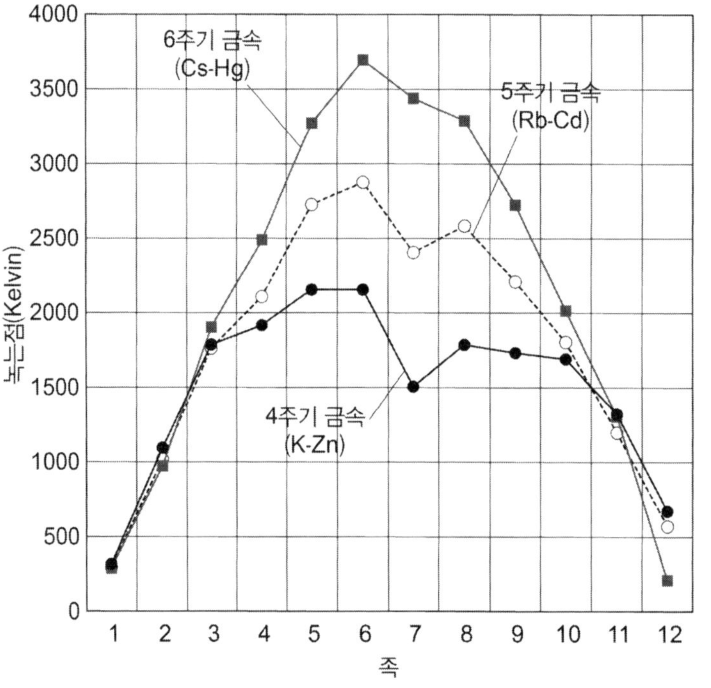

그림 2.3 금속(4~6주기)의 녹는점.

경향이 나타난다. 이러한 금속의 성질을 설명하기 위해서 **분자 오비탈** 이론(molecular orbital(MO) theory)이 대두되었다.

분자 오비탈은 원자 오비탈의 겹침으로 형성되어 분자 전체에 걸쳐 확장된다. 리튬 원자들로 이루어진 리튬 금속에 대하여 분자 오비탈 모형으로 설명할 수 있다(그림 2.4). 각 리튬 원자는 원자가 껍질에 반이 채워진 2*s* 오비탈을 가진다(1*s* 오비탈은 결합 형성에 기여하지 못하므로 언급하지 않음). Li_2는 2개의 분자 오비탈을 갖는데, 한 개는 채워진 결합성 분자 오비탈이며 다른 한 개는 반결합성 분자 오비탈이다. Li_8의 경우에는, '오비탈 상호작용이 완전한 결합성이고 에너지가 가장 낮은 오비탈'부터 '오비탈 상호작용이 반결합성이고 에너지가 가장 높은 오비탈'까지 8개의 분자 오비탈을 가진다. Li 원자로 구성된 사슬의 길이가 증가할수록 분자 오비탈의 수는 증가한다. 여기에서 가장 에너지가 낮은 오비탈은 항상 결합성이 가장 강하고, 가장 에너지가 높은 오비탈은 항상 반결합성이 가장 강하다. 각 사슬의 분자 오비탈의 수는 사슬 내에 있는 리튬 원자의 수와 같다. 그런데 각 리튬 원자는 한 개의 원자가 전자를 가지므로 분자 오비탈의 반은 완전히 채워지고 나머지 반은 비게 된다.

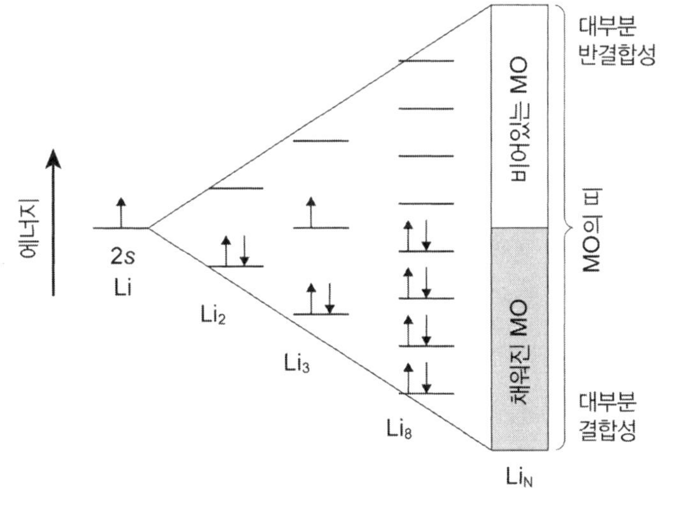

그림 2.4 리튬의 분자 오비탈.

만약 리튬 원자의 개수가 점점 많아져 사슬의 길이가 매우 길어지면, 에너지 차이가 무시할 정도로 작은 분자 오비탈들이 매우 많이 존재하게 된다. 리튬 원자의 개수가 무한대로 되면 허용된 에너지 상태는 연속적인 띠(band)처럼 된다. 육안으로 볼 수 있는 정도의 리튬 금속에는 무수히 많은 원자가 존재하므로, 띠로 구성된 전자 구조를 갖는다고 할 수 있다. 이러한 분자 오비탈 모형을 토대로 그림 2.3의 경향을 설명할 수 있다(구체적인 설명은 2장 03절에 기술함).

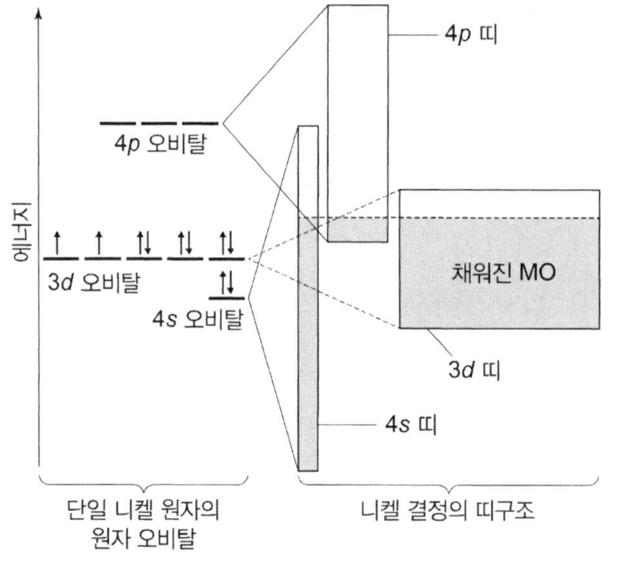

그림 2.5 니켈의 에너지띠 구조.

리튬보다 전자수가 더 많은 대부분의 금속은 고려해야 할 오비탈의 수도 많아지기 때문에 그림 2.4보다 전자 구조가 더 복잡하다. 무수한 개수의 원자를 가지는 고체 덩어리(bulk solid)의 전자 구조는 각 오비탈이 일련의 띠로 나타내어지는 띠 구조(band structure)로 표현된다. 금속에 대한 전형적인 띠 구조의 예로, 니켈의 전자 띠(에너지띠) 구조를 그림 2.5에 나타내었다. 니켈 원자의 전자 배치는 [Ar]$3d^8 4s^2$로, 각 오비탈이 각각 형성하는 분자 오비탈의 띠를 나타내었다. $4s$, $4p$, $3d$ 오비탈은 서로 독립적으로 분자 오비탈의 띠를 형성한다. 그림 2.5에서 띠의 높이는 에너지 범위를 나타내고, 띠의 면적은 가질 수 있는 전자의 수를 나타낸다. $3d$ 오비탈은 작아서 인접 원자의 오비탈과의 겹침이 효과적이지 못하기 때문에 $3d$ 띠가 차지하는 에너지 범위는 $4s$, $4p$ 띠가 차지하는 에너지 범위보다 작다. 또한 이 그림으로부터 $4s$, $4p$, $3d$ 띠는 비슷한 에너지 영역에서 서로 겹쳐있다는 것을 알 수 있다. 에너지띠들은 서로 연결된 물이

담겨 있는 용기와 유사하다. 물이 수위가 높은 쪽에서 낮은 쪽으로 흘러 빈 공간을 채우듯이, 본래 전자가 없었던 $4p$ 띠가 일부 전자로 채워진다.

그림 2.5로부터 금속의 많은 특성을 이해할 수 있다. 완전하게 채워지지 않은 에너지띠로 인해 금속 고유의 특성이 나타난다. 채워진 오비탈의 에너지 준위의 상부에 있는 전자에 아주 작은 에너지가 가해지면 전자들은 더 높은 에너지를 갖는 비어있는 오비탈로 쉽게 들떠 올라간다. 즉, 금속에 전위를 걸어주거나 열에너지를 가했을 때 전자는 쉽게 들떠서 비어있는 에너지 준위로 이동하게 되고 이는 전자들이 격자 사이를 자유롭게 움직일 수 있음을 의미한다. 이것이 금속이 높은 전기 전도성과 열 전도성을 갖는 이유가 된다.

2. 이온 결합

이온성 물질은 일반적으로 (준)금속과 비금속 원소 간의 반응으로 생성된다. 예를 들어 금속 소듐($Na(s)$)과 염소 기체($Cl_2(g)$)가 접촉하면 격렬히 반응하여 염화 소듐($NaCl(s)$)을 생성한다(식 2.1). 염화 소듐은 Na^+와 Cl^- 이온으로 구성되어 있고, 이들은 그림 2.6과 같이 3차원적으로 배열되어 있다. 염화 소듐은 양이온과 음이온 사이에 작용하는 정전기적 인력으로 결합된 **이온 결합** 화합물이다.

$$Na(s) + \frac{1}{2} Cl_2(g) \rightarrow NaCl(s) \quad (\text{발열}) \tag{2.1}$$

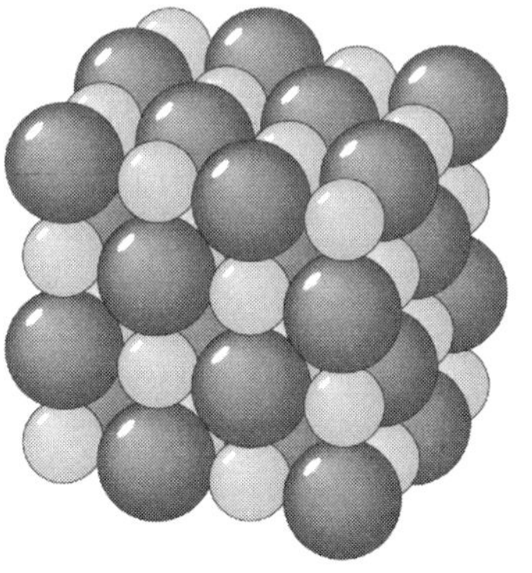

그림 2.6 염화 소듐의 결정 구조(작은 구가 Na^+, 큰 구가 Cl^-).

CHAPTER 2 재료의 기본 개념

위의 반응에서 Na는 전자 한 개를 잃어 양이온(Na^+)이 되고 Cl_2 중의 Cl 원자는 전자를 한 개 얻어 음이온(Cl^-)이 된다. 이 과정에서 전자는 Na 원자로부터 Cl 원자로 이동한다. 이 전자 이동이 얼마나 용이한지는 원자의 **이온화 에너지**(ionization energy)와 **전자 친화도**(electron affinity)로부터 판단할 수 있다. Na 원자는 이온화 에너지가 낮은(즉, 전자를 쉽게 잃는) 대표적인 원자이고, Cl 원자는 전자 친화도가 높은(즉, 전자를 쉽게 받아들이는) 대표적인 원자이다.

이온 결합 화합물의 생성을 에너지의 관점에서 설명하면 다음과 같다. $Na^+(g)$를 생성하기 위하여 Na(g)로부터 전자 한 개를 제거하는 데는 496 kJ/mol의 에너지가 흡수되어야 한다(이온화 에너지). 한편, Cl(g)에 한 개의 전자를 첨가하여 $Cl^-(g)$로 만들 때 에너지 349 kJ/mol이 방출된다(전자 친화도). 결과적으로 Na 원자로부터 Cl 원자로 전자가 이동하여 $Na^+(g)$와 $Cl^-(g)$가 생성되는 과정은 흡열 과정(496−349 = +147 kJ/mol)이므로 일어나기에 불리한 과정이다. 그럼에도 불구하고 식 2.1의 반응이 일어나는 이유는 다음과 같이 설명할 수 있다.

이온 결합 화합물은 일반적으로 녹는점이 높다. 또 이들은 많은 경우 결정성 물질이며 결정면을 따라서 쉽게 부서지는 경향이 있다. 이러한 특성들은 이온들이 삼차원 공간에 단단히 고정될 수 있도록 하는 정전기 힘과 관련되어 있다. 이온 결합 화합물의 고체가 안정한 이유는 반대 전하를 가진 이온 간 정전기적 인력 때문이다. 이 인력은 이온들이 서로 끌어당기고 에너지를 방출하여 그림 2.6과 같이 규칙적인 고체상 배열이나 격자 구조를 만든다. 이온성 고체에서 반대 전하를 가진 이온들의 배열에 기인하는 안정도의 크기를 **격자 에너지**(lattice energy)라고 한다. 격자 에너지란 고체상 이온 결합 화합물 1몰의 모든 이온을 기체 상태의 이온으로 완전히 분리하는 데 필요한 에너지이다. 예를 들어 NaCl 고체에서 Na^+ 이온들과 Cl^- 이온들을 기체 상태의 이온으로 완전히 분리하는 데는 788 kJ/mol의 에너지가 필요한데, 이것이 NaCl의 격자 에너지이다.

$$NaCl(s) \rightarrow Na^+(g) + Cl^-(g) \quad \Delta H_{격자} = +788 \text{ kJ/mol} \qquad (2.2)$$

위의 과정은 매우 높은 에너지가 필요한 흡열 과정인데, 반대로 $Na^+(g)$와 $Cl^-(g)$가 서로 접근하여 NaCl(s)을 생성하는 역과정은 매우 높은 에너지의 발열 과정이다($\Delta H_{격자}$ =

−788 kJ/mol). 반대 전하를 띤 이온 간 인력 때문에 방출되는 에너지(788 kJ/ mol)는, 이온화에 필요한 흡열 에너지(147 kJ/mol)보다 더 크고 따라서 이온 결합 화합물의 생성은 발열 과정이 되어 일어나기에 유리하다.

NaCl을 비롯한 몇 가지 이온 결합 화합물의 격자 에너지를 표 2.1에 나타내었다. 표에 나타난 높은 격자 에너지 값은, 고체 내의 이온 간에 매우 강한 인력이 작용한다는 것을 의미한다. 이러한 강한 상호인력 때문에 이온성 화합물 대부분은 높은 녹는점을 가지며(표 2.1), 딱딱하고 깨지기 쉬운 성질을 갖는다.

표 2.1 이온 결합 화합물의 격자 에너지와 녹는점

화합물	격자 에너지(kJ/mol)	녹는점(℃)
LiF	1030	845
NaCl	788	801
KBr	671	734
$MgCl_2$	2326	714
MgO	3795	2852
CaO	3414	2572

이온 결합성 고체의 격자 에너지 크기는 이온의 전하수와 크기, 고체 내의 배열 방식에 따라 결정된다. 전하를 띤 두 입자 상호 간의 인력의 크기는 정전기 퍼텐셜 에너지(electrostatic potential energy)로 표현될 수 있으며 정전기 퍼텐셜 에너지는 다음 수식 2.1로 나타내어진다.

$$E_{el} = \frac{\kappa Q_1 Q_2}{d} \qquad \text{(수식 2.1)}$$

식에서 Q_1과 Q_2는 각각 두 이온의 전하이며, d는 두 이온의 중심 간 거리이고, κ는 상수로서 $8.99 \times 10^9\ J \cdot m/C^2$의 값을 갖는다. Q_1과 Q_2가 반대 부호를 가질 경우, 입자들은 서로 끌어당기며, E_{el}은 음의 값이 된다(Q_1과 Q_2가 같은 부호를 가질 경우에는, 입자들은 서로 밀어내며, E_{el}은 양의 값이 된다). 또한 이 식으로부터, 전하 크기가 증가할수록, 이온 중심 사이의 거리가 감소할수록 반대 전하를 띤 이온 간의 인력은 증

가함을 알 수 있다. 따라서 이온들의 공간 배열이 같은 경우의 격자 에너지는 이온 전하가 증가하고 이온 반지름이 감소할수록 증가한다. 그러나 이온 반지름은 실질적으로 큰 차이가 없기 때문에 격자 에너지는 주로 이온의 전하 크기에 의존한다. 표 2.2에 나타내었듯이, $ScCl_3$, $CaCl_2$, KCl에서 양이온의 전하가 +3, +2 +1로 감소하면서 격자 에너지는 큰 폭으로 감소한다. LiBr, LiCl, LiF에서는 양이온의 전하가 +1로 일정하고 음이온의 반지름이 약간씩 감소하므로 격자 에너지가 작은 폭으로 증가한다.

표 2.2 이온 결합 화합물의 격자 에너지 비교

화합물	격자 에너지(kJ/mol)	화합물	격자 에너지(kJ/mol)
$ScCl_3$	4874	LiBr	788
$CaCl_2$	2223	LiCl	834
KCl	701	LiF	1030

3. 공유 결합

이온 결합성 물질에 비하여 훨씬 더 많은 수의 화학 물질들이 공유 결합성을 띤다. **공유 결합**은 한 원자가 다른 원자와 전자를 공유함으로써 생기는 화학 결합을 의미한다. 공유 결합을 가지는 간단한 분자 화합물인 F_2로 공유 결합의 성격을 설명해 보자. 두 개의 플루오린 원자가 접근한다고 생각할 때 양전하를 띤 두 원자핵은 서로 반발하고, 음전하를 띤 전자끼리도 서로 반발한다. 그러나 한 원자의 핵과 다른 원자의 전자 간에는 인력이 작용한다. 즉, 결합 양쪽 끝의 각 원자핵은 결합에 참여하는 전자쌍에 대해 인력을 나타낸다. 이 인력이 두 원자핵을 가까이 당겨 결합을 만든다. 생성된 F_2 분자가 안정하게 존재한다는 것은 전체적으로 인력이 반발력보다 크다는 것을 의미한다.

F_2 분자에서 두 핵 주위의 전자구름을 살펴보면 그림 2.7과 같다. 전자 밀도가 두 핵 사이에 집중되어 있지만 어느 정도의 전자 밀도는 두 핵 주위에 각각 분포한다. F_2 분자처럼 동일한 원자 두 개가 결합할 때 공유된 전자쌍은 두 핵 사이에서 균등하게 분포한다. 공유 결합하고 있는 두 원자가 동일하지 않다면, 공유 전자의 밀도 분포는 두 원자의 **전기 음성도**(electronegativity)에 의존한다. 전기 음성도는 분자를 구성하는 원자들이 전자들을 자기 쪽으로 끌어당기는 세기로 정의한다. F_2, HF, LiF의 전자 밀

도 분포를 살펴보면, F_2에서 HF를 지나 LiF로 갈수록 전자 밀도는 F 원자 쪽에 치우친다. 이는 두 원자 간의 전기 음성도 차이로 설명할 수 있다.

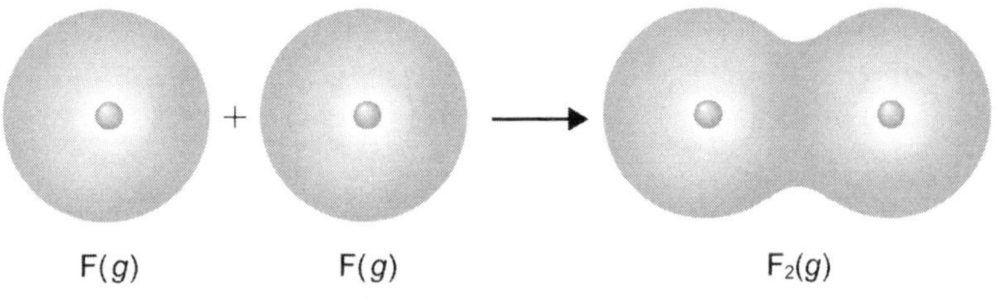

그림 2.7 F와 F_2의 전자 밀도 분포.

F_2, HF, LiF의 전기 음성도 차이는 각각 0(= 4.0 − 4.0), 1.9(= 4.0 − 2.1), 3.0(= 4.0 − 1.0)으로서, 전기 음성도 차이가 클수록 전기 음성도가 큰 원자 쪽으로 전자가 쏠리며 결합이 더 극성을 띤다. 이에 따라 위 화합물들의 결합 형태를 각각 비극성(nonpolar) 공유 결합, 극성(polar) 공유 결합, 이온 결합으로 분류할 수 있다. LiF의 경우, 두 원자의 큰 전기 음성도 차이로 인해 결합 전자가 대부분 F 원자 쪽으로 이동하기 때문에 이온 결합으로 보는 것이 타당하다.

HF 분자와 같은 극성 분자의 경우 **쌍극자**(dipole)에 해당한다. 쌍극자의 크기는 쌍극자 모멘트(dipole moment) μ로 정량화할 수 있다. 크기가 같고 부호가 반대인 두 전하 $Q+$와 $Q-$가 거리 r만큼 떨어져 있을 때 쌍극자의 크기는 다음 수식 2.2와 같이 나타내어진다.

$$\mu = Qr \qquad \text{(수식 2.2)}$$

이 식에서 Q 또는 r이 클수록 쌍극자 모멘트가 커진다.

지금까지 화학 결합에 관한 설명을 편의상 금속 결합, 이온 결합, 공유 결합으로 나누어 설명해 왔다. 그러나 이 중에서 이온 결합과 공유 결합은 실질적으로는 두 결합 사이에 뚜렷한 경계가 없고 연속선상에 있다는 것을 이해할 필요가 있다. 그림 2.8에 나타낸 것처럼 이온 결합과 공유 결합은 화학 결합 영역에서 서로 반대 끝에 위치한다. 서로 다른 원자들 간의 실제 화학 결합은 순수한 이온성이거나 순수한 공유성이지 않고 중간의 어느 영역에 존재한다. 예를 들어, NaCl에서 두 종의 원자 간의 결합도 이온성이 80%, 공유성이 20% 정도로 이해되고 있다.

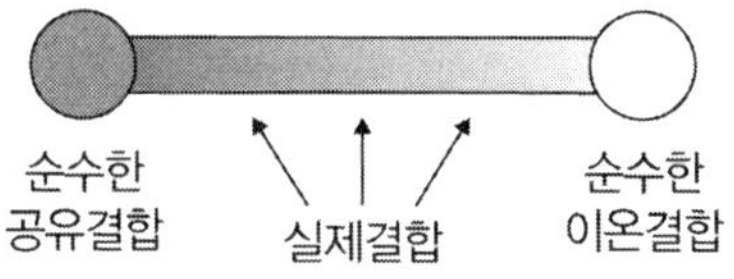

그림 2.8 화학 결합이 순수한 공유성과 순수한 이온성의 사이에 존재한다는 개념도.

비록 뚜렷한 경계의 구분이 애매하기는 하지만 이온 결합과 공유 결합 모형은 화합물의 구조와 성질을 이해하고 예상하는 데 도움이 된다. 이온 결합이 우세한 화합물은 녹는점이 높은 격자 구조를 가지며 물에 녹으면 이온화되어 강전해질이 되는 고체로 예상할 수 있다. 반면 공유 결합이 주도적인 화합물은 분자 형태로 존재하며, 낮은 녹는점과 끓는점을 나타내고, 물에 녹았을 때 잘 이온화되지 않는 물질로 예상할 수 있다.

이온 결합과 공유 결합을 구분하는 가장 유용한 방법은 두 결합 원자의 전기 음성도 차이를 기준으로 삼는 것이다. 예를 들어, NaCl은 전기 음성도 차이가 2.1(= 3.0 − 0.9)이므로 이온 결합성이고, $SnCl_4$는 차이가 1.2(= 3.0 − 1.8)이므로 공유 결합성이다. 그러나 이 방법에도 예외가 있으므로 이를 염두에 두어야 한다. 예를 들어 금속의 산화 상태도 결합성에 영향을 끼치는데, 금속의 산화수가 증가할수록 공유성이 증가한다. 망가니즈와 산소의 화합물은 전기 음성도 차이가 2.0(= 3.5 − 1.5)로 이온 결합성으로 예상되고 실제로 MnO는 녹는점이 1842℃인 이온 결합성 고체이다. 그러나 망가니즈의 산화수가 +7인 Mn_2O_7은 녹는점이 5.9℃인 공유 결합성을 나타낸다. 일반적으로 산화수가 +4 이상인 금속이 비금속과 결합할 때는 공유성을 나타낸다.

03 재료의 분류

재료는 원소의 종류, 원자의 전자 구조, 화학 결합 등에 따라 금속, 세라믹, 고분자로 분류되며 이들을 흔히 3대 재료라고 부른다. 이들 각 재료는 인류 문명과 문화를 일정 부분 이끌어 온 측면이 있다. 여기서는 각 재료의 기본 결합과 미세구조를 설명하고, 이를 바탕으로 다른 재료와 구별되는 특성을 설명한다. 각 재료 범주에 속하는 대표적인 사례들을 또한 소개한다. 아울러, 두 종류 이상의 재료를 혼합한 복합재료(composite)도 설명한다.

1. 금속

1) 인류 문명과 금속 재료

주기율표의 원소 대부분은 **금속** 원소인데, 이것은 재료에서 금속이 차지하는 비중이 매우 큼을 말해준다. 역사적으로도 금속은 인류가 존재하기 시작한 초기부터 중요하게 사용되었고 문명의 발달에 주된 역할을 해 왔다. 청동기 시대는 구리와 주석을 섞어 돌보다 더 강한 무기를 만들 수 있게 되면서 등장했다. 제련 기술이 발전함에 따라 녹는점이 구리(950℃)보다 높은 철(1500℃)을 다룰 수 있게 되면서 더 강한 강도를 갖는 철기가 등장하였다. 금속 재료가 청동에서 철로 발전하면서 재료도 더 풍부하게 얻을 수 있게 되었다. 지구상의 구리 분포는 제한적이지만 철광석은 어디서나 얻을 수 있는 재료였기 때문이다. 결과적으로 철기 문화가 지구상에서 고루 발달하게 되었다.

철로 만든 무기는 인류 역사의 운명을 결정짓는 중요한 요인이었다. 고대에는 칼이나 창, 화살과 갑옷, 마차 등 전통적인 무기가 사용되었고, 이들 무기의 제조에는 철을 다루는 기술이 매우 중요한 요소였다. 16세기에는 대포를 장착한 범선과 총을, 19세기에는 **강철**(steel, 강철은 철(iron)에 미량의 탄소가 혼합된 합금임)로 만든 군함을, 20세기에는 육지를 장악한 탱크를 가진 나라가 역사의 우위를 차지하였다. 철은 무기뿐만 아니라, 지구촌 곳곳을 하나로 묶어주는 역할에도 사용되고 있다. 1830년 영국에서 시작된 증기 기관차와 철도의 역사는 현재의 고속열차 시대로 이어졌다. 각 나라의 도

시들을 연결하면서 시작된 철도 네트워크는 대륙을 횡단하는 규모로 성장했고, 사람과 물자의 교류를 통해 문화와 경제의 발전에 큰 역할을 하고 있다.

철을 생산하는 기술은 영국의 산업혁명 과정에서 획기적으로 발전하여 철의 생산량이 폭발적으로 증가하기 시작하였다. 19세기 이후에는 녹이 슬지 않는 스테인리스가 개발되는 등 금속의 다양한 조합은 새로운 금속 재료를 탄생시켰다. 특히 가벼운 알루미늄의 활용은 항공 산업 발전의 핵심이 되었다.

교통수단에서 건축물에 이르기까지 현대 문명을 이루는 대표적인 금속은 강철과 알루미늄이다. 이들 금속 이외에도 구리, 은, 금, 니켈, 아연, 타이타늄, 크로뮴, 마그네슘, 주석 등이 산업과 일상생활에 두루 사용되고 있고, 최근에는 특히 리튬, 백금 등의 희소 금속이 첨단 전자기기에 사용되고 있다.

2) 금속 재료의 기본 결합

강철과 같은 합금은 탄소 등의 비금속 원소를 함유하기도 하지만, 금속 재료는 대부분 금속 원소로 구성되어 있다. 금속 원자들 사이의 결합력은 분산력으로 설명하기에는 너무 크며, 또 공유 결합을 형성하기에는 원자가 전자수가 적다. 2장 02절에서 설명했듯이 금속은 원자가 전자가 자유 전자의 형태로 고체 전체에 비편재화되어 있다. 다시 말하면 원자가 전자가 특정한 원자나 결합에 붙들려 편재화되어 있지 않고 고체 전체를 통하여 넓게 퍼져 있다. 이 전자들이 금속 양이온과의 금속 결합을 형성한다. 이러한 결합 특성에 따라 금속의 높은 전기 전도성(electrical conductivity), 높은 열전도성(thermal conductivity), 광택, 연성(ductility), 전성(malleability) 등의 특성이 나타난다.

3) 금속성 고체의 미세구조

일반적으로 금속성 고체는 **결정성**(crystalline)을 가진다(반면, 액체 상태의 금속은 비정질이다). 금속 결정은 원자들이 규칙적으로 배열된 상태이며, 그 배열 방식에 따라 결정 구조가 달라진다. 결정 구조에 대해서는 3장의 01절에서 자세히 소개할 것이다. 한편, 결정화하려는 경향이 강한 금속을 의도적으로 특수한 조건하에서 비정질로 만들어 비정질 금속의 특성을 활용하려는 시도도 있다.

4) 금속 재료의 일반적 특성

금속의 다양한 특성들이 2장 02절에서 설명한 전자 바다 모형으로 설명될 수 있다. 예를 들어 금속 도선에 전압을 가하면 전자는 쉽게 이동한다(흐른다). 금속이 높은 **전기 전도성**을 나타내는 것은 이 자유 전자의 존재 때문이다. 금속은 또한 높은 **열 전도성**을 보이는데 열이 자유 전자들을 통해 용이하게 전달되기 때문이다. 금속 특유의 **광택** 역시 자유 전자들이 낮은 에너지의 가시광선까지도 쉽게 흡수했다가 방출하기 때문이다. 금속은 **연성**(선으로 펴지는 성질)과 **전성**(면으로 펴지는 성질)을 가진다. 이렇게 금속이 충격을 받았을 때 쉽게 깨지지 않고 **소성 변형**(plastic deformation)할 수 있는 것은, 금속 결합 자체가 이온 결합이나 공유 결합에 비해 강하지 않고 방향성이 없으며, 전하 중립에 대한 요구가 없어 원자면이 쉽게 미끄러질 수 있기 때문이다. 다른 측면에서 설명하자면, 자유 전자가 금속 양이온에 대하여 접착제 같은 역할을 하고 있기 때문이다. 원자의 위치가 변하면 금속은 새로운 모양을 갖게 되며, 이때 전자들의 재분포가 부분적으로 수반된다.

금속의 특성은 또한 2장 02절에 기술한 분자 오비탈 모형으로도 설명할 수 있다. **에너지띠**는 전자가 부분적으로 채워진 용기로 볼 수 있는데, 불완전하게 채워진 에너지띠로 인하여 금속의 특성이 나타난다. 띠에서 상부 에너지 준위를 점유하고 있는 전자들에 아주 작은 에너지를 가하면 전자들은 더 높은 에너지를 갖는 비어있는 오비탈로 쉽게 들떠 올라간다. 에너지를 가하는 방법은 전위를 걸어주거나 열에너지를 가하는 것 등이다. 전자들이 비어있는 에너지 준위로 쉽게 이동할 수 있으므로 금속은 높은 전기 전도성과 열 전도성을 나타낸다.

에너지띠 간의 겹침이 없다면 금속의 성질이 설명될 수 없다(그림 2.5). 예를 들어, 마그네슘, 칼슘 등은 s 띠가 완전히 채워진 상태로 존재할 것으로 예상되므로 좋은 전기 전도체나 열 전도체가 될 수 없을 것이다. 그러나 이는 실험적 관찰 결과와 일치하지 않는다.

금속의 전기 전도성 및 열 전도성은 분자 오비탈 모형이나 전자 바다 모형 양쪽에서 설명할 수 있는 반면, 그림 2.3의 녹는점 경향을 비롯한 전이 금속의 많은 물리적 성질은 분자 오비탈 모형만으로 설명될 수 있다. 분자 오비탈 모형에 따르면, 원자가 전자수가 증가하면서 결합성 오비탈에 전자가 채워져 갈수록 결합성은 강해진다. 그러나 전이 금속 계열에서 중간에 위치한 원소를 지나면서 반결합성 오비탈에 전자가 채워지기 시작하고, 금속 결합은 점점 약해진다. 원자 간 결합이 약해지면 금속의 녹는점과 끓는점은 낮아지고 용융열과 경도가 감소한다.

재료로서 금속의 대표적인 단점은 고분자, 세라믹에 비하여 무겁다는 것이다. 또한 부식성, 표면 산화성, 산 또는 염기에 대한 불안정성 등의 단점도 들 수 있다. 광석으로부터 금속을 추출하는 데 에너지 비용이 많이 들고 오염 물질이 발생하기도 한다.

5) 금속 재료의 종류

금속 재료는 크게, 순수한 금속과 합금으로 분류된다. 인체에 삽입되어 사용되고 있는 금속 재료의 예를 들어 순수한 금속과 합금의 특성을 비교해 보자. 예를 들면, 인공관절로 사용하기 위해서는 금속과 같이 강하고 내구성이 있는 재료가 필요하지만, 금, 은, 구리와 같은 순수한 금속은 사용하기 어렵다. 많은 순수한 금속은 전성과 연성이 좋으므로 인체에 가해지는 힘을 견디지 못하고 쉽게 변형되기 때문이다. 또 다른 이유로, 순수한 금속이 가지는 높은 가격과 인체에 대한 독성을 들 수 있다. 따라서 생체의료용뿐만 아니라 많은 분야에서 순수한 금속을 사용하고 있는 예는 매우 드물다. 순수한 금속이 사용된다고 하더라도 그 종류는 매우 제한적이며, 요구되는 특성의 수준에 미치지 못하는 경우가 많다. 따라서 금속 재료는 혼합물 형태로 주로 사용되고 있다.

두 가지 이상의 원소를 포함하고 있고, 금속의 고유한 특성을 갖는 물질을 **합금**(alloy)이라고 한다. 합금은 일반적으로 소성 변형이 잘 일어나지 않는다(4장 01절 참조). 원소들을 용융 상태에서 혼합한 후 냉각시키면 합금이 생성된다. 합금은 혼합하는 원소들의 비를 변화시켜 그 성질을 조절할 수 있기 때문에, 유용하게 사용할 수 있다. 합금은 표 2.3에 나타낸 것처럼 균일 혼합물, 불균일 혼합물 그리고 화합물로 나뉜다.

표 2.3 합금의 종류

분류	합금 명칭	미세구조 설명
균일 혼합물	치환형 합금	원자들의 일부가 다른 종류 원자들로 치환됨
	틈새형 합금	원자들 사이의 틈새에 다른 종류 원자가 끼어듦
불균일 혼합물	불균일 합금	두 종류 이상의 상(phase)으로 구성됨
화합물	금속간 화합물	두 종류 이상의 금속 원소의 반응으로 만들어짐

균일 합금(균일 혼합물의 일종)은 구성 원자가 무질서하지만 균일하게 분산되어 있는 합금이다. 균일 혼합물을 이루는 고체들을 고체 용액(solid solution)이라고 한다. 그림 2.9에 나타낸 **치환형 합금**(substitutional alloy)과 **틈새형 합금**(interstitial alloy)의 두 가지가 여기에 속한다. 치환형 합금은 금속의 격자 구조 내의 원자 일부가 다른 종류의 금속 원자로 치환되어 있는 구조를 가진다. 서로 다른 금속 성분이 비슷한 원자 반지름과 화학 결합 특성을 가질 때 치환 합금이 얻어진다. 예를 들어, 은과 금은 원자 반지름이 거의 같아, 넓은 조성 범위에서 치환형 합금을 생성한다.

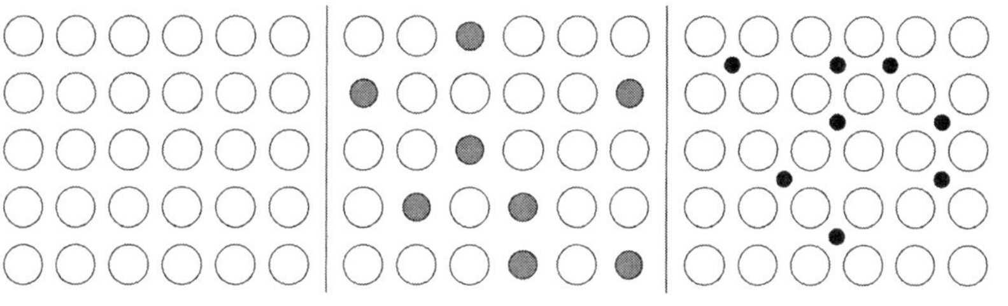

그림 2.9 순수한 금속(왼쪽), 치환형 합금(가운데), 틈새형 합금(오른쪽)의 개념도.

표 2.4 균일 합금의 몇 가지 예

분류	명칭	조성(질량 백분율)	용도
치환형	황동	90 Cu : 10 Zn	장식
	순은	92.5 Ag : 7.5 Cu	보석, 식기
	땜납	67 Pb : 33 Sn	납땜
	14K 금	58 Au : 30 Ag : 12 Cu	보석
틈새형	강철	97~99.9 Fe : ~3 C	건설자재
	스테인레스	80.6 Fe : 0.4 C : 18 Cr : 1 Ni	식기

만약 두 금속의 원자 반지름이 약 15% 이상 차이가 나면 일반적으로 용해도에 제한을 받는다. 치환형 합금의 대표적인 사례로서 황동, 순은, 땜납, 14K 금을 들 수 있다(표 2.4). 순수한 은은 매우 유연하기 때문에 사용에 제약이 있어서 약간의 구리를 혼합하여 치환형 합금으로 제조하는데 이를 '순은'이라고 한다.

한편, **강철**(steel)은 철 원자의 격자 틈새에 소량의 탄소 원자가 끼어들어 있는 틈새형 합금이다. 틈새형 합금이 이루어지려면 끼어 들어가는 용질 원자는 용매 원자에 비해 훨씬 작은 크기를 가져야 한다. 일반적으로 용질 원자는 용매 원자와 공유 결합을 할 수 있는 비금속 원소이다. 틈새에 끼어 들어가 있는 원자들 때문에 생기는 여분의 결합 때문에 원래의 금속 결정 격자에 비해 더 강해지며, 상대적으로 연성이 감소한다. 예를 들어, 순철(pure iron)에 비해 훨씬 더 단단하고 강한 강철은 탄소를 함유(~3 질량%)한 철의 합금이다. 강철 중 저탄소강(mild steel)은 0.2 질량% 이하의 탄소를 함유하고 연성과 전성이 있어서 철사, 못, 사슬 등의 제조에 사용된다. 중탄소강(medium steel)은 0.2~0.6 질량%의 탄소를 함유하고 저탄소강보다 강하므로 교량, 철도 등의 제조에 사용된다. 고탄소강(high-carbon steel)은 0.6~1.5 질량%의 탄소를 함유하고, 칼, 연장, 스프링 등의 제조에 사용된다. 이러한 합금강(alloy steel)을 제조하기 위해 추가적으로 다른 원소들도 첨가될 수 있다. 예를 들어, 철에 탄소를 비롯하여 크로뮴과 니켈을 혼합하면 부식에 잘 견디는 **스테인리스강**(stainless steel)을 얻을 수 있다.

불균일 합금은 성분들이 균일하게 분포하지 않는 합금을 의미한다. 예를 들어, 펄라이트(pearlite)라 불리는 불균일 합금은 두 종류의 상을 가지고 있다(그림 2.10). 하나의 상은 체심입방 구조를 가진 순철이고, 다른 하나의 상은 시멘타이트(cementite)로 알려진 Fe_3C 화합물이다.

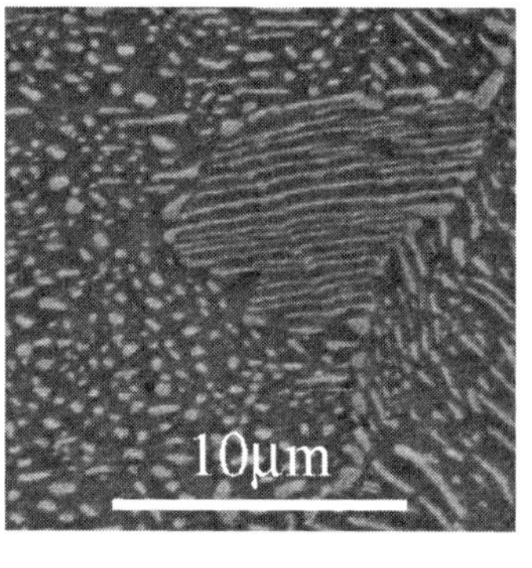

그림 2.10 펄라이트의 미세구조 사진. 어두운 부분은 순철, 튀어나온 것처럼 보이는 부분이 시멘타이트이다. (출처: CORE-Materials/flickr)

금속간 화합물은 혼합물이 아닌, 금속 원소들이 화학적으로 결합한 화합물 형태이다. 이 화합물은 규칙적으로 배열해 있는 결정 구조를 가진다. 그림 2.11에 대표적인 금속간 화합물의 예를 나타내었다. Ni_3Al은 고온 강도가 높고 밀도가 낮아 제트기 엔진의 주요 구성 성분으로 사용된다. Nb_3Sn은 특정 온도(18 K) 이하로 냉각하면 전기 저항이 갑자기 0이 되는 초전도 현상을 나타낸다. 초전도체는 자기부상 열차, 자기 공명 영상(magnetic resonance imaging, MRI) 장비 등의 자석으로 활용된다.

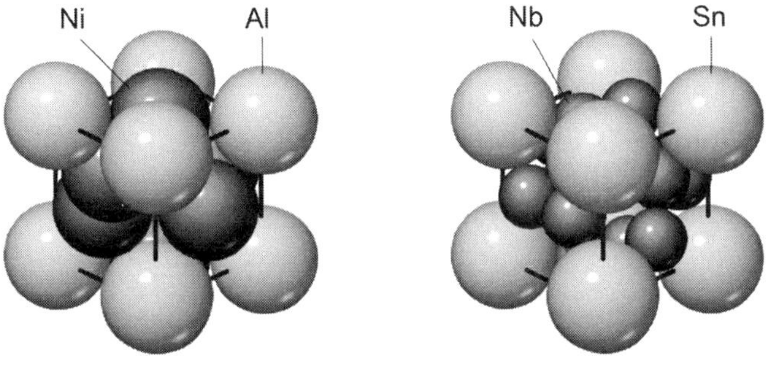

그림 2.11 금속간 화합물의 예.

2. 세라믹

1) 인류 문명과 세라믹 재료

고대 메소포타미아 문자가 발달하는 과정에서 진흙이 중요한 역할을 한 것으로 보는 견해가 있다. 사람들이 진흙에 사물의 모양이나 그것의 수를 나타내는 기호를 새겼고, 이것이 추상화의 과정을 거친 뒤 결국 문자로 발전하게 되었다는 설명이다. 흙은 또한, 물을 섞으면 부드러운 반죽이 되어 원하는 모양을 만들기 쉽고, 여기에 열을 가하여 구워내면 돌처럼 딱딱해지기 때문에 매우 유용한 재료였다. 흙은 그릇, 주전자, 항아리 등의 **토기**로 만들어져 인류의 식생활 발전에 기여했을 뿐만 아니라 벽돌로 만들어져 주거 생활을 도왔다.

토기에서 한 단계 더 도약한 신기술이 바로 **도자기**이다. 도자기는 토기 위에 유약(glaze)을 칠해 열을 가해 구워냄으로써 방수 기능을 부여했다. 역사적으로 중국은 도자기의 선진국이었는데, 흰색과 청색이 어우러진 청자는 페르시아로부터 코발트블루 색채를 가미하는 기술이 도입되어 개발된 것이다. 중국 도자기는 16세기에서 20세기에 걸쳐 유럽의 최고 사치품 중의 하나였고, 도자기 제작 기술을 캐내기 위해 유럽의 '산업 스파이'가 중국에 파견되기도 했다. 한국(당시 조선)에서도 도자기 제작 기술은 높은 수준이었고, 당시 우수한 품질의 도자기 생산에 경쟁심이 높던 일본의 영주들은 임진왜란을 통해 조선의 도공들을 데려가기도 했다. 그릇, 접시, 항아리, 꽃병 등 생활용품을 중심으로 개발되어 세계 무역의 중심이었던 도자기는 21세기에도 생활용품을 포함하여 화장실의 변기, 욕실의 타일 등으로 우리의 생활 속에 깊숙이 자리 잡고 있다.

돌은 인류가 처음으로 자연에서 구해 사용한 재료 중의 하나였다. 돌은 고대에 농사기구, 무덤(고인돌 등), 무기로 사용된 흔적이 있고, 특히 건축에 많이 활용되었다. 바빌로니아나 페르시아(궁전), 이집트(피라미드), 그리스(아크로폴리스), 로마(콜로세움), 중국(만리장성)에 세워진 거대한 건축물은 돌이 주된 재료이다. 내구성이 우수한 돌로 만들어진 이러한 건축물은 장구한 세월을 뛰어넘어 현재까지도 그 위용을 자랑하고 있다.

도자기를 포함한 세라믹 재료는 생활용품뿐만 아니라 최첨단 기계, 반도체 제품, 생체의료용 재료에 널리 활용되고 있으며 우주선이나 로켓에서도 중요하게 사용된다.

2) 세라믹 재료의 기본 결합

세라믹은 (준)금속 원소와 비금속 원소 간, 또는 비금속 원소 간의 강한 화학 결합으로 이루어진 물질이다. 산화물계 세라믹(SiO_2, Al_2O_3, MgO 등)에서 (준)금속 원소와 산소의 결합은, 산소의 높은 전기 음성도 때문에 주로 이온 결합성을 띠고 있다. 반면 비산화물계는 (준)금속 원소와 비금속 원소(C, N, B, S 등) 간, 또는 비금속 원소(주로 C) 간의 결합이므로 공유 결합 성격이 강하다. 단, 플루오린화물인 CaF_2, BaF_2, MgF_2의 경우는 플루오린의 높은 전기 음성도 때문에 이온 결합성이다. 이온 결합과 공유 결합에 대해서는 2장 02절에서 설명하였다.

3) 세라믹 고체의 미세구조

세라믹에는 결정성 구조와 비정질 구조가 모두 존재한다. 예를 들어 유리(glass)는 여러 가지 산화물의 혼합물로 이루어져 있어서, 구성 요소들이 규칙적으로 질서정연하게 배열하기가 어렵고 따라서 비정질을 띤다. 세라믹 고체들은 대체로, 이온 결합성 또는 공유 결합성 결합에 의해 전체적으로 **그물구조**(network) 모양의 화학구조를 가진다. 그림 2.12에 탄소의 동소체인 다이아몬드와 흑연의 구조를 보였다. 다이아몬드에서 각 탄소 원자는 네 개의 다른 탄소 원자와 공유 결합한다. 흑연의 경우, 각 탄소는 같은 층의 다른 세 개의 탄소와 공유 결합하여 서로 연결된 육각형의 고리를 형성한다. 이 층들은 분자 간 인력으로 서로 붙들려 있다.

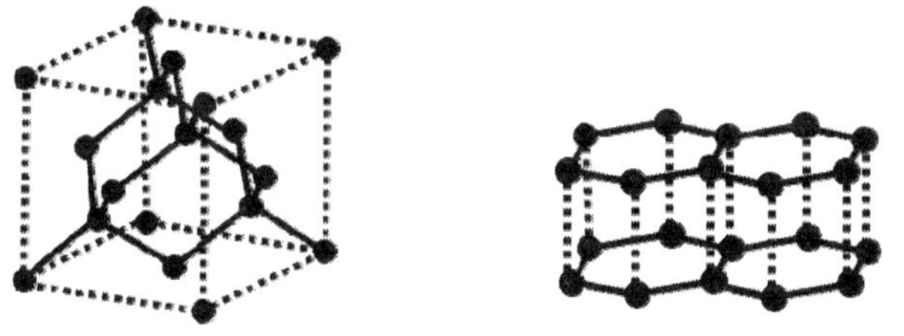

그림 2.12 다이아몬드(왼쪽)와 흑연(오른쪽)의 구조. (출처: Diepizza/Wikimedia Commons)

4) 세라믹 재료의 일반적 특성

세라믹 재료는 일반적으로 낮은 전기 전도성 때문에 전기 절연체로 사용되고(그러나 그래핀이나 탄소 나노 튜브 등은 높은 전기 전도성을 나타냄), 낮은 열 전도성 때문에 열 차폐재로 사용된다. 이는 자유 전자가 없기 때문이다(그러나 포논(phonon)에 의한 높은 열 전도성을 나타내는 세라믹 재료도 있다). 세라믹 재료는 높은 경도(hardness)를 가져 절삭 공구 등에 사용되는데 이는 강한 이온 결합 또는 공유 결합에 기인한다. 또한 화학적으로 안정하여 부식이나 산화가 쉽게 되지 않는 특성을 가지는데 이는 자유 전자가 없고 이미 산화가 되어 있는 것이 많기 때문이다. 세라믹은 녹는점이 매우 높고, 높은 온도에서도 그 기계적 강도를 유지한다. 예를 들어 산화 알루미늄(Al_2O_3)은 녹는점이 2,051℃에 달한다(알루미늄의 녹는점 660℃에 비해 매우 높다). 세라믹은 대부분의 금속보다 밀도가 낮기 때문에 금속보다 좀 더 가벼운 재료가 필요할 때 금속의 대체물로 사용되기도 한다.

세라믹은 상기와 같은 장점도 있지만 동시에 다음과 같은 단점도 있다. 세라믹은 일반적으로 기계적 충격에 약하고 인장 강도가 낮다. 금속과 플라스틱은 힘을 가하면 모양이 변형되면서 변형력을 흡수하지만 세라믹은 이러한 방법으로 변형력을 흡수하지 못하고 부서지는 경향이 있다. 다만 이런 단점이 공유 결합성 세라믹에는 해당되지 않는다.

5) 세라믹 재료의 종류

세라믹은 크게 **산화물계**와 **비산화물계**로 나누어진다(표 2.5). 산화물계는 다시 복합산화물과 단일산화물로 나눌 수 있다. 복합산화물에는 산화 규소(SiO_2, silicon dioxide)를 기반으로 산화 알루미늄(Al_2O_3, aluminum oxide), 산화 마그네슘(MgO, magnesium oxide) 등의 다양한 산화물이 혼합되어 있다. **복합산화물**의 예로는 점토(clay), 유리(glass)와 시멘트를 들 수 있다. 이를 제1세대 세라믹이라고 부른다. 이에 비하여 SiO_2, Al_2O_3, MgO, 또는 산화 타이타늄(TiO_2, titanium dioxide)과 같이 단일 화합물로 이용되는 것을 **단일산화물** 세라믹이라고 하고, 이를 제2세대 세라믹이라 부른다.

표 2.5 구성 성분에 따른 세라믹의 분류

분류	세부 분류	대표적인 예
산화물계	복합산화물	SiO_2 + Na_2O + CaO + MgO (소다석회 유리)
	단일산화물	SiO_2, Al_2O_3, MgO, TiO_2
비산화물계	탄화물	SiC, WC, B_4C, TiC, AlC
	질소화물	Si_3N_4, AlN, BN, TiN
	황화물	CdS, ZnS, Cu_2S, TiS_2
	붕소화물	TiB_2, LaB_6, LiB_6, ZrB_2
	규소화물	$MoSi_2$
	플루오린화물	CaF_2, BaF_2, MgF_2,
	탄소 동소체	흑연, 다이아몬드, 탄소 나노 튜브, 그래핀

한편, 비산화물계 세라믹은 대표적으로 탄화 규소(SiC, silicon carbide), 질소화 규소(Si_3N_4, silicon nitride) 황화 아연(ZnS, zinc sulfide), 그래핀(graphene) 등을 들 수 있다. 산화물계의 산소 대신에 탄소(C), 질소(N), 황(S), 붕소(B), 플루오린(F) 등이 들어가 있다. 이를 제3세대 세라믹이라고 부른다.

산화물계 세라믹의 명칭은 금속 원소명의 어간 끝에 –ia를 붙여 명명하기도 한다. 예를 들어 산화 마그네슘(MgO)는 마그네시아(magnesia), 산화 베릴륨(Be_2O_3)은 베릴리아(beryllia), 산화 이트륨(Y_2O_3)은 이트리아(yttria)라고 한다. SiO_2는 실리카(silica), Al_2O_3는 알루미나(alumina)라고 부른다.

6) 복합산화물계 세라믹

① **규산염** 규소와 산소는 지각의 대부분을 차지하고 있는 원소로, 질량 기준으로 산소가 지각의 47%, 규소가 28%이다. Si–O 결합은 이온 결합성과 공유 결합성의 중간 정도이며, 지각의 암석, 점토, 모래 및 흙의 주성분인 **규산염**(silicate)의 기본구조를 이룬다.

규산염은 벽돌, 시멘트, 콘크리트, 유리와 같은 건축자재로 사용되고 있다. 규산염 광물의 구조적 특징은 근본적으로, 사면체인 오쏘 규산염(orthosilicate) 음이온 (SO_4^{4-})에 기인한다. 여기서 규산염 이온의 산소 원자는 다른 규소 원자와 결합하거나, 음전하를 가지고 다른 양이온과 이온 결합을 이룬다(그림 2.13).

예를 들어 감람석(olivine)은 4개의 산소 음이온($-O^-$)이 Mg^{2+} 또는 Fe^{2+} 양이온에 의해 안정화되어 있다. 휘석(pyroxene)은 해당 사면체의 2개의 산소가 서로 다른 2개의 규소 원자와 결합하는 방식으로 사면체가 선형 사슬 구조를 이루고 있다. 사면체의 3개의 산소 원자가 서로 다른 3개 사면체의 규소 원자와 결합하는 방식으로 층상 구조를 이루게 되면 활석(talc, $Mg_3(Si_4O_{10})(OH)_2$)이 된다. 활석의 각 층은 서로 약한 반데르발스 힘에 의해서만 붙어 있기 때문에 쉽게 미끄러져 떨어질 수 있어서 땀띠약으로 사용할 때 미끄러운 감촉을 느낄 수 있는 것이다. 사면체의 4개의 산소 원자 모두가 서로 다른 4개 사면체의 규소 원자와 결합한 것이 **석영**(quartz)이다. 석영은 전하를 갖지 않으므로 구조 내에 양이온이 없다. 석영과 같은 3차원 그물구조의 규산염은 선형이나 층상 규산염보다 더 단단하고 견고하여 변형력에 잘 저항한다(즉, 기계적 성질이 높다).

사면체 사면체 선형 사슬 사면체 층상 사면체 3차원 그물구조

그림 2.13 규산염 화합물의 구조(왼쪽부터 각각 감람석, 휘석, 활석, 석영에 해당함).

② **알루미노규산염** **알루미노규산염**(aluminosilicate)이라고 불리는 광물은 규산염 구조에서 규소 원자의 일부가 알루미늄 원자로 치환되어 생성된다(그림 2.14). 알루미

늄은 지각에서 세 번째로 많은 원소이며(질량비로 8%), 지각에서는 대부분 알루미노규산염 형태로 존재한다. 알루미늄은 광물에서 단순한 알루미늄 양이온(Al^{3+})으로 역할을 하거나, 또는 그림 2.14에 나온 것처럼 규소를 대신하여 사면체 배위를 할 수 있다. 알루미늄이 규소 자리에 들어갈 때 알루미늄 원자에 음전하가 존재하게 되는데, 알칼리 금속(Na, K)이나 알칼리 토금속(Ca, Mg) 같은 금속 원자들에 의하여 전체적으로 전하 중립이 이루어진다.

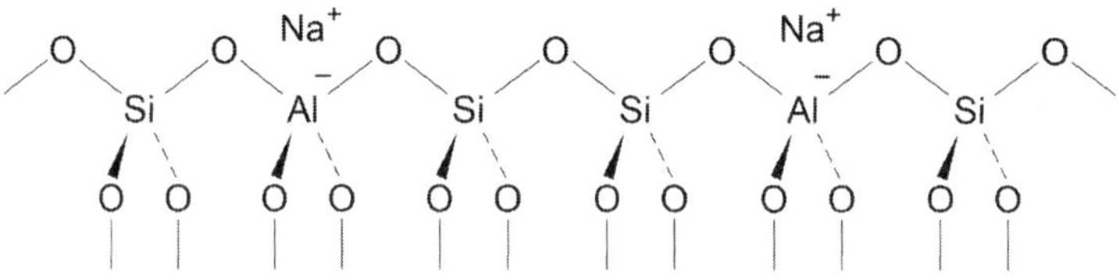

그림 2.14 알루미노규산염의 구조.

벽돌, 항아리, 도자기 등을 만드는 전통적인 재료는 산화물계 화합물들이 복합화된 점토(clay)이고, 알루미노규산염이 주성분이다. 점토는 광물의 풍화작용으로 생성된 물질이다. 물을 이 점토에 적당량 첨가하면 반죽이 되고, 이 반죽으로 모양을 만든 다음 고온에서 구우면 비가역적 화학 변화를 일으켜 굳는다. 예를 들어 고령석 점토(kaolinite, $Al_2Si_2O_5(OH)_4$)의 화학 반응은 식 2.3과 같이 나타낸다. 이 반응식으로 알 수 있듯이 고령석을 고온에서 구운 세라믹 물질은 멀라이트(mullite, $Al_6Si_2O_{13}$)와 실리카(SiO_2)로 이루어진 두 상의 혼합물이다. 바늘 모양의 결정형을 갖는 멀라이트 상이 실리카 상을 관통하여 이어주기 때문에 전체적으로 매우 높은 강도를 갖게 된다.

$$\underset{\text{(고령석)}}{3\ Al_2Si_2O_5(OH)_4} \rightarrow \underset{\text{(멀라이트)}}{Al_6Si_2O_{13}(s)} + \underset{\text{(실리카)}}{4\ SiO_2(s)} + \underset{\text{(물)}}{6\ H_2O(g)} \quad (2.3)$$

자연에서 생긴 점토는 전이 금속 산화물과 같은 불순물을 함유하는데 이 불순물이 세라믹의 색깔에 영향을 주므로 이를 고려해야 한다. 금속 산화물의 색깔은 산화물들이 흡수하는 가시광선 파장의 빛에 따라 결정되며, 이것은 결정장 이론(crystal field theory)으로 설명할 수 있다. 점토의 색깔은 보통 노란색, 녹색을 띤 노란색, 갈색, 빨간색 등이다. 예를 들면 철분을 많이 함유한 점토를 사용하여 만든 벽돌은 빨간색이 된다. 점토 제품의 표면에 유약을 칠함으로써 균열을 감소시키고 색깔을 나타낼 수 있다. 유약은 보통 알루미노규산염이며 높은 알루미늄 함량 때문에 점성이 높아 점토 표면에서 잘 흘러내리지 않는다. 유약 속 전이 금속(특히 Ti, V, Cr, Mn, Fe, Ni, Co, Cu)의 산화 상태가 색깔을 결정하는 데 중요하다. 가마 안에 산소가 풍부한 조건일수록 유약 속 전이 금속이 높은 산화 상태가 된다.

제올라이트(zeolite)는 알루미노규산염의 결정성, 다공성 물질이다. 알루미노규산 음이온을 뼈대로 하고, 그 주위에 전하 중립을 이루기 위해 알칼리 금속이나 알칼리 토금속 양이온을 가진다(그림 2.14). 제올라이트는 다면체 공동(cavity) 구조들이 터널들로 연결된 **열린 기공**(open pore)을 가지며. 기공 입구의 크기는 0.3~1.3 nm이다. 그림 2.15에 대표적인 제올라이트 A 및 X의 기공 구조를 나타내었다. 분자 크기가 3 Å 미만인 물 분자는 제올라이트의 공동 내에 들어갈 수 있으며, 내부의 양이온들을 이동시키는 이동상(mobile phase)으로 작용할 수 있다. 따라서 제올라이트는 어떤 양이온을 다른 양이온으로 교환할 수 있는 이온 교환(ion exchange) 물질로 사용할 수 있다. 전형적인 예로서, Ca^{2+}, Mg^{2+} 등을 함유한 센물(hard water)을 Na^{+} 함유 제올라이트가 충진된 관으로 통과시키면 Ca^{2+}와 Mg^{2+}이 Na^{+}으로 교환되면서 단물(soft water)로 전환된다. 그 외에도 제올라이트는 그 기공 크기보다 작은 분자는 통과시키지만 큰 것은 통과시키지 않는 분자체(molecular sieve)로 사용되며, 화학반응의 촉매로도 활용되고 있다.

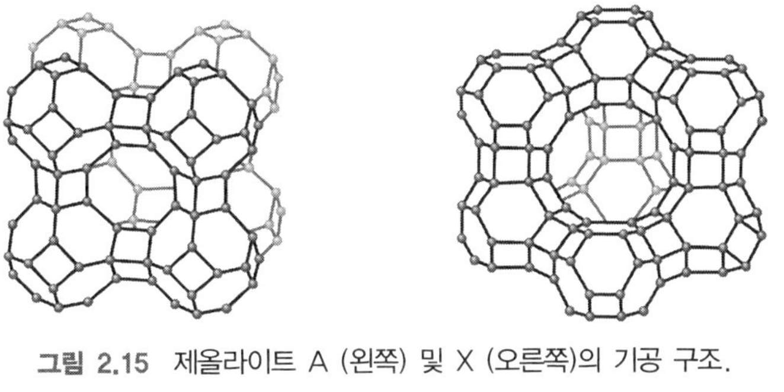

그림 2.15 제올라이트 A (왼쪽) 및 X (오른쪽)의 기공 구조.

③ **유리** 유리는 매우 다양한 조성을 가진 비정질 고체이다. 유리에는 넓은 범위에 걸친 질서가 없기 때문에 **등방성**(isotropic)이며, 이것은 유리의 물리적 성질이 모든 방향에서 동일함을 의미한다. 예를 들어, 유리가 온도 상승에 따라 팽창할 때 모든 방향에서 균일하게 팽창한다. 유리의 기계적 강도는 본질적으로 매우 높아, 표면에 흠이나 결함 등이 없다면 인장 강도가 강철보다 높다. 유리의 흠이나 결함은 유리가 응력을 받았을 때 균열이 생기기 시작하는 장소이다. 복잡한 모양 또는 불균일한 두께의 유리 물질이 급격히 냉각될 때 내부적인 스트레스가 유리 물질 내부에 생기고, 유리가 열 충격이나 기계적 충격을 받을 때 깨지면서 이러한 스트레스가 방출되는 것이다. 스트레스가 있는 유리를 **연화점**(softening temperature)보다 약간 낮은 온도까지 서서히 가열했다가 서서히 식히는 것을 **열풀림**(annealing)이라고 하는데, 열풀림은 열에너지에 의해 원자들이 짧은 거리를 이동함으로써 스트레스를 해소할 수 있도록 하는 공정이다.

표 2.6 유리의 주요 성분과 용도

종류	주요 성분(앞쪽에 있을수록 함량 높음)	주요 용도
석영 유리	SiO_2	우주선 창문
소다석회 유리	SiO_2, Na_2O, CaO, MgO	창문, 병, 컵
붕규산염 유리	SiO_2, B_2O_3, Na_2O, Al_2O_3	비커, 플라스크
알루미노규산염 유리	SiO_2, Al_2O_3, CaO, MgO	전기 절연체
납 유리	SiO_2, PbO, K_2O, Na_2O	방사선 차폐 재료

유리의 연화점, 열풀림 온도, 밀도와 같은 성질들은 유리의 화학적 조성에 의존한다. 유리의 주성분은 SiO_2이며 여기에 Na_2O, Al_2O_3 등의 금속 산화물이 혼합되어 있다. 표 2.6에 유리 제품의 종류를 나타내었다. 가장 단순한 화학구조의 유리는 **석영**(quartz)으로 만들어진다. 석영의 화학식은 SiO_2로 나타내어지며, 그림 2.13 및 그림 2.16(왼쪽)와 같은 화학구조를 가진다. 한 개의 규소 원자에 산소 원자가 4개 결합한 정사면체 단위 구조가 규칙적으로 배열(결정성 배열)되어 산소 원자에 의해 연결되어 있다. 석영을 녹는점 이상으로 가열하면 일부 규소-산소 결합이 깨어지며 규칙적인 배열도 흐트러진다. 이러한 상태에서 급랭하면 무질서한 SiO_2 단위 구조 배열이 다시

규칙적으로 재배열되기에 충분한 시간이 주어지지 않기 때문에 비정질인 **석영 유리**(quartz glass, 그림 2.16(가운데))를 얻게 된다. 이를 용융 석영(fused quartz) 또는 용융 실리카(fused silica)라고도 부른다. 무질서한 배열로 인하여 석영 유리는 녹는점을 가지지 않고 대신 부드러워지기 시작하는 전이 온도를 갖게 된다. 유리가 부드러워진 상태에서 다양한 모양으로 가공이 가능하다.

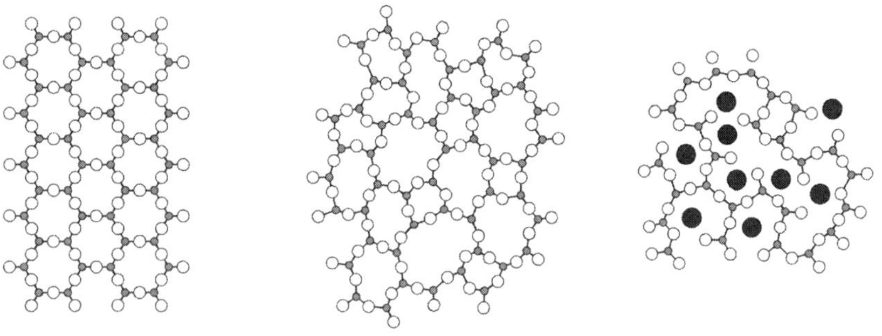

그림 2.16 석영과 유리의 화학구조(2차원적으로 나타냄). 석영(왼쪽), 석영 유리(가운데), 소다석회 유리(오른쪽).

소다석회 유리(soda–lime glass)는 대략적인 화학식이 $Na_2O \cdot CaO \cdot (SiO_2)_6$로 나타난다(그림 2.16(오른쪽)). 소다석회 유리는 쉽게 녹이고 성형할 수 있어 창문, 병, 컵 등으로 널리 사용되고 있으며, 오늘날 생산되는 유리 제품의 90% 이상이 소다석회 유리이다. 소다석회 유리의 구조에서 넓은 범위의 질서(long–range order)는 존재하지 않지만, 짧은 범위(short range)에서는 질서가 존재할 수 있다(정사면체 구조가 반복적으로 존재한다). 그러나 전체적으로는 이 구조들이 무질서하게 배치되어 연결되고 있고, 결과적으로 3차원적인 비정질 그물구조를 가진다. 이 그물구조는 Si 원자와 산소 원자 간의 결합이 부분적으로 깨진 커다란 다중 음이온(polyanion)을 형성하며, 음이온 부근의 틈새 공간에 Na^+ 이온이 끼어 들어가 음전하를 상쇄시킨다.

SiO_2와 Na_2O가 주성분인 소다석회 유리의 열전도도는 아주 낮고 **열팽창 계수**(coefficient of thermal expansion)는 높은 편이다. 이것은 소다석회 유리의 표면이 국부적으로 매우 뜨겁거나 차갑게 되면 내부 스트레스가 생기게 되어 유리가 쉽게 깨질 수 있음을 의미한다. 이러한 성질을 개선하기 위하여 SiO_2를 주성분으로 한 유리에 또

다른 주요 성분으로서 B_2O_3, Al_2O_3, 또는 PbO를 함유시킨 유리가 개발되었다(표 2.6). 규소 자리의 일부가 붕소로 대체된 **붕규산염**(borosilicate) 유리는 열팽창 계수가 매우 낮다. 붕규산염 유리의 한 종류인 파이렉스(pyrex)는 선팽창 계수(linear coefficient of thermal expansion)가 보통 소다석회 유리의 1/3에 불과하기 때문에 실험실 유리 기구나 가정용 오븐 접시로 사용된다. SiO_2에 Al_2O_3가 주요 성분으로 첨가된 **알루미노 규산염 유리**는 열충격 저항이 붕규산염 유리보다 뛰어나서 더 높은 온도에서 사용할 수 있고, 내화학성과 전기 절연성이 우수하여 전기 절연체로 많이 사용된다. SiO_2에 PbO가 주요 성분으로 첨가된 **납유리**는 전기 저항이 크고 방사선을 흡수하기 때문에 X선이나 γ선 차폐용으로 사용된다.

④ **시멘트** 물에 의해 경화되는 **수경 시멘트**(hydraulic cement)는 고대 로마인에 의해 개발되어 콘크리트 돔으로 건축된 로마의 판테온에 사용되었다. 시멘트에 대한 지식은 로마의 몰락과 함께 잊혔다가 1824년 영국에서 다시 개발되었다. 시멘트의 원료인 석회석과 점토의 혼합물이 포틀랜드 섬에서 발견되는 일종의 석회석과 비슷한 물질로 경화되었기 때문에 그 생성물을 **포틀랜드 시멘트**(portland cement)라 불렀다. 포틀랜드 시멘트는 토목, 건축물 건설의 새로운 시대를 열었다.

포틀랜드 시멘트는 석회(CaO), SiO_2, Al_2O_3, 산화철(Fe_2O_3) 등의 고온 반응으로 생성된 화합물을 미세하게 분쇄하여 제조한 분말 제품이다(표 2.7). 이 물질들은 규산 트라이칼슘(tricalcium silicate, $(CaO)_3 \cdot SiO_2$) 및 알루미늄산 트라이칼슘(tricalcium aluminate, $(CaO)_3 \cdot Al_2O_3$)과 같은 화합물을 생성하여 시멘트를 구성한다.

표 2.7 전형적인 포틀랜드 시멘트의 조성

성분	조성(질량%)
석회(CaO)	61–69
실리카(SiO_2)	18–24
알루미나(Al_2O_3)	4–8
산화철(III)(Fe_2O_3)	1–8
미량 성분(MgO, Na_2O, K_2O, SO_3 등)	2–4

시멘트 분말에 물을 첨가하면 반액체 상태의 슬러리가 형성되고, 이 슬러리는 응고

(setting)된 후 천천히 경화(hardening)된다. 응고에서의 주요 반응은 알루미늄산 트라이칼슘의 수화 반응이다(식 2.4). 이 식에 나와 있는 석고($CaSO_4 \cdot 2H_2O$)는 분쇄 및 응고 과정을 조절하기 위하여 첨가된 성분이다. 응고는 몇 시간에 걸쳐 일어나며 서로 맞물린 긴 결정성 바늘 모양의 생성물이 생기면서 고체화된다.

$$(CaO)_3 \cdot Al_2O_3(s) + 3(CaSO_4 \cdot 2H_2O)(s) + 26H_2O \\ \rightarrow (CaO)_3 \cdot Al_2O_3 \cdot (CaSO_4)_3 \cdot 32H_2O(s) \qquad (2.4)$$

시멘트의 경화는 식 2.5 반응에 의해 일어나는데, 규산 칼슘이 물과 반응하는 것이다. 경화 과정은 느리게 일어나며, 최종적인 강도가 얻어지는 데 일 년 정도 걸릴 수도 있다. 수화된 규산 칼슘은 Si-O-Si-O 결합을 형성하면서 결과적으로 그물구조를 형성한다. 시멘트의 높은 기계적 강도는 궁극적으로 이 그물구조에 기인한다.

$$6(CaO)_3 \cdot SiO_2(s) + 18H_2O(l) \rightarrow (CaO)_5 \cdot (SiO_2)_6 \cdot 5H_2O(s) + 13Ca(OH)_2(s) \qquad (2.5)$$

포틀랜드 시멘트를 단독으로 사용하는 경우는 드물다. 포틀랜드 시멘트에 물과 모래를 혼합하여 제조한 물질을 모르타르(mortar)라고 하는데, 주로 건축에서 돌, 벽돌 등의 사이에 채워 이들을 접합시키는 용도로 사용된다. 모르타르에 자갈이 추가된 혼합물을 **콘크리트**(concrete)라고 하며, 압축력에 대한 저항이 뛰어나므로 압축 하중이 매우 높은 빌딩, 댐 등의 건설에 사용된다. 콘크리트의 파괴 강도 인성(fracture toughness), 인장 강도(tensile strength) 등을 향상시키기 위하여 철근으로 보강한 것을 철근 콘크리트라고 한다.

7) 단일산화물계 세라믹

① **실리카(SiO_2)** SiO_2는 실리콘 원자가 네 개의 산소 원자와 결합한 사면체 구조를 갖고, 이 사면체 구조가 반복적으로 배열되어 3차원적 그물구조를 이룬다(그림 2.16, 2.17). 실리카의 녹는점은 1713℃여서 1000℃ 이상에서의 고온에서도 활용할 수 있다. 열충격에 매우 강하며 내화학성, 내마모성도 우수하고 자외선 투과율도 좋다. 석영,

석영 유리, 실리카겔, 오팔(opal), 에어로젤 등의 형태로 제조된다. 광통신용 광섬유(optical fiber)의 대부분은 실리카로 제조된다. 그 외에 전자 재료(전기 절연재), 건조제 등으로 활용된다.

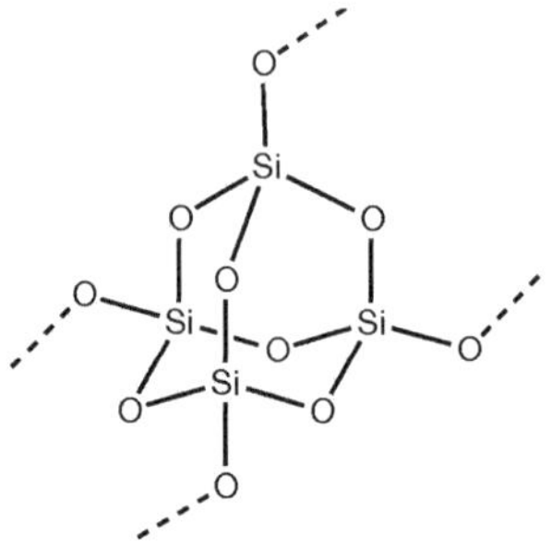

그림 2.17 SiO_2의 화학구조.

② **알루미나(Al_2O_3)** 가장 일반적인 Al_2O_3의 형태인 코런덤(corundum)의 구조를 그림 2.18에 나타내었다. 산소 원자가 조밀육방(hexagonal close packed, HCP) 격자를 이루고 있다(결정 격자에 대해서는 3장 01절에서 설명함). Al_2O_3는 단일산화물 세라믹 중 가장 활용도가 높으며, 높은 경도와 기계적 강도를 갖는다. 알루미나의 녹는점은 2051℃이며, 1500~1700℃의 온도에서도 기계적 강도를 유지한다. 알루미나는 전기 절연체이지만, 비교적 높은 열전도도를 갖는다. 알루미나는 분말, 섬유, 단일체(monolith) 형태로 다양한 용도에 활용된다. 분말 상태로는 금속의 표면을 연마하는 재료로 사용된다. 섬유 형태로서는 금속 또는 플라스틱의 강화 섬유로 사용된다. 단일체는 다시

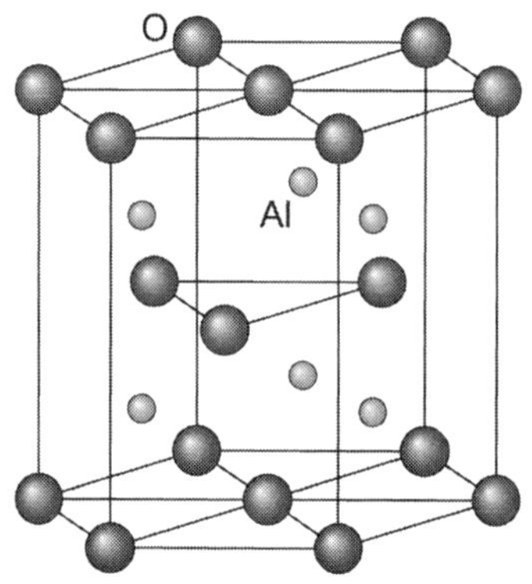

그림 2.18 Al_2O_3의 구조.

단결정체(single crystal)와 다결정체(polycrystal)로 나눌 수 있는데, 단결정체는 레이저 재료, 사파이어나 루비 같은 보석으로 사용된다. 다결정체는 금속 가공용 절삭 공구, 생체이식 재료로 사용되거나, 판상 형태로 전기 절연체 및 방열 기판으로 사용되거나, 다공질체(porous material) 형태로 자동차 배기가스 정화용 촉매 담체로서 사용된다.

③ **마그네시아(MgO)** MgO의 녹는점은 2852℃이며, 주로 내화성(fire-resistant) 물질로서 건축 재료로 사용된다. 마그네시아는 높은 열전도도와 낮은 전기 전도도를 가져서 전열기의 절연재로도 사용된다.

8) 비산화물계 세라믹

① **탄소 섬유** 탄소 섬유(carbon fiber)는 기본적으로 흑연 구조 물질로서(그림 2.19) 탄소가 92% 이상 함유된, 지름 5~10 ㎛의 섬유상이다. 고강도, 고내열성, 경량, 전기 전도성 등의 특성을 가진다. 탄소 섬유를 프로페인 토치로 가열하면 빨갛게 달궈지지만 타거나 분해되지는 않는다. 용도는 주로 고분자 매트릭스에 강화 섬유로서 분산되어, 복합재료 형태로 고분자의 기계적 성질을 증가시킨다. 탄소 섬유로 강화된 복합재료는 골프채, 스키판, 테니스 채, 양궁, 낚싯대, 항공기 구조재 등으로 활용된다. 다공성 형태로 제조된 것은 큰 표면적을 가지므로 연료 전지의 전극 물질로 유용하다.

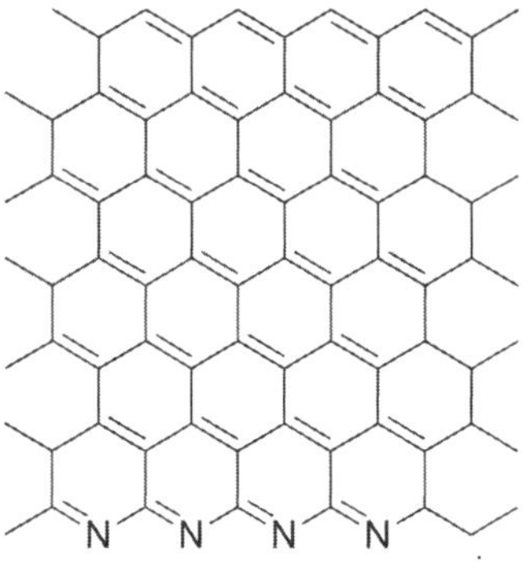

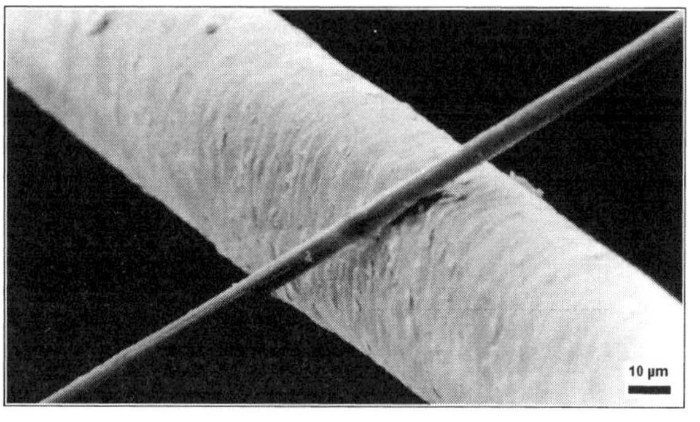

그림 2.19 Polyacrylonitrile로부터 제조된 탄소 섬유의 화학구조(왼쪽), 오른쪽 사진은 사람 머리카락과 비교한 탄소 섬유 가닥(가는 것이 탄소 섬유).
(오른쪽 사진 출처: Anton/Wikimedia Commons)

② **실리콘 카바이드(SiC)** 실리콘 카바이드는 가장 널리 사용되는 비산화물계 세라

믹이다. 실리콘 카바이드는 질기고(tough), 다이아몬드에 근접하는 내마모성을 가진다. 내열성도 매우 높아서, 2,800℃ 이상의 온도에도 견딘다. 그 외에도 내산성이 우수하고 고온에서 산화 반응을 일으키지 않으며, 열전도성이 높고 낮은 열팽창 계수를 가진다. 실리콘 카바이드는 기계 장비에서 연마제나 하드코팅으로 사용되고, 복합재료에서 휘스커나 섬유 형태 강화재로 사용된다. 반도체 성질을 가지고 있어 LED에도 사용된다. 그림 2.20에는 실리콘 카바이드의 여러 결정형 중 β형의 결정 구조를 나타내었다. 다이아몬드와 유사한 구조이며, 다이아몬드의 구조에서 일부 탄소 원자가 실리콘 원자로 대체된 구조로 생각하면 된다.

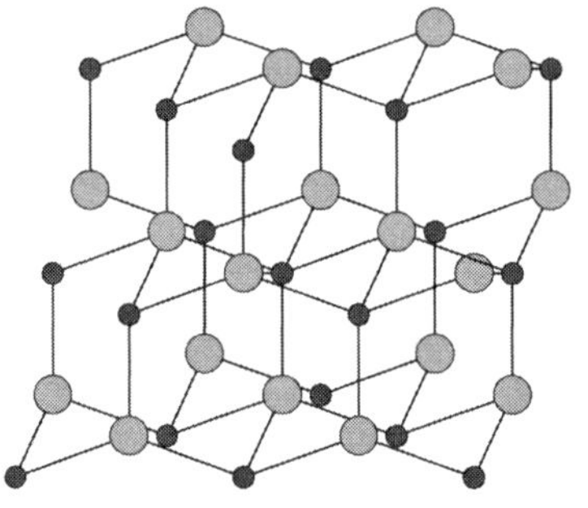

그림 2.20 β-SiC의 화학구조(큰 구: Si 원자, 작은 구: C 원자).

③ **실리콘 나이트라이드(Si_3N_4)** 실리콘 나이트라이드는 고온에서도 경도가 높고 내마모성이 우수하다. 산소가 없는 조건에서는 1800℃, 산소 존재하에서는 1500℃의 고온에서도 사용할 수 있다. 전기 절연체이며 내산화성도 뛰어나다. 이러한 특성들로 인해 내연기관과 제트엔진의 구성 성분으로 사용되고 있다. 그림 2.21에 Si_3N_4의 화학구조를 나타내었다.

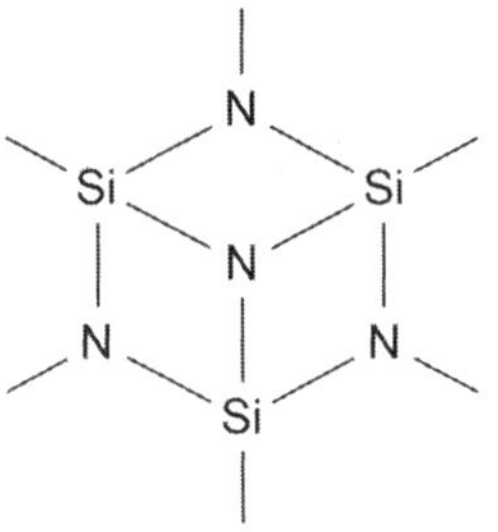

그림 2.21 Si_3N_4의 화학구조.

④ **보론 나이트라이드(BN)** 보론 나이트라이드는 2730℃까지 안정하게 존재할 정도로 내열성이 우수하다. 또한 전기 절연성이 우수하며 열전도도가 높고, 열충격 저항성과 내화학성이 좋다. 보론 나이트라이드는 비정질 BN(a-BN)이 있고, 결정성 BN 중에는 6각형 형태(hexagonal form, h-BN), 입방체 형태(cubic form, c-BN), Wurtzite 형태(w-BN)가 있다. h-BN은, 흑연과 유사하게 B와 N으로 구성된 6각형(hexagonal) 고리가 층 구조를 이루고(그림 2.22(왼쪽)) 이 층들이 쌓여 있다(그림 2.22(오른쪽)). c-BN은 다이아몬드와 유사한 구조를 가진다.

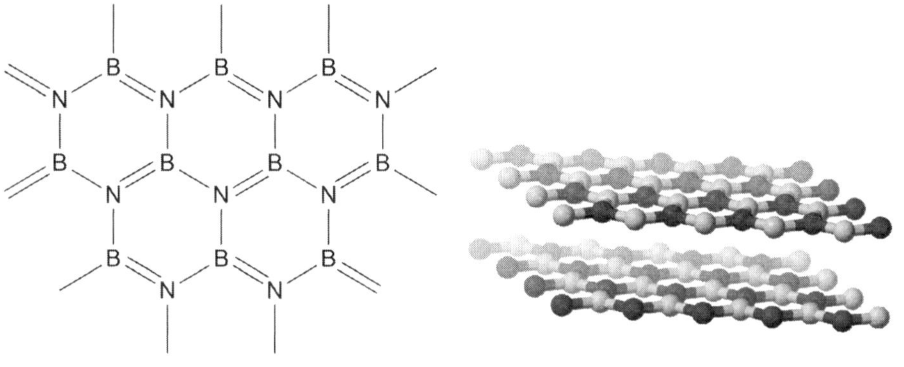

그림 2.22 h-BN의 층 구조(왼쪽: 화학구조; 오른쪽: 결정구조).

⑤ **그래핀** 2010년 노벨 물리학상은 그래핀을 합성하고 분리, 분석한 가임(Andre K. Geim)과 노보셀로프(Konstantin S. Novoselov)가 수상하였다. 그래핀의 전자 구조는 1947년에 이론적으로 예측되었지만 이를 분리하여 규명하기가 어려웠다. 가임과 노보셀로프는 스카치테이프를 사용하여 흑연에서 그래핀 층을 분리하고, 이것을 실리콘 기판으로 옮긴 후 가장 얇은 층을 원자힘 현미경(atomic force microscope, AFM)으로 분석하였다. 그래핀은 탄소 원자들의 단일 층으로 구성된 2차원 물질(two-dimensional material)인 것이 규명되었다(그림 2.23). 이후 큰 그래핀 시트를 제조하는 것도 가능해졌다. 그래핀 시트는 마는 방향에 따라 서로 다른 종류의 **탄소 나노 튜브**(carbon nanotube, CNT)를 만들 수 있다(그림 2.23).

그래핀은 공극 등의 결함이 존재하지 않는 완벽한 질서를 가지며 순도도 매우 높다. 탄소의 최외각 껍질의 4개의 전자 중 3개의 전자는 sp^2 혼성 오비탈을 이루어 3개의 시그마(σ) 결합을 형성하고, 나머지 한 개의 전자는 평면에 대하여 수직 방향으로 배향한 $2p$ 오비탈을 이루어 다른 탄소 원자와 π 결합을 형성한다. 이 π 결합의 전자들이 자유 전자로 거동하기 때문에 그래핀은 전기 전도도가 매우 높다. 그래핀은 강철보다 강하고(파괴 강도가 강철의 200배) 매우 유연하다. 또한 광투명성이 높으며 열전도성도 우수하다. 따라서 투명하고 유연한 전기 전도체로서, 터치스크린과 태양 전지 등에서, 유연성이 없는 인듐 주석 산화물(indium tin oxide, ITO)을 대체할 수 있다.

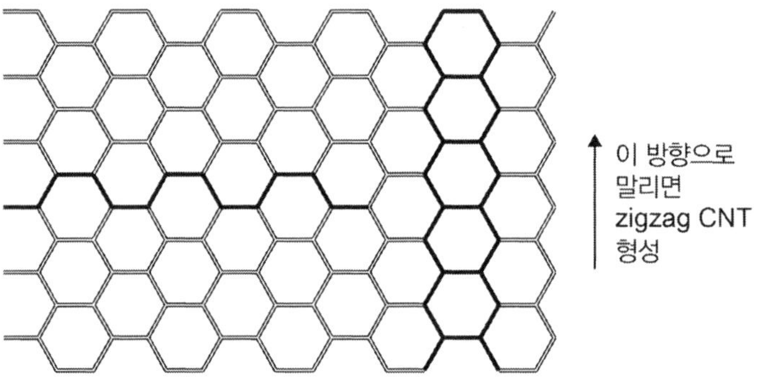

그림 2.23 그래핀의 구조.

3. 고분자

1) 인류 문명과 고분자 재료

자연이 인간에게 풍부하게 제공하는 재료 중의 하나는 나무로서, 천연 고분자로 분류된다. 나무는 인류 역사의 초기부터 사용되었고, 적당하게 연해서 쉽게 다룰 수 있으면서도 비교적 단단해서 건축에도 사용할 수 있다. 한국, 중국, 일본 등의 동아시아에서는 건축의 뼈대인 기둥과 들보는 기본적으로 나무를 사용했다. 마루와 창문, 출입문도 대부분 나무로 만들어졌다. 나무를 많이 사용하던 동아시아에서 종이가 처음 발명된 것은 자연스러운 일일 것이다. 서양에서는 건축에 돌을 많이 사용하는 경향이 있었지만, 돌을 가공하고 운반할 목재로 만든 기구, 바퀴, 선박 등이 없었다면 아마도 건축 자체가 불가능했을 것이다. 15세기 이후 유럽이 전 세계를 누비는 대항해 시대를

연 것도 나무로 만든 선박 없이는 불가능했다.

19세기에 당구공, 틀니, 피아노 건반 등은 코끼리의 상아로 만들어졌다. 상아로 만든 제품은 워낙 가격이 비싼 탓에 부자들만이 소유할 수 있었으며, 상아 채취 때문에 코끼리의 수가 점점 줄어들어 갔다. 상아와 비슷한 성질을 보이는 셀룰로이드(celluloid)로 만든 제품이 19세기 후반에 발명되면서 코끼리는 멸종을 피하게 되었다. 최초의 플라스틱으로 꼽히는 셀룰로이드는 사진이나 영화를 찍는 필름으로도 만들어져 문화의 발전에도 크게 이바지했다. 1950년대 등장한 **폴리염화바이닐**(poly(vinyl chloride)) 레코드판은 음악을 대중화시킨 주역이었다.

20세기는 플라스틱의 시대라고 불러도 좋을 만큼 플라스틱의 개발과 사용이 폭발적으로 증가했다. 주변에서 쉽게 볼 수 있는 비닐봉지, 페트병, 주방용품 등은 우리 일상에서 필수품처럼 자리 잡게 되었다. 고분자는 플라스틱 외에도 섬유와 고무를 포함한다. 컴퓨터, 휴대전화, 필기구, 옷, 신발, 가구, 인테리어 등 대부분의 제품들은 부분적으로, 또는 전체가 고분자로 구성되어 있다. 고분자는 우리의 일상생활을 편리하고 윤택하게 해 주는 이러한 제품뿐만 아니라, 건축물이나 기계 등의 산업적 용도에도 폭넓게 사용되고 있고, 자동차, 비행기, 선박 등에도 중요하게 사용된다.

2) 고분자 재료의 기본 결합

공유 결합은 주로 비금속 원자들이 전자를 공유함으로써 형성된다(2장 02절에서 자세히 설명함). 공유 결합을 하는 재료로는 일반적으로 고분자를 들 수 있다(세라믹 재료로 분류되는 물질 중에도 비산화물계는 공유 결합을 함). 고분자는 공유 결합에 의한 긴 분자 사슬을 가지는데, 사슬 내에는 원자들 간의 강한 공유 결합이 존재하고, 사슬 간에는 약한 **정전기적 인력**(분산력, 쌍극자-쌍극자 힘, 수소 결합 등)이 작용한다. 사슬 간의 약한 분자 간 힘은 열에 의해 끊어지기 쉬우므로, 고분자는 비교적 낮은 온도에서 용융되거나 부드럽게 된다. 따라서 고분자는 가열에 의한 성형이 용이한 반면 내열성이 약한 편이다.

3) 고분자 고체의 미세구조

고분자는 '**고분자량**(high molecular weight)의 분자'를 뜻한다. 명확한 기준은 아니지만 일반적으로 분자량 10,000 g/mol 이상의 분자를 고분자라고 부른다. 분자량이 수만에서 수십만의 고분자가 실제 상업적으로 이용되지만, 분자량이 수백만에 이르는 것도 합성할 수 있다. 분자량에 따라 고분자의 특성이 달라지기 때문에 용도에 맞게 분자량을 조절하는 것이 필요하고, 중합 반응 조건을 조절함으로써 원하는 분자량을 얻을 수 있다.

저분자량(low molecular weight) 물질은 단일 분자량을 갖는 분자들의 집합체이다. 예를 들어, 물 분자는 18.02 g/mol의 몰질량(또는 분자량)을 가진다. 컵에 들어있는 물에 포함된 모든 물 분자들은 동일한 분자량을 가진다. 그러나 고분자는 긴 분자 사슬로 되어 있고 다양한 분자량을 가진 분자의 혼합물이다. 이것을 고분자의 다분산성(polydispersity)이라고 한다. 즉, 일반적으로 고분자 재료에 들어있는 고분자 사슬들은 그림 2.24에 나타내었듯이 분자량의 분포를 가진다. 따라서 고분자의 분자량은 그 평균값으로 표현한다. 분자량의 평균값에는 수평균 분자량(number-average molecular weight, $\overline{M_n}$)과 중량평균 분자량(weight-average molecular weight, $\overline{M_w}$)이 있다(그림 2.24). $\overline{M_w}$은 더 큰 분자에 좀 더 가중치를 둔 것으로, 따라서 $\overline{M_w} \geq \overline{M_n}$이다. $\overline{M_w}/\overline{M_n}$의 비를 **다분산계수**(polydispersity index, PDI)라고 하여 분자량 분포의 정도

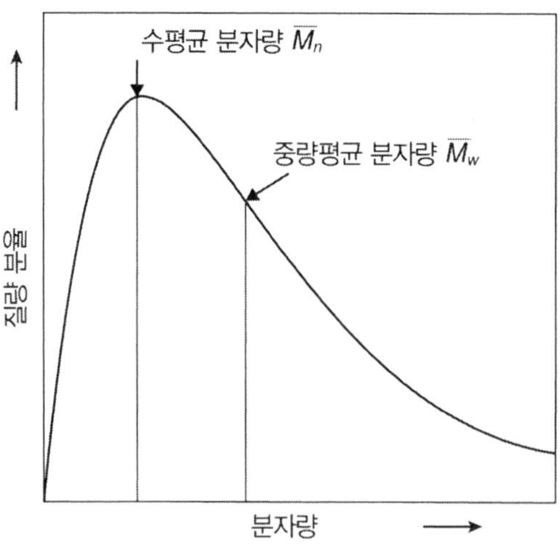

그림 2.24 분자량 분포와 평균 분자량.

를 나타낸다. PDI값이 1이면 모든 고분자의 분자량이 동일하다는 의미이며, 이를 단분산(monodisperse)이라고 한다. 일반적으로 고분자는 PDI값이 1보다 큰 다분산(polydisperse)이다.

고분자는 길고 복잡한 분자 사슬 형태이기 때문에, 기본적으로 결정성이 높은 고체 구조를 가지기 어렵다. 따라서 부분 결정성 또는 비정질 배열을 가진다. 비정질로 존재하는 부분의 고분자 사슬들은 무작위적인 형태(conformation)를 가지기 때문에 서로 꼬여있다. 고분자 고체 구조에 대해서는 3장의 02절에서 자세히 설명한다.

4) 고분자 재료의 일반적 특성

분자량이 매우 크면 저분자량 분자와 다른 특성을 나타내는데, 대표적인 특성 차이로는 고분자는 고체로 존재하면서 기계적 성질을 나타내는 것이다. 이러한 특성 때문에 고분자는 재료로서 활용 가치가 있게 되고, 따라서 3대 재료(금속, 세라믹, 고분자)의 한 축으로서 인류 문명의 발달에 중요한 역할을 하고 있다.

금속과 세라믹에 비해 고분자가 가진 대표적인 장점은 가볍고, 내부식성과 내충격성이 우수하고, 가격이 저렴하고 성형이 용이하다는 점이다. 그러나 고분자는 금속과 세라믹에 비해 기계적 강도과 내열성이 낮다.

5) 고분자 재료의 종류

① 원료의 출처 및 구성 원소에 따른 분류

고분자는 그 원료의 출처에 따라, 목화, 목재, 양털, 고무나무 진 등의 동식물에서 원료가 얻어지는 **천연고분자**(natural polymer)와, 주로 석유화학공업에서 원료가 얻어지는 폴리에틸렌, 폴리에스터, 나일론 등의 **합성고분자**(synthetic polymer)로 나눌 수 있다(표 2.8). 자연에서 얻은 고분자에 간단한 합성 가공을 하여 얻어지는 고분자를 반합성고분자(semisynthetic polymer)라고 한다.

고분자는 그 구성 원소에 따라, 탄소를 기반으로 하는 **유기고분자**(organic polymer)와 그 외의 고분자에 속하는 **무기고분자**(inorganic polymer)로 나눌 수 있는데, 대부분은 유기고분자이다. 표 2.8에 이러한 분류에 해당하는 대표적인 고분자의 예를 정리하였다.

표 2.8 원료의 출처 및 구성 원소에 따른 고분자의 분류 및 대표적 예

	유기고분자	무기고분자
천연고분자	단백질(누에고치, 양털) 탄화수소(고무나무 진) 셀룰로스(목화, 목재)	
합성고분자	polyethylene polyester nylon SBR	poly(sulfur nitride) polyphosphazene
반합성고분자	cellulose acetate(=acetate rayon)	

② 화학구조에 따른 분류

탄소-탄소 이중 결합(C=C)을 가진 단량체로부터 합성되는 고분자를 바이닐 고분자(vinyl polymer)라고 한다. 그림 2.25에 대표적인 **바이닐 고분자**인 폴리에틸렌(polyethylene, PE), 폴리프로필렌(polypropylene, PP), 폴리스타이렌(polystyrene, PS), 폴리염화바이닐(poly(vinyl chloride), PVC)의 화학구조식을 나타내었다. 바이닐 고분자를 제외한 모든 고분자는 **난바이닐 고분자**(nonvinyl polymer)라고 한다. 그림 2.26에는 난바이닐 고분자의 대표적인 예로서 폴리에스터와 폴리아마이드의 화학구조를 제시하였다. 그림 2.26(왼쪽)은 PET라는 이름으로 알려져 있는 고분자이고, 오른쪽은 **아라미드**(aramid) 섬유의 일종으로서, Kevlar라는 상품명으로 알려져 있다.

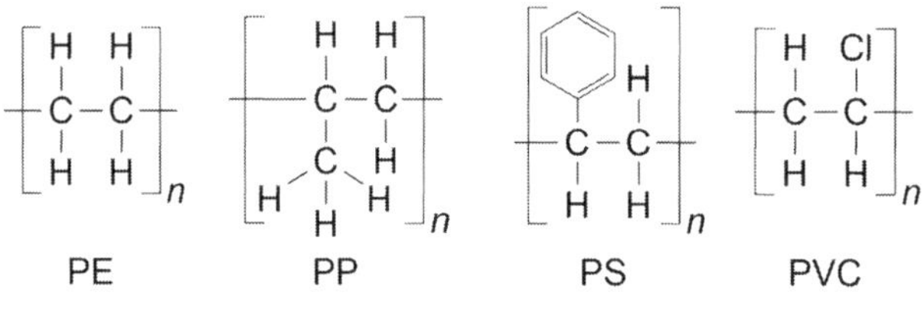

PE PP PS PVC

그림 2.25 바이닐 고분자의 대표적 예.

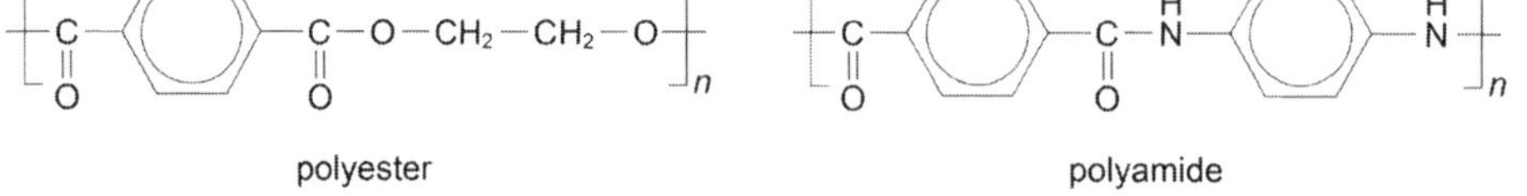

polyester polyamide

그림 2.26 난바이닐 고분자의 대표적 예.

③ 용도 또는 기계적 물성에 따른 분류

고분자 제품은 용도 또는 기계적 물성에 따라 플라스틱, 섬유, 고무, 도료, 접착제 등으로 나눌 수 있다(표 2.9). 소비량면에서 보면 플라스틱이 전체의 50% 이상을 차지하고, 섬유와 고무가 그 뒤를 잇고 있다.

표 2.9 용도 또는 기계적 물성에 따른 고분자의 분류

	대표적인 예
플라스틱	– commodity (PE, PP, PVC, PS) – engineering (polyamide, acetal, polyester, polycarbonate, poly(phenylene oxide)
섬유	[천연] cotton, wool, silk [반합성] acetate rayon, viscose rayon [합성] polyester, nylon, olefin, acrylic)
고무	[천연] polyisoprene 유사체 [합성] – diene (styrene–butadiene, polybutadiene, ethylene–propylene, polychloroprene, polyisoprene) – nondiene (nitrile, butyl, silicone, urethane)
접착제	– phenol–formaldehyde, urea–formaldehyde – epoxy – cyanoacrylate
도료	– styrene–butadiene – poly(vinyl acetate), poly(acrylate ester) – alkyd

플라스틱(plastics)은 다른 말로 수지(resin)라고도 하며, 특성 및 용도에 따라 범용 플라스틱(commodity plastic)과 엔지니어링 플라스틱(engineering plastic)으로 나뉜다. PE, PP, PVC, PS 등은 범용 플라스틱 범주에 속한다. 범용 플라스틱은 값이 싸고 대량 생산되며 주로 일상생활 용품으로 사용된다. 엔지니어링 플라스틱은 값이 비싸고 소량 생산되며, 우수한 기계적, 열적 특성 때문에 특수한 용도에 사용된다. 주요 예로서는 교통수단(자동차, 비행기, 트럭 등), 건설(건축 자재 및 장비), 전기 전자 제품, 산업 기계 등을 들 수 있다.

한편, 플라스틱은 열에 의한 반응 여부를 기준으로 **열가소성 수지**(thermoplastic)와 **열경화성**(thermosetting) **수지**로 나눌 수 있다. 열가소성 수지는 가열하면 유연해지는 성질을 가지며, 가열에 의해 화학 반응이 일어나지 않는다. 위에서 언급한 범용수지가 주로 여기에 포함된다. 열경화성 수지는 가열에 의해 가교 반응이 일어나 3차원 그물

구조를 형성하는 수지로서, 한번 가열 후 다시 가열하면 유연해지지 않는다. 에폭시 수지, 페놀 수지, 불포화 폴리에스터 등이 여기에 속한다.

천연섬유 중 목화(cotton)는 폴리사카라이드 셀룰로스(polysaccharide cellulose)이며, 양털(wool)과 비단(silk)은 단백질 종류이다. 석유로부터 원료를 얻는 **합성섬유**에는 폴리에스터, 나일론, 올레핀계, 아크릴계 등이 있다. 천연섬유를 가공한 반합성 섬유에는 아세테이트 레이온 등이 있다.

천연고무는 고무나무의 수액으로부터 얻어지며, 화학구조는 cis-1,4-polyisoprene과 거의 일치한다. **합성고무**의 생산량은 천연고무보다 많은데, 그중에서도 스타이렌-뷰타다이엔(styrene-butadiene), 폴리뷰타다이엔(polybutadiene), 에틸렌-프로필렌(ethylene-propylene)의 생산량은 전체 합성고무의 70% 이상을 차지한다.

접착제는 두 물체를 서로 붙이는 데 사용되는 제품으로, 페놀-폼알데하이드(phenol-formaldehyde), 유레아-폼알데하이드(urea-formaldehyde), 에폭시(epoxy), 사이아노아크릴레이트(cyanoacrylate) 등이 널리 사용되고 있다.

도료는 기질 표면에 칠해져 기질을 보호하거나 외관을 아름답게 하는 제품으로, 스타이렌-뷰타다이엔, 폴리바이닐아세테이트(poly(vinyl acetate)), 폴리아크릴레이트에스터(poly(acrylate ester)), 알키드(alkyd) 등이 주로 사용된다.

④ 사슬 형태에 따른 분류

고분자 사슬의 형태에 따라 크게 선형(linear), 가지가 달린 분기형(branched), 3차원 그물구조를 가진 가교형(crosslinked 또는 network)으로 나눌 수 있다(그림 2.27). 선형 고분자의 대표적인 예로 **고밀도 폴리에틸렌**(high density polyethylene, HDPE)을 들 수 있다. 가지가 거의 없기 때문에 분자 사슬들이 조밀하게 쌓일 수 있고, 따라서 밀도가 높다($\geq 0.941\ g/cm^3$). 분자 간의 인력이 강하게 작용할 수 있으므로 결과적으로 인장 강도가 우수하여 용기(container), 파이프, 장난감 등으로 활용된다. 분기형 고분자의 예로는 **저밀도 폴리에틸렌**(low density polyethylene, LDPE)을 들 수 있다. 짧고, 길고 또한 불규칙한 가지들을 많이 가지기 때문에 분자 사슬의 조밀한 쌓임이 어렵고, 따라서 밀도가 낮다. 결과적으로 분자 간의 인력이 강하게 작용하기 어렵다. 인장 강도가 낮고 소성 변형이 쉽게 일어난다. 주로 포장용 필름, 봉투 등으로 활용된다.

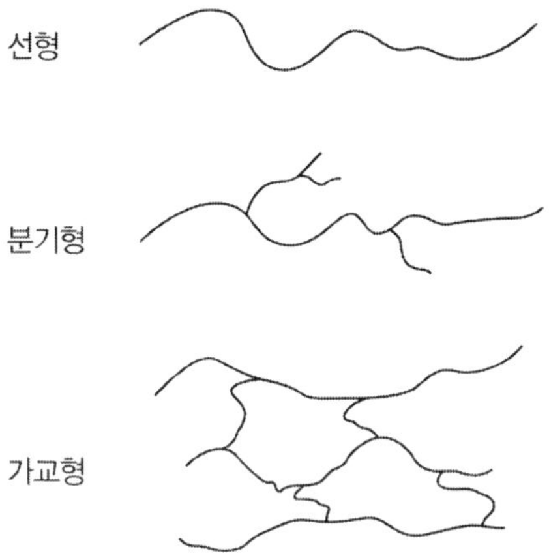

그림 2.27 고분자의 형태에 따른 분류.

열경화성 수지는 가열에 의해 가교형 고분자로 전환된다. 고무도 가교형 고분자에 속한다. 가교형 플라스틱과 고무의 차이점은, 가교형 플라스틱은 좀 더 가교 밀도(cross-linking density)가 높고, 고무는 낮다. 따라서 가교형 플라스틱은 단단한 성질을, 고무는 말랑거리는 성질을 나타낸다.

바이닐 고분자의 경우는 그림 2.28(위)에 나타낸 대로 주사슬(주쇄, main chain), 곁사슬(측쇄, side chain), 말단기(end group)로 구성되어 있다. 단량체의 바이닐기가 중합 반응에 의하여 주사슬을 이루며, 곁사슬의 화학구조에 따라 고분자의 특성이 크게 영향을 받는다. 그림 2.28(아래)에는 폴리에스터의 일종인 PET의 구성 요소를 나타내었다. 고분자 말단기의 구조는 일반적으로 표시하지 않지만, 말단기의 화학 반응 등 필요한 경우에는 표시한다. 반복되는 구조는 괄호 안에 반복 단위(repeating unit)로 나타낸다.

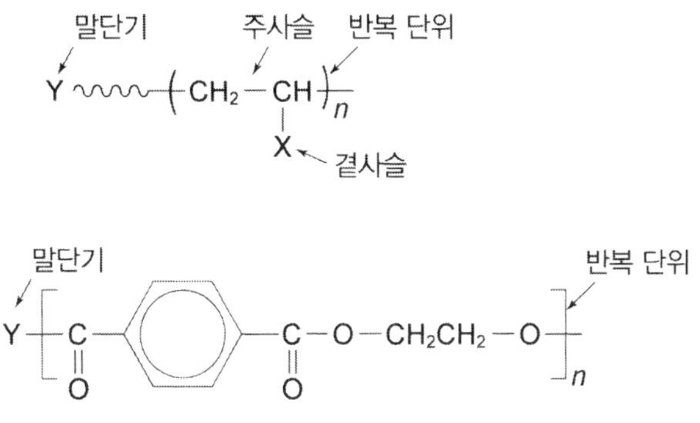

그림 2.28 바이닐 고분자와 난바이닐 고분자(폴리에스터)의 구성 요소.

고분자 형태의 특별한 경우로서, 그림 2.29에 나타낸 다양한 형태가 개발되어 있다. 별 모양(a), 빗 모양(b), 사다리 모양(c), 목걸이 모양(d), 나뭇가지 모양(e), 브러쉬 모양(f) 등이 있다. 이 특수한 모양을 토대로 기능성 고분자(functional polymer)를 제조하려는 연구가 진행되고 있다. 예를 들어, (e)의 덴드리머(dendrimer)는 한 세대(generation)씩 붙여 나가는 방식으로 합성되기 때문에 구(sphere) 형태를 가지며 모든 분자가 동일한 분자량을 갖는다(즉, 단분산임). 내부가 비어있기 때문에 여기에 의약 물질을 담지하거나, 바깥 껍질의 작용기에 의약 물질을 결합시켜 인체의 특정 부위까지 운반한 후 방출하는 약물 전달 시스템(drug delivery system)으로 연구되고 있다.

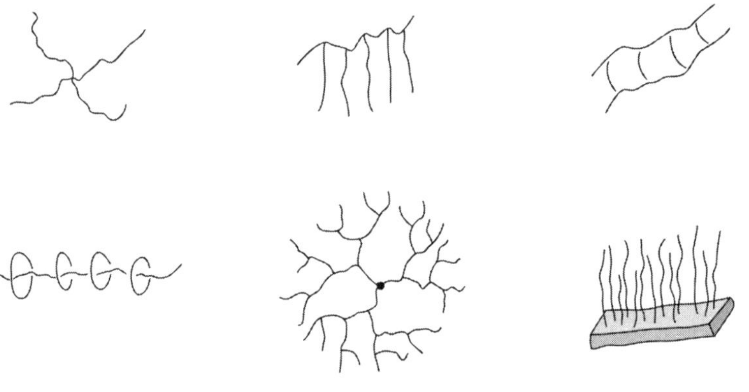

그림 2.29 고분자의 특별한 형태: (a) star polymer; (b) comb polymer; (c) ladder polymer; (d) polyrotaxane; (e) dendrimer; (f) polymer brush.

⑤ 단독중합체와 공중합체

중합에 사용된 단량체의 종류 또는 중합체 반복 단위의 종류에 따라 고분자는 **단독중합체**(homopolymer)와 **공중합체**(copolymer)로 나뉜다. 바이닐 단량체의 중합의 경우, 한 종류의 단량체를 중합시켜 얻어진 중합체는 단독중합체, 2종류 이상의 단량체를 사용한 중합체는 공중합체가 된다(그림 2.25의 고분자들은 단독중합체임). 난바이닐 고분자의 경우는 반복 단위가 한 종류이면 단독중합체, 2종류 이상이면 공중합체가 된다(그림 2.26의 고분자들은 단독중합체임). 그림 2.30에 단독중합체와 공중합체의 개념도를 나타내었다. A와 B를 서로 다른 단량체 또는 반복 단위라 할 때, 공중합체에서 A와 B가 특별한 규칙성 없이 나열된 것을 랜덤 공중합체(random copolymer),

교대로 배열된 것을 **교대 공중합체**(alternating copolymer), A와 B의 각 블록(block)으로 구성된 것을 **블록 공중합체**(block copolymer), 한쪽이 주쇄, 다른 한쪽이 가지로 구성된 분기형 고분자를 **그래프트 공중합체**(graft copolymer)라 한다.

Homopolymer	–A–A–A–A–A–A–A–A–
Random copolymer	–A–B–A–A–B–A–B–B–B–A–
Alternating copolymer	–A–B–A–B–A–B–A–B–A–
Block copolymer	–A–A–A–A–B–B–B–B–

Graft copolymer	–A–A–A–A–A–A–A–A–A
	         |
	        B–B–B–B–

그림 2.30 단독중합체와 공중합체의 개념도.

4. 복합재료

집을 지을 때 사용하는 흙벽돌은 진흙으로 만든 것이다. 진흙에 물을 넣어 반죽을 만든 후 원하는 모양으로 성형한 후 말리면 단단하게 굳는다. 그러나 충격을 가하면 쉽게 금이 가고 부서진다. 매우 질겨 잘 끊어지지 않는 볏짚을 잘게 썰어 진흙에 넣어 벽돌을 만들면 충격에 잘 견디고 강도도 크게 개선되어 집을 지을 만큼 좋은 건축 재료가 된다.

현재 건축재료로 가장 많이 사용되고 있는 콘크리트는 시멘트, 모래, 자갈의 혼합물이다. 모래는 자갈 사이의 큰 공간들을 채워주고 시멘트는 모래 사이의 작은 공간들을 채워준다. 아울러 시멘트는 규산 칼슘의 경화 반응으로 그물구조를 형성하면서 자갈과 모래들을 강하게 결합시킨다. 기계적 강도는 궁극적으로 이 그물구조에 기인한다. 여기에 철근까지 넣은 철근 콘크리트는 매우 큰 하중을 견디는 구조물 재료로 사용되고 있다.

복합재료(composite material)는 2종 이상의 서로 다른 재료들을 혼합하여, 단일 재료가 가지는 특성보다 더 우수한 특성을 발현시키고자 하는 목적으로 제조된다. 복합재료는 어떤 연속상(continuous phase) (또는 매트릭스(matrix)) 속에 들어있는 다른 불연속상(discontinuous phase) (또는 분산상(dispersed phase))의 조합으로 구성되어 있다(그림 2.31). 복합재료에서는 이렇게 2종 이상의 상을 형성시킴으로써 한 재료의 결점을 다른 재료가 보강을 보완하고 나아가 장점을 강화하는 효과를 얻을 수 있다.

복합재료의 **매트릭스**는 금속, 세라믹, 고분자 등이 이용되며, 분산상을 구성하는 **분산재**(강화재)도 금속, 세라믹, 고분자가 모두 사용될 수 있다. 따라서 서로 다른 계열의 금속/세라믹, 세라믹/고분자, 금속/고분자의 조합도 가능하며, 같은 계열의 금속/금속, 세라믹/세라믹, 고분자/고분자의 조합도 가능하다. 분산재는 섬유상, 입자상, 판상의 형태로 이용된다(그림 2.31). 표 2.10에 분산상의 형상에 따른 복합재료의 분류를 나타내었다.

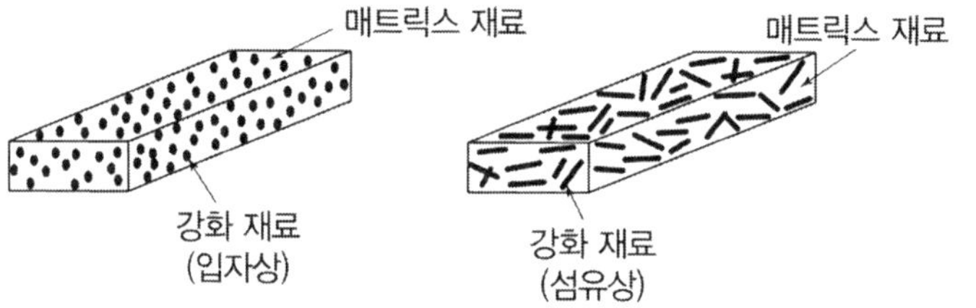

그림 2.31 입자상(왼쪽) 및 섬유상 강화재를 사용한 복합재료.

표 2.10 분산재의 형상에 따른 복합재료의 분류

분산재의 형상	대표적인 예
섬유상	섬유 강화 플라스틱(FRP), 섬유 강화 금속(FRM), 섬유 강화 세라믹(FRC)
입자상	써미트(cermet), 분산경화합금, 콘크리트, 모르타르, 치아수복용 복합수지
판상	점토분산필름

1) 섬유 강화 플라스틱

섬유 강화 플라스틱(fiber-reinforced plastics, FRP)은 섬유 형태의 강화재가 플라스틱 매트릭스에 분산되어 매트릭스 재료의 내충격성, 내피로성 등을 향상시킨다. 강화재로서는 유리 섬유, 탄소 섬유, 아라미드섬유 등이 사용되어 각각 유리 섬유 강화 플라스틱(glass fiber-reinforced plastics, GFRP), 탄소 섬유 강화 플라스틱(carbon fiber-reinforced plastics, CFRP), 아라미드섬유 강화 플라스틱(aramid fiber-reinforced plastics, AFRP)을 제조한다. 매트릭스로서는 불포화 폴리에스터 또는 에폭시 수지 같은 열경화성 수지가 주로 사용된다.

대표적으로 GFRP와 CFRP에 대해서 살펴보자. 유리를 특별한 공정에 의해 지름이 0.01 cm 이하의 실처럼 뽑아낸 것을 유리 섬유라고 한다. 유리 섬유 자체는 부서지기 쉽지만 인장 강도가 매우 높기 때문에(즉, 매우 질기기 때문에) 플라스틱에 넣어 사용하면 매우 높은 강도를 갖는 GFRP가 될 수 있다. 가장 많이 사용되는 유리 섬유는 E-glass인데, 1 wt% 이하의 alkali oxide를 함유한 알루미노 붕규산염 유리(alumino-borosilicate glass)이고, 주로 GFRP에 사용된다.

유리 섬유보다 더 강하고 가벼운 탄소 섬유를 강화섬유로 사용한 CFRP도 개발되어 있다. 탄소 섬유에는 polyacrylaonitrile(PAN)을 열분해하여 탄화(carbonization)시킨 PAN계나 콜타르에서 피치를 뽑아 탄화시킨 피치계를 사용한다. 탄소 섬유는 고온에서 산화가 되기 쉽고, 섬유 자체만 가지고는 형태를 만들 수가 없다는 단점이 있다. 따라서 에폭시 수지 등과 같은 열경화성 수지를 탄소 섬유 다발 사이에 침투시켜 고강도, 고탄성, 고내충격성을 갖는 CFRP를 제조한다. CFRP는 낚싯대, 안전 헬멧, 골프채, 테니스 라켓, 스키 등에 사용되고 있고 자동차, 우주항공 분야에서 소형 경량화를 위한 구조 재료와 부품으로 사용되고 있다.

2) 섬유 강화 금속

FRP는 가볍고 내식성이 우수하지만 내열성이 부족하고 섬유와 직각 방향의 탄성률이 낮다는 단점이 있어서 자동차나 제트 엔진의 터빈 등과 같이 고온으로 올라가는 부분에는 사용하기 어렵다. 따라서 플라스틱 대신 금속을 사용한 **섬유 강화 금속**(fiber-reinforced metals, FRM)이 개발되었다. FRM은 금속 매트릭스에 섬유를 분산시켜 보강한 복합재료이다. 매트릭스 금속으로서는 알루미늄, 타이타늄, 마그네슘 등이 주로 사용된다. 강화 섬유로서는 고온에서 견디지 못하는 유리 섬유나 고온에서 산화되고 금속과 친화성이 좋지 못한 탄소 섬유 대신 Al_2O_3, SiC와 같은 내열 고강도의 섬유가 많이 사용된다.

섬유 강화 금속의 원리는 다음과 같다. 매트릭스 금속은 강화 섬유를 기계적 충격이나 외부 환경으로부터 보호하고, 재료 전체에 걸린 하중을 내부에 있는 강화 섬유에 전달하여, 보다 강도가 높은 섬유가 하중을 부담할 수 있도록 만드는 역할을 한다. 강화 섬유는 재료 전체에 걸린 하중을 부담하는 것 이외에도 매트릭스 내에서 발생한 전위나 균열의 전파를 차단함으로써 재료를 강화시키는 역할도 한다.

복합 효과를 최대화하기 위해서는 강화 섬유와 매트릭스 재료와의 적절한 접합이 필요할 수 있다. 만약 금속 매트릭스 내에 세라믹 섬유들이 단순히 박혀 있는 상태로 존재한다면 기대했던 복합화의 효과가 나타나지 않을 수 있고, 오히려 처음보다 강도가 떨어질 수도 있다. 특히, 강화 섬유와 매트릭스 재료와의 적절한 접합이 이루어지지 않은 상태라면, 재료에 걸린 하중이 강화 섬유에 잘 전달이 되지 않을 것이다. 반대로, 강화 섬유와 매트릭스 재료와의 접합이 매우 잘 되어 있는 경우에도 복합재료에 문제가 생길 수 있다. 강화 섬유가 전위나 균열의 전파를 차단하는 역할을 해야 하는데, 접합이 매우 잘 되어 있다면 오히려 전위나 균열 전파의 통로가 될 수 있다. 따라서 매트릭스 재료와 강화 섬유 간의 접합 상태(즉, 계면 상태)를 적절하게 조절하는 것이 중요하다.

3) 써미트와 분산경화 합금

금속 매트릭스 내에 세라믹 입자를 분산시킨 복합재료에는 **써미트**(cermet)와 분산경화 합금이 있다. 써미트라는 단어는 ceramic + metal로부터 유래한 것으로, 세라믹 입자의 크기는 1 ㎛ 이상이며 부피 분율은 20~90%의 범위로 조절된다. 예를 들어 텅스텐 카바이드(tungsten carbide, WC) 단결정 입자를 코발트 매트릭스에 분산시킨 써미트는 내충격성, 내마모성이 뛰어나서 절삭 공구, 다이스, 치과용 드릴, 볼펜 촉, 시계 케이스 등과 같은 용도에 사용된다. WC가 경도를 높이는 역할을, Co가 기계적 충격에 견뎌주는 역할을 한다.

분산경화 합금(dispersion-hardened alloy)은 세라믹 입자의 크기가 1 ㎛ 이하이며 부피 분율은 3~15% 정도이다. 대표적인 예로서는 Al_2O_3 입자를 알루미늄에 분산시킨 SAP(sintered alumina powder)가 있다. 매트릭스 금속이 하중을 부담하고, 분산된 입자는 전위나 균열의 전파를 방지한다. 반면, 써미트에서는 보다 큰 입자를 높은 부피 분율로 사용하는 만큼, 강화재가 전위나 균열의 전파를 방지하는 것 이외에도 내열성, 경도 등의 특성을 향상시키는 효과를 낸다.

04 퍼텐셜 우물 개념에 따른 재료의 특성

자연계의 모든 현상은 가장 낮은 에너지 상태로 진행하여 안정된 상태의 평형을 이루려고 하는 경향이 있다. 원자 간의 결합에 있어서도 이러한 원리가 적용된다. 그림 2.32에 나타내었듯이 두 원자가 멀리 떨어져 있다가 서로 가까워지는 상황을 생각해 보면, 각 원자의 핵-전자 간의 인력이 작용하여 퍼텐셜 에너지가 낮아진다. 한편, 두 원자가 가까워질수록 결합에 참여하지 않는 내부 전자들의 오비탈이 서로 겹치게 되어 강한 전기적 반발력이 생긴다. 특히 어느 정도 거리 이내로 가까워지면 인력에 비해 반발력이 급격히 커진다. 반발력의 작용에 의해 퍼텐셜 에너지는 급격히 증가한다. 당기는 에너지와 밀어내는 에너지 간의 차이는 그림 2.32의 실선으로 표시되는데, 퍼텐셜 에너지가 가장 낮아지는 지점을 포함하여 움푹 파인 모양으로 표현되고, 이를 **퍼텐셜 우물**이라고 한다. 두 원자는 퍼텐셜 에너지가 가장 낮은 에너지 상태에서 평형을 이루어 결합하게 되고, 이 상태에서의 핵간 거리 r_0를 결합 길이(bond length), 퍼텐셜 우물의 깊이(E_0)를 결합 에너지(bond energy)라고 한다. 이 퍼텐셜 우물의 개념은 재료를 분류하고 특성을 설명하는 데 유용한 도구가 된다. 퍼텐셜 우물의 깊이나 모양 등으로 재료의 여러 가지 특성을 설명할 수 있다.

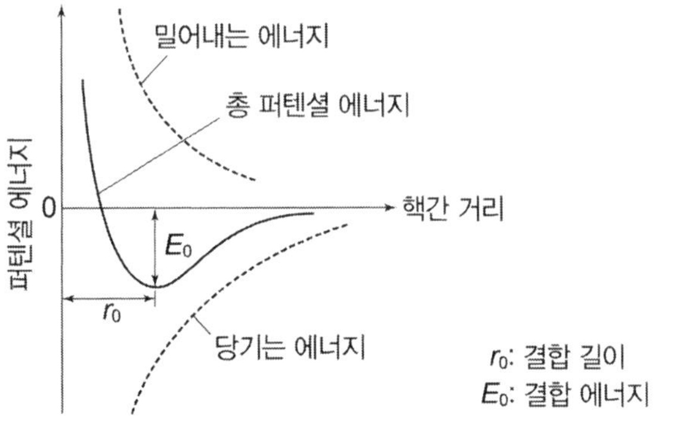

그림 2.32 퍼텐셜 에너지의 관점에서 본 원자 간 결합의 형성.

1. 원자 간 결합력과 녹는점

퍼텐셜 우물의 깊이는 원자 간의 결합력(**결합 에너지**)을 나타낸다. 원자 간의 결합을 끊기 위해서는 이 깊이에 해당하는 만큼의 에너지를 가해 줄 필요가 있다(이렇게 함으로써 퍼텐셜 우물의 상단 지점으로 올려 원자 간의 거리를 충분히 멀어지게 할 수 있다). 다시 말하면, 물질이 가열에 의해 녹는다는 것은 원자 간의 결합이 끊어지는 것을 의미하므로, 퍼텐셜 우물이 깊을수록 **녹는점**이 높은 재료임을 알 수 있다. 특히, 이온 결합 또는 공유 결합을 하고 있는 세라믹 재료들은 금속과 고분자 재료에 비해 일반적으로 퍼텐셜 우물의 깊이가 깊고 따라서 녹는점이 매우 높다. 대표적으로, 표 2.11에 나타내었듯이 이온 결합성 Al_2O_3의 녹는점은 2051℃, 공유 결합성 다이아몬드의 녹는점은 3550℃로 Al, Fe 등의 금속이나 고분자에 비해 매우 높다.

표 2.11 몇 가지 재료들의 녹는점, 탄성 계수, 선팽창 계수.

재료	녹는점(℃)	탄성 계수(GPa)	선팽창 계수(ppm)
Al	660	70	23
Fe	1538	204	12
Al_2O_3	2051	300	8
다이아몬드	3550	1220	1
고분자	〈500	〈3	〉20

2. 탄성 계수와 강도

예를 들어 시편을 양쪽 끝에서 잡아당기는 인장 시험(tensile test)을 할 때, 가해지는 힘이 증가할수록 시편의 길이가 늘어나다가 힘을 제거하면 다시 원래의 모양과 크기로 되돌아간다. 이러한 변형을 **탄성 변형**(elastic deformation)이라고 한다. 탄성 변형은 잡아당기는 외력에 의해 원자 간의 간격이 결합 길이인 r_0보다 커졌다가, 힘을 제거하면 다시 원래의 위치로 되돌아가는 현상이다. 그림 2.33에 나타내었듯이 퍼텐셜 우물의 모양이 좁고 가파른 경우에는 원자 간의 거리가 Δr만큼 변화함에 따라 퍼텐셜 에너지는 a만큼 변화한다. 그러나 퍼텐셜 우물의 모양이 넓고 완만한 경우에는 같은 거리 Δr만큼 변화함에 따라 b만큼의 에너지 변화가 일어난다.

즉, 같은 정도로 변형을 시키기 위해서는 퍼텐셜 우물이 좁고 가파른 재료의 경우, 넓고 완만한 재료에 비해 좀 더 큰 힘(즉, 더 큰 에너지)을 가해주어야 한다. 다른 관점에서 표현하자면, 퍼텐셜 우물이 좁고 가파른 재료의 경우 같은 힘을 주었을 때 덜 늘어난다(즉, **탄성 계수**(elastic modulus 또는 Young's modulus)가 큼). 이와 같이 퍼텐셜 우물이 좁고 가파른 재료들은 탄성 계수가 크다. 또한 탄성 계수가 큰 재료들은 일반적으로 인장 강도(tensile strength)도 더 크다. 표 2.11에 나타내었듯이, 일반적으로 세라믹 재료의 탄성 계수가 가장 크며, 고분자 재료의 탄성 계수가 가장 작은 것을 알 수 있다. 따라서 세라믹 재료는 퍼텐셜 우물이 금속과 고분자에 비하여 가장 좁고 가파른 것을 알 수 있다.

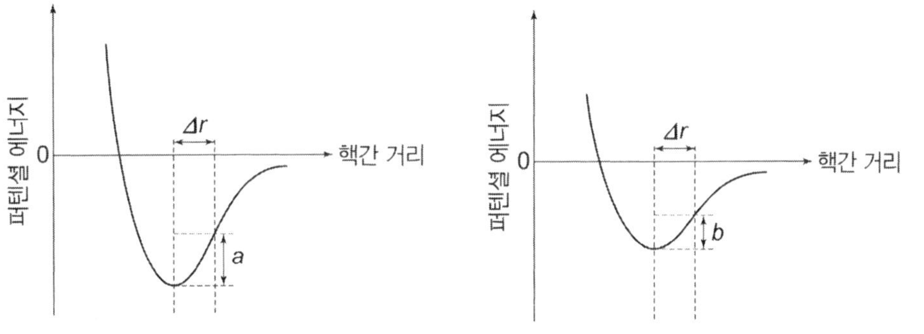

그림 2.33 좁고 가파른 퍼텐셜 우물(왼쪽)과 넓고 완만한 퍼텐셜 우물(오른쪽).

3. 열팽창 계수

대부분의 물체는 온도가 올라가면 팽창한다. 재료를 가열하여 온도를 올린다는 것은 재료에 열에너지를 주는 것이고, 보다 많아진 열에너지에 의해 재료의 원자나 분자가 진동을 더 심하게 함으로써 팽창하는 것으로 이해되고 있다. 그러나 그림 2.34 왼쪽에 나타낸 대칭형 퍼텐셜 우물을 가진 재료라면 원자끼리 더 가까워졌다 멀어졌다 하는 진동을 하더라도 원자 간의 평균 거리(즉 결합 길이) r_0는 일정하게 유지될 것이다. 이와 같은 퍼텐셜 우물의 경우에는 온도가 올라가서 진동이 심해져도 원자들 간의 평균 거리가 변함이 없기 때문에 전체적으로는 재료가 팽창하지 않을 것이다.

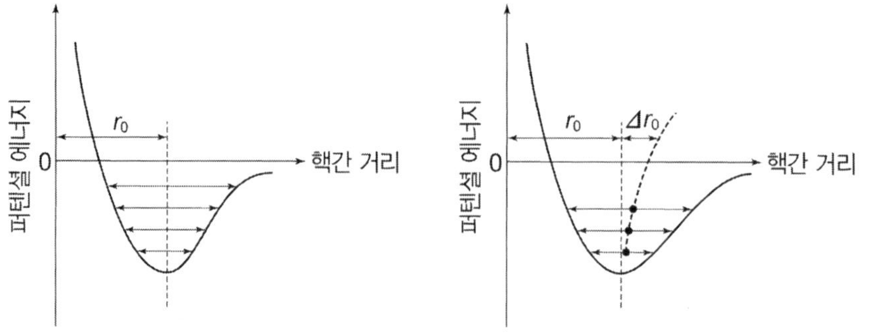

그림 2.34 대칭형 퍼텐셜 우물(왼쪽)과 비대칭형 퍼텐셜 우물(오른쪽).

그러나 퍼텐셜 우물의 모양이 그림 2.34의 오른쪽과 같이 비대칭이라면 상황은 달라진다. 이 경우에는 원자의 진동 시 원자 간의 간격이 가까워질 때에 비하여 더 큰 폭으로 멀어지므로 원자 간의 평균 거리가 $r_0 + \Delta r_0$로 증가하게 된다. 따라서 전체적으로 재료의 부피가 팽창하게 된다.

정리하면, 재료의 열팽창은 단순히 원자들의 열진동 때문이라기보다는 퍼텐셜 우물의 비대칭성 때문에 생긴다. 재료의 퍼텐셜 우물의 모양이 넓고 완만하며 비대칭일수록 큰 열팽창을 나타낸다. 반대로, 퍼텐셜 우물의 모양이 좁고 가파르며 대칭에 가까울수록 열팽창은 작다. 온도 변화에 따른 재료의 길이나 부피의 변화율을 나타낸 것을 **열팽창 계수**(또는 열팽창률)라고 한다. 열팽창 계수에는 길이의 변화율을 나타낸 선팽창 계수와 부피의 변화율을 나타낸 체팽창 계수(volume coefficient of thermal expansion)가 있다. **선팽창 계수**는 온도가 1℃ 변화할 때 재료의 단위길이당 길이의 변화율을 의미한다. 표 2.11에 나와 있듯이, 세라믹 재료의 선팽창 계수는 다른 종류의 재료에 비하여 매우 작아, 좁고 가파르며 대칭에 가까운 퍼텐셜 우물로 설명될 수 있음을 알 수 있다.

CHAPTER

3 재료의 미세구조

재료의 특성을 결정짓는 핵심적인 요소는 그 재료의 **내부 구조**(internal structure, 다른 말로 **미세구조**(microstructure))이다. 여기서 미세구조는 원소의 종류, 원자 간 결합 방식, 화학구조, 조성, 원자 또는 분자의 배열 방식, 결함 등을 모두 포함하는 말이다. 이 장에서는 미세구조 중 특히 원자 또는 분자들의 배열을 살펴볼 것이다. 재료는 1 cm^3의 작은 부피에도 약 10^{22}개의 막대한 수의 원자들이 들어있으므로, 이 원자들의 배열 방식은 재료의 특성에 큰 영향을 미친다. 예를 들어, 성분이 똑같은 강철이라도 열처리 조건이나 가공 방법에 따라 특성이 다양하게 변화하는데, 이것은 제조 방법에 따라 원자의 배열 방식이 달라지기 때문이다.

01 고체 내에서의 배열 경향

그림 3.1에 나타내었듯이 금속 재료는 원자 단위로 배열되어 있으며, 규칙적이고 질서정연한 배열을 가진 **결정성**(crystalline)과 무질서한 배열을 가진 **비정질**(amorphous or non-crystalline)로 나눌 수 있다. 결정성 배열을 가진 금속 재료는 다시, 결함이 거의 없는 단결정성(single crystalline)과, 작은 단결정들이 뭉쳐있는 다결정성(poly-crystalline)으로 나누어진다. 다결정성 재료의 경우 단결정 입자 간의 경계는 결정립

계(grain boundary)라고 하여 일종의 결함(defect)으로 본다. 금속은 대부분이 결정성을 가지는데, 금속 원자가 단순한 구형이기 때문에 규칙적으로 쌓이기 쉽기 때문이다. 그러나 용융시켜 액체 상태로 만든 후 매우 빠르게 냉각시키면 액체 상태의 무질서한 배열이 그대로 굳어져 비정질 금속을 만들 수도 있다(그림 3.1(오른쪽)).

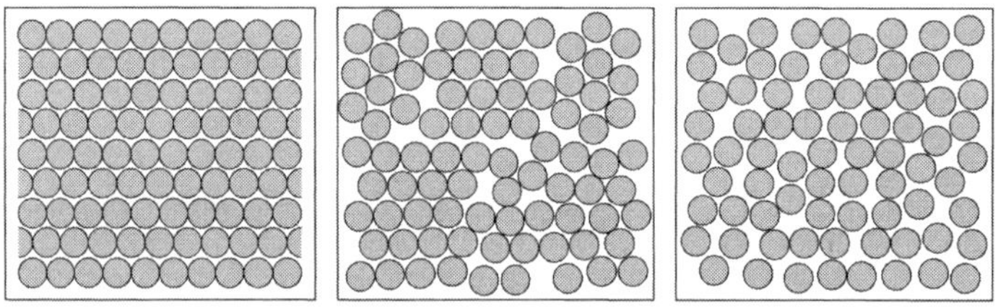

그림 3.1 금속 재료의 단결정성(왼쪽), 다결정성(가운데), 비정질(오른쪽) 배열.

세라믹은, 이온성 재료의 경우, 그림 2.16에 나타내었듯이 석영처럼 양이온과 음이온이 규칙적으로 배열된 결정성(그림 2.16(왼쪽)) 또는 석영 유리나 소다석회 유리 같은 규칙성이 없는 비정질 배열(그림 2.16(가운데, 오른쪽))을 가진다.

고분자는 긴 분자 사슬 형태로 되어 있기 때문에 그림 3.2에 나타내었듯이 ① 사슬이 접힌 형태로 전체적으로 규칙적으로 배열된 결정성, ② 사슬이 부분적으로 접혀 형성된 작은 미세결정(microcrystallite)들이 비정질 매트릭스에 분산되어 있는 부분 결정성(semicrystalline), ③ 배열의 규칙성이 없는 비정질로 나누어진다. 이 중에서 어떠한 배열을 보이는지는 고분자의 화학구조와 고체 제조 방법 등의 영향을 받는다.

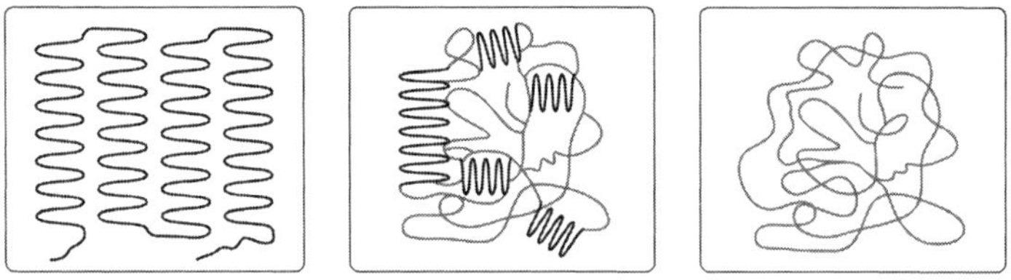

그림 3.2 고분자의 분자배열 방식: 결정성(왼쪽), 부분 결정성(가운데), 비정질(오른쪽)

고분자가 결정성을 갖기 위해 유리한 조건은 다음과 같다. ① 높은 입체 규칙성(예: 치환기의 배향이 아이소택틱(isotactic) 또는 신디오택틱(syndiotactic) 구조)을 가질 것(그림 3.3), ② 사슬의 분기(chain branching)가 없거나 적을 것, ③ 측쇄의 크기가 가급적 작거나 판상일 것(예: 페닐기 등), ④ 강한 분자 간 인력을 가질 것 등이다. ③의 조건에 있어서, 측쇄의 크기가 크거나, 유연하거나, 분기된 구조일 경우에는 근본적으로 결정화가 일어나기 어렵다. 랜덤 공중합체는 복잡한 화학구조 때문에 거의 결정화되지 않는다. ①의 경우 그림 3.3과 같이 입체 규칙성이 있는 아이소택틱 또는 신디오택틱 구조일 경우 결정화가 일어날 수 있으나, 대부분의 고분자는 입체 규칙성이 없는 아택틱(atactic) 구조이다. 따라서 그림 3.2(왼쪽)과 같이 전체적으로 결정성을 갖는 고분자 재료는 드물다.

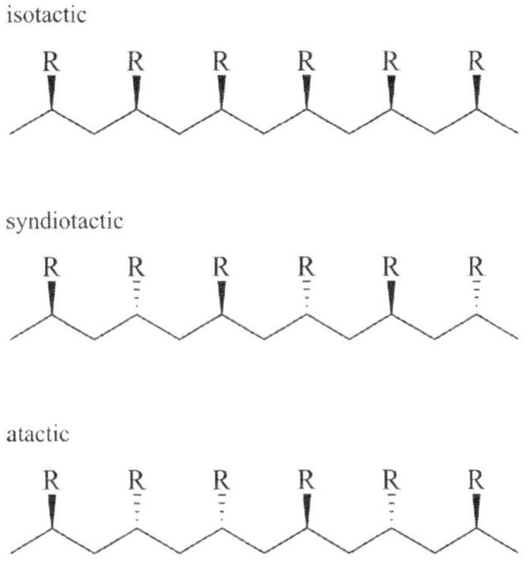

그림 3.3 고분자 치환기의 배향

가교되지 않은 비정질 선형 또는 분기형 고분자를 가열하면 **유리 전이 온도**(glass transition temperature, T_g)에서 딱딱한 유리상으로부터 말랑거리는 고무상 물질로 전이된다(4장 05절에서 자세히 설명함). 미시적으로 보면, T_g는 가열에 의해 분자 사슬이 부분적으로 움직이기 시작하는 온도를 의미한다. T_g는 비정질 고분자에서 관찰되고, 결정성 고분자에서는 관찰되지 않는다. 결정 배열 내에서는 분자 사슬들은 최대한 조밀하게 쌓여 있고 분자 간 인력이 최대한 효과적으로 작용하여 분자 사슬의 부분적인 움직임을 억제하기 때문이다. 대신 결정성 고분자는 T_g보다 더 높은 온도인 녹는점(T_m)에서 액체로 변한다.

부분 결정성 고분자(그림 3.2 가운데)에 있어서 미세결정 내에서의 분자 사슬들은 분자 간 인력에 의해 강하게 붙들려 있다. 따라서 미세결정은 일종의 임시적 가교 구조(crosslink)처럼 작용한다. 미세결정은 재료에 인장력이 가해졌을 때 사슬 간의 미끄러짐을 억제하여 유연성을 감소시키면서 재료를 강화하는 역할을 한다. 미세 결정을 가진 부분 결정성 고분자로서는 HDPE, 아이소택틱 폴로프로필렌, 나일론66, 폴리(에틸렌 옥사이드), 폴리포스파젠 등이 있다. 부분 결정성 고분자의 주된 장점은 가교 고분자와는 다르게 가열하면 녹을 수 있다는 점이다. 따라서 녹는점 이상으로 가열하여 압출(extrusion) 또는 사출성형(injection molding)이 가능하다.

02 결정 구조

1. 결정 격자

결정 상태는 ① 넓은 범위에서의 원자나 분자의 규칙적이고 질서정연한 배열, ② 빈 공간을 최소화한, 기하학적으로 가장 밀집된(close-packed) 배열, ③ 주어진 조건에서 가장 낮은 에너지 상태(즉 에너지적으로 가장 안정된 상태)를 갖는 배열로 표현될 수 있다.

결정 내에서 원자 배열의 규칙성을 설명하기 위해서 탁구공을 쌓는 것을 생각해 보자. 평면 위에서 탁구공을 가장 조밀하게 배열한 첫 번째 층의 모습을 그림 3.4(왼쪽)에 나타내었다. 그림 3.4(오른쪽)은 첫 번째 층의 움푹 팬 곳에 두 번째 층을 쌓은 모습이다. 세 번째 층을 쌓을 때는 두 가지 중에서 선택하는데, 첫 번째 층 탁구공이 보이는 위치에 놓는 방법(그림 3.5(왼쪽))과 첫 번째 층 탁구공이 보이지 않는 위치에 놓는 방법(그림

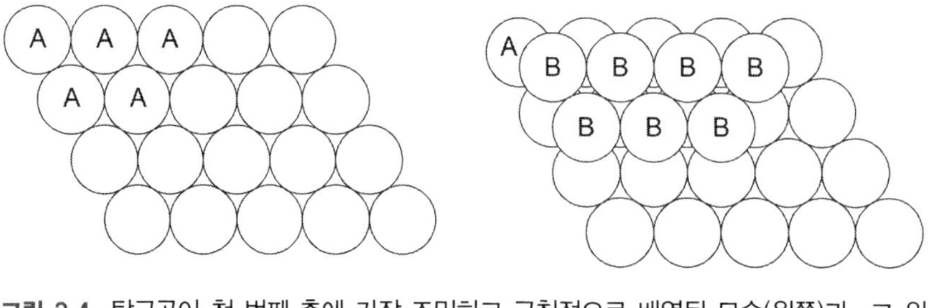

그림 3.4 탁구공이 첫 번째 층에 가장 조밀하고 규칙적으로 배열된 모습(왼쪽)과, 그 위의 두 번째 층에 다시 가장 조밀하고 규칙적으로 배열된 모습(오른쪽).

3.5(오른쪽))이다. 첫 번째 층의 탁구공이 보이는 위치에 세 번째 층을 배치하는 경우는 ABABAB...와 같은 순서로 쌓이게 된다. 탁구공의 중심을 격자점(lattice point)라 하고 이들을 직선으로 연결하면 각각 그림 3.6(왼쪽)과 같은 **격자**(lattice)가 형성된다. 이 격자는 육각 기둥 모양의 **조밀 육방**(hexagonal close packed, HCP) 격자라고 부른다. 이 격자 하나를 단위세포(unit cell)라고 부르고, 이 단위세포가 3차원적으로 계속 반복되어 전체 결정을 이루는 것이다. HCP 격자를 갖는 금속은 코발트, 마그네슘, 타이타늄, 아연 등이 있다. 한편, 첫 번째 층이 세 번째 층과 위치가 다른 경우 ABCABC... 와 같은 식으로 쌓이고, 이것을 격자로 나타내면 그림 3.6(오른쪽)과 같다. 이 격자는 입방체(cubic)의 각 여섯 면의 중앙에 격자점이 한 개씩 있으므로 **면심 입방**(face centered cubic, FCC) 격자라고 부른다. FCC 구조를 갖는 금속으로는 알루미늄, 금, 납, 니켈, 백금 등이 있다. HCP와 FCC 구조는 총 공간의 74%를 원자들이 차지하고 있고, 나머지 26%는 빈 공간으로 존재한다. 그림 3.7에 나타낸 알루미나(Al_2O_3)의 결정 구조(알루미나의 결정형 중의 하나인 corundum의 구조임)에서, 산소 이온은 조밀 육방(hexagonal close-packed, HCP) 구조를 이루고 있다. 마그네시아(MgO)의 결정 구조에서는 Mg 이온이 면심 입방(face-centered cubic, FCC) 구조를 이루고 있다(그림 3.8).

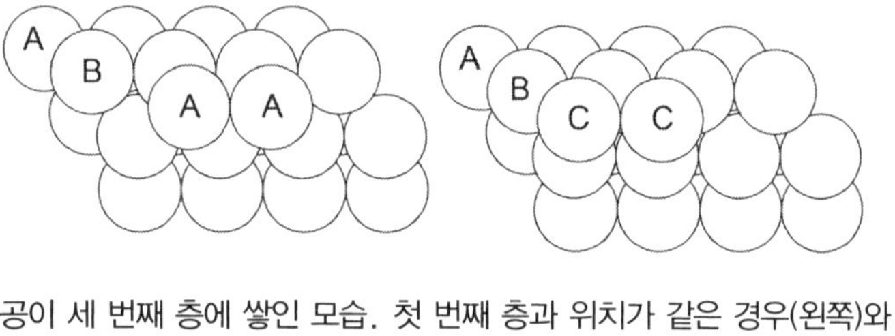

그림 3.5 탁구공이 세 번째 층에 쌓인 모습. 첫 번째 층과 위치가 같은 경우(왼쪽)와, 첫 번째 층과 위치가 다른 경우(오른쪽).

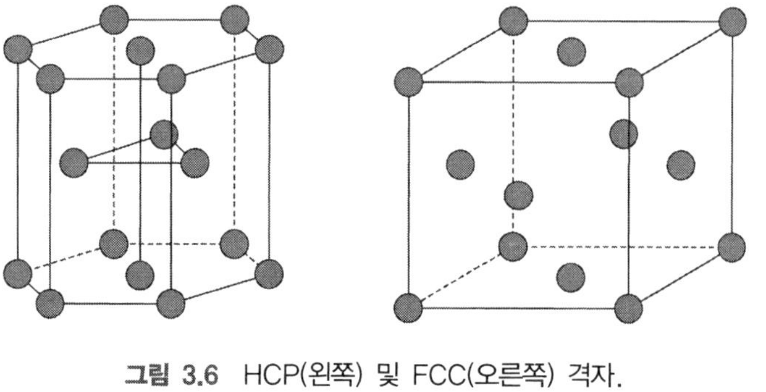

그림 3.6 HCP(왼쪽) 및 FCC(오른쪽) 격자.

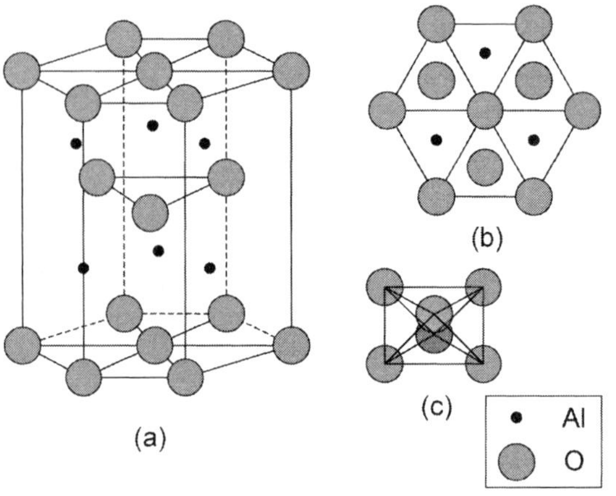

그림 3.7 알루미나의 결정 구조: (a) 결정 격자, (b) 결정 격자의 위에서 본 모습, (c) 8면체 구조.

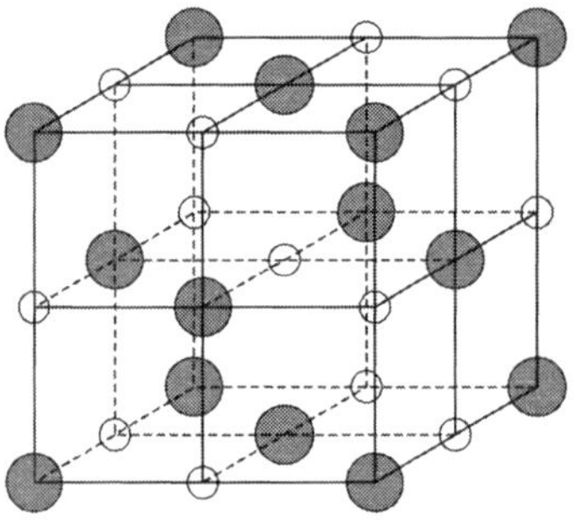

그림 3.8 마그네시아의 결정 구조(큰 구가 O, 작은 구가 Mg).

또 다른 대표적인 격자로서, **체심 입방**(body centered cubic, BCC) 격자를 들 수 있다. 이 격자는 그림 3.9에 나타낸 것처럼 정육면체인 입방체의 내부 중심에 원자가 한 개 놓여 있다. 총 공간의 68%를 원자들이 차지하고 있고 나머지 32%는 빈 공간이다. 텅스텐, 몰리브데넘, 철, 크로뮴 등이 BCC 구조를 갖는다.

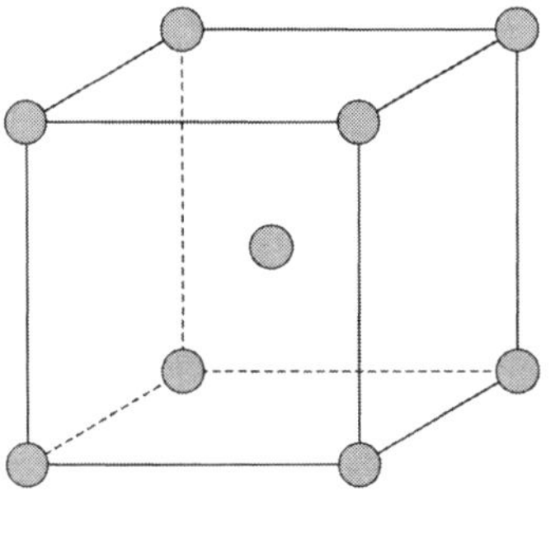

그림 3.9 BCC 격자.

격자 구조에는 위에서 설명한 HCP, FCC, BCC를 포함하여 총 14종이 존재하며, 이들을 Bravais 격자라고 부른다. 대부분의 금속은 HCP, FCC, BCC의 세 가지 중 어느 하나의 격자를 가진다. 금속뿐만 아니라 세라믹 및 고분자의 결정에도 앞에서 설명한 격자들이 존재한다.

2. 배위수

이온 결합 결정에서는, 같은 이온들(양이온–양이온, 음이온–음이온) 사이의 전기적인 반발력은 최소가 되고 다른 이온들(양이온–음이온) 사이의 전기적인 인력은 최대가 되는 방식으로 배열해야 에너지 상태를 낮출 수 있다. 양이온 주위에는 가급적 많은 수의 음이온들이 둘러싸는 경향을 보이는데, 양이온 한 개를 둘러싸는 음이온의 개수, 즉 **배위수**(coordination number)는 양이온의 크기에 따라 달라진다.

중성 원자가 전자를 잃고 양이온이 되면 크기가 작아진다. 이는 전자수가 감소해 전자–전자 간 반발이 감소하기 때문이다. 반대로 중성 원자가 전자를 얻어 음이온이 되면 크기가 커진다. 늘어난 전자수 때문에 전자들 간 반발이 커져 더 넓게 퍼지기 때문이다. 따라서 일반적으로 양이온의 크기는 음이온보다 작다. 음이온 반경에 대한 양이온의 반경의 비를 이온 반경 비라고 한다. 이온 반경 비에 따른 이온 결합 물질의 배위수와 배열 방식을 표 3.1에 나타내었다. 이온 반경 비가 작을수록, 즉 양이온 반경과 음이온 반경의 차이가 클수록 배위수는 감소하는 것을 알 수 있다.

표 3.1 이온 결합에서의 이온 반경 비에 따른 배위수

이온 반경 비	배위수	양이온에 대한 음이온 배열	배열 방식	대표적 예
1~0.732	8	입방체의 모서리	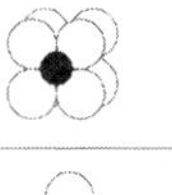	CsCl
0.732~0.414	6	팔면체의 모서리	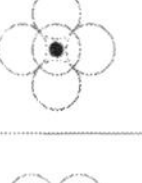	MgO TiO_2
0.414~0.225	4	사면체의 모서리	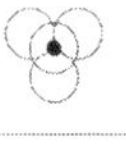	SiO_2
0.225~0.155	3	삼각형의 모서리		B_2O_3

03 비정질 구조

고체 상태의 금속은 주로 결정 구조를 갖는 반면, 액체 상태의 금속은 원자들이 빠른 속도로 움직이고 있기 때문에 결정 구조를 가질 수 없다. **액체 금속**(liquid metal)은 실온 또는 실온 근처에서 액체 상태인 원소 금속(elemental metal) 또는 합금을 의미한다. 수은(mercury, 녹는점 -38.8℃)은 전형적인 **액체 금속**이며, 세슘(cesium, 녹는점 28.5℃), 갈륨(gallium, 녹는점 30℃), 루비듐(rubidium, 녹는점 39℃) 등도 액체 금속으로 취급된다. 액체 금속의 합금을 만들면 녹는점을 더 낮출 수 있다. 예를 들어 갈륨과 인듐(indium)을 질량비 3:1~4:1로 혼합한 합금(eutectic gallium-indium, EGaIn)은 15.7℃의 녹는점을 가진다.

일반적으로 유리는 규칙적이고 주기적인 구조를 갖지 않는데, 이는 유리의 복잡한 조성 때문으로 생각된다(표 2.6). 대표적인 예로서 창문에 사용하는 소다석회 유리는 $Na_2O \cdot CaO \cdot (SiO_2)_6$의 화학 조성을 갖는다.

그림 3.10 고분자 사슬들의 꼬임을 나타내는 개념도.

고분자는 길고 복잡한 분자 사슬 형태로 되어 있기 때문에 기본적으로 결정성이 높은 고체 구조를 가지기 어렵다. 결정성 배열을 갖지 않는, 즉 비정질로 존재하는 부분의 고분자 사슬들은 무작위적인 형태(conformation)를 가지기 때문에 서로 꼬여있게 된다(그림 3.10). 고분자 사슬 간 꼬임은, 고분자 재료에 힘이 가해졌을 때 사슬들이 서로 미끄러져 분리되지 않도록 잡아주거나(즉 변형이 잘되지 않게), 충격이 가해졌을 때 그 충격을 흡수하는(즉 깨지지 않게 하는) 역할을 하기 때문에 고분자 고체의 기계적 특성이 향상되는 효과가 있다. 고분자 사슬이 길수록, 또한 사슬의 유연성이 클수록 사슬 간 꼬임의 정도가 높다.

04 재료의 결함

고체 내에서의 배열을 에너지의 관점에서 보면 자연에서는 **퍼텐셜 에너지**가 감소하는 방향, 즉 결정 상태로 가려고 하는 경향이 있다. 그러나 한편으로는, 자연 현상은 **엔트로피**가 증가하는 상태, 즉 더 무질서한 상태로 진행되려고 하는 경향도 동시에 존재한다. 따라서 완벽한 결정은 생성되기 어렵고 **결함**(defect)이 생기는 경향이 있다고 할 수 있다.

재료에 존재하는 결함은 그 재료의 특성에 미치는 영향이 매우 크기 때문에, 결함에 관한 이해는 매우 중요하다. 결함을 최소화하는 연구 개발이 일반적으로 수행되지만, 결함을 적극적으로 이용하는 연구 개발도 이루어지고 있다. 후자의 경우는 결함을 재료에 의도적으로 도입하여 원하는 특성을 얻고자 하는 것이다.

재료에 존재하는 결함은 크게 다음의 네 가지로 분류될 수 있다.

- 0차원적 결함(점결함): 공극(vacancy)
- 1차원적 결함(선결함): 전위(dislocation)
- 2차원적 결함(면결함): 결정립계(grain boundary)
- 3차원적 결함(체결함): 기공(pore)

1. 공극

공극은 원자가 있어야 할 자리가 비어있는 결함이다(그림 3.11). 공극은 비어있는 공간이므로 원자들의 이동(확산)을 용이하게 해준다(그림 3.12). 즉, 공극이 없는 상황에서의 원자의 이동에는 매우 큰 에너지가 필요하지만, 공극이 있으면 작은 에너지로도 원자의 이동이 가능하다. 공극을 통하여 원자가 이동할 때 원자와 공극의 이동 방향은 서로 반대가 된다.

그림 3.11 공극의 모습.

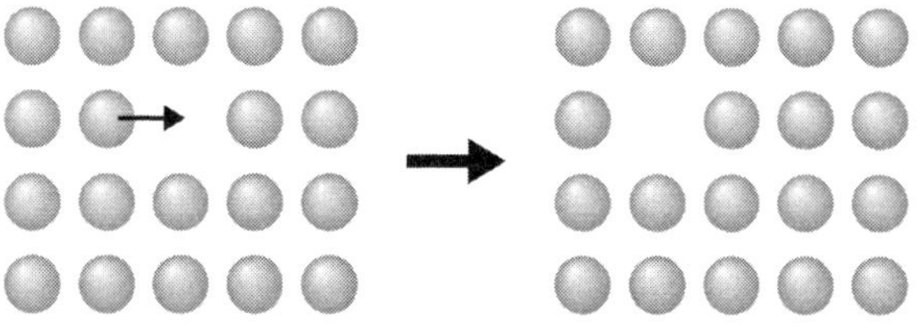

그림 3.12 공극에 의한 원자의 확산.

온도가 올라가면 공극의 수가 많아진다. 일반적으로 저온에서는 원자 약 10^8개당 한 개의 공극이 존재하고, 녹는점 부근에서는 원자 약 10^3개당 한 개의 공극이 존재한다. 온도가 올라가면 공극의 수뿐만 아니라 구성 원자들의 운동 에너지도 증가하기 때문에 고온에서는 원자들의 확산이 더욱 활발해진다. 따라서 고온에서 재료를 제조하는 많은 공정은 이러한 원자들의 활발한 확산을 이용하는 것이다.

점결함이라는 면에서는 공극과 같지만, 비어있지는 않은 결함으로 치환형 고체 용액(substitutional solid solution)과 틈새형 고체 용액(interstitial solid solution)이 있다(그림 3.13). 치환형 고체 용액은 A 원자가 있어야 할 자리에 다른 원자(B)가 들어가 있는 고체 용액을 말한다. 틈새형 고체 용액은 한 종류의 원자들의 격자점 사이의 틈새에 다른 원자들이 끼어 들어가 있는 형태의 고체 용액이다. 2장 03절에서 소개한 치환형 합금과 틈새형 합금은 필요에 따라 각각 치환형 고체 용액과 틈새형 고체 용액을 의도적으로 형성시켜 준 것이다.

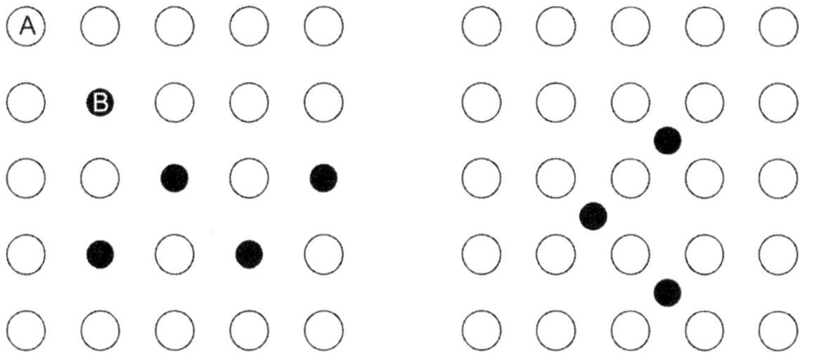

그림 3.13 치환형 고체 용액(왼쪽)과 틈새형 고체 용액(오른쪽).

이온 결합 결정의 경우에는 전기적인 중성 상태(양전하와 음전하의 균형)를 유지하면서 점결함이 형성된다. 그림 3.14에 나타내었듯이, ① 양이온 1개와 음이온 1개가 동시에 빠져있는 경우, ② 1가의 음이온이 있어야 할 자리에 2가의 음이온이 치환되어 있고 부근에 1가의 양이온이 침입해 있는 경우, ③ 1가의 음이온이 있어야 할 자리에 2가의 음이온이 치환되어 있고 바로 옆의 1가 양이온 자리가 비어있는 경우 등을 볼 수 있다. 모든 경우가 전하 중립을 이루고 있다는 것에 주목하라.

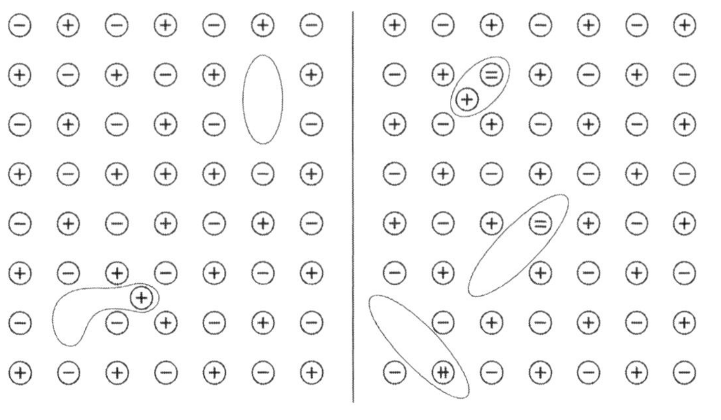

그림 3.14 이온 결합 결정에서의 점결함.

2. 전위

전위는 선결함으로, 결정 내에서 원자면의 일부가 비어있는 결함을 말한다(그림 3.15). 또는 새로운 원자면이 부분적으로 끼어들어 가 있는 결함이라고도 할 수 있다.

그림 3.16에 나타내었듯이, 전위에는 인상 전위(edge dislocation)(그림 3.15도 인상 전위를 나타냄), 나선 전위(screw dislocation), 그리고 인상 전위와 나선 전위가 혼합되어 있는 혼합 전위(mixed dislocation)가 있다.

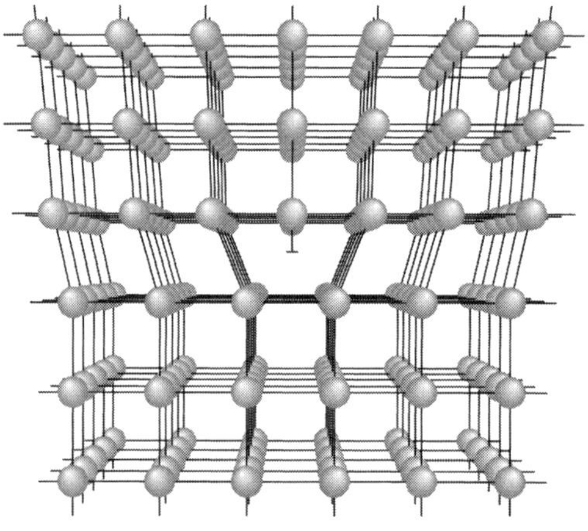

그림 3.15 전위.

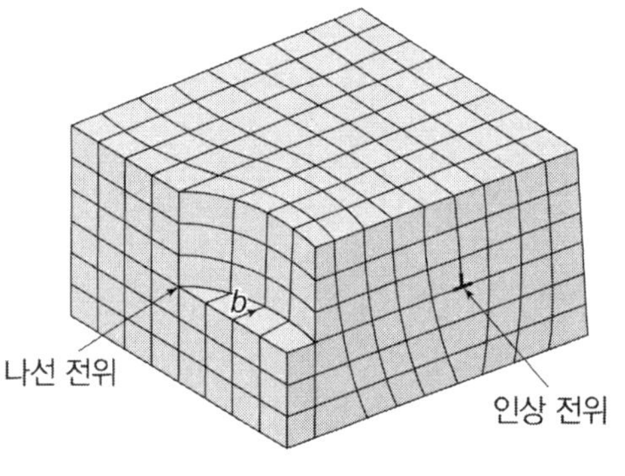

그림 3.16 인상 전위와 나선 전위.

전위는 재료 내에서 작은 힘으로도 재료가 쉽게 변형(소성 변형)될 수 있게 해 준다. 그림 3.17에 나타낸 것처럼 전위가 없는 완벽한 결정은, 화살표 방향으로 힘을 가할 때 변형이 일어나기 위해서는 슬립면(slip plane)상에 있는 모든 원자 간 결합의 절단이 동시에 일어나야 하므로 재료의 변형에 큰 힘이 필요하다. 그러나 전위가 존재하면 그림 3.18과 같이 슬립면상의 전위가 순차적으로 이동함으로써 변형을 일으킬 수 있으므로 작은 힘으로도 재료의 변형이 가능해진다.

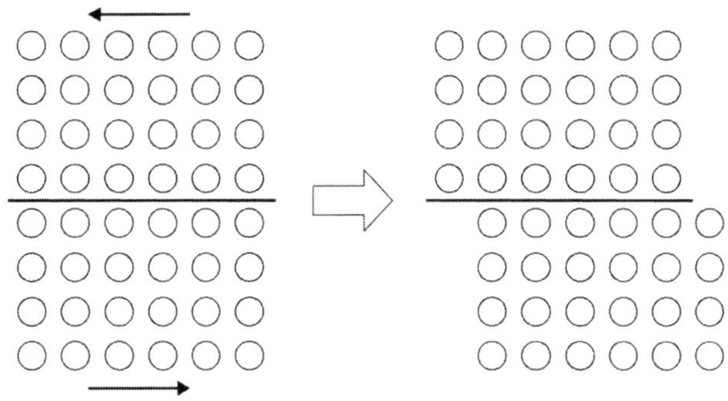

그림 3.17 전위가 없는 결정의 변형.

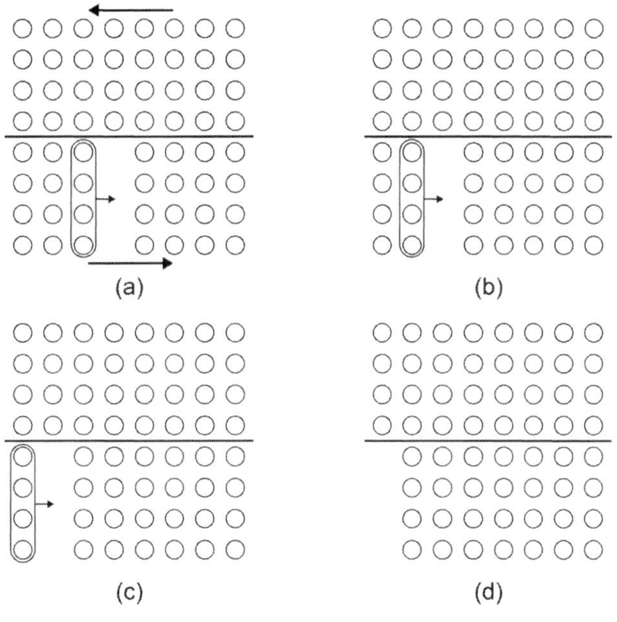

그림 3.18 전위가 있는 결정의 변형.

재료가 전위의 이동에 의해 작은 힘으로도 변형된다는 것은 재료의 기계적 강도는 낮아진다(즉, 덜 단단하다)는 것을 의미한다. 그 대신 쉽게 깨지지 않게 된다. 금속에 힘을 가할 때 깨지기보다는 소성 변형을 일으키는 이유를 이것으로 설명할 수 있다. 전위는 금속 재료에 주로 존재하고 세라믹 및 고분자 재료에는 드물게 존재한다. 전위가 없는 완벽한 결정은 재료의 변형에 큰 힘이 필요하여 강도는 높지만, 결합이 끊어진 원자들이 다시 결합하기 어려우므로 깨지기 쉽다. 전위가 존재하면 충격을 받았을 때 전위의 이동에 의한 변형이 일어나고 전위의 이동에 의해 충격이 흡수되기 때문에 쉽게 깨지지 않는다.

똑같은 성분의 재료라도 가공 정도나 열처리 방법 등에 따라 강도가 다양하게 변하는데, 이는 전위의 양, 모양, 분포 등에 차이가 생기기 때문이다. 재료의 내부에 실제로 존재하는 전위들의 모양은 매우 복잡하다. 전위들은 단순한 직선 형태보다는 구부러져 있는 것이 대부분이며, 재료의 변형 시에는 서로 꼬이기도 하고 한 개의 전위가 두 개로 나누어지기도 한다. 이러한 전위들은 서로 간에 상호작용을 하기도 하고, 결정립계나 석출물, 강화재 등에 의해서 그 움직임이 방해를 받기도 한다.

3. 결정립계

작은 단결정들이 모여서 다결정체를 이루고 있는 경우, 각 단결정을 결정립이라 하고 이들 간의 경계를 **결정립계**라고 한다. 수정, 다이아몬드, 루비, 사파이어 등은 단결정이지만, 철, 알루미늄 등은 다결정체이다. 똑같은 성분의 물질이라도 그것이 단결정이냐 또는 다결정이냐에 따라 그 모양이나 특성이 크게 달라진다. 예를 들어 Al_2O_3의 경우, 사파이어는 단결정체로서 투명하지만, 다결정체 Al_2O_3는 불투명하다.

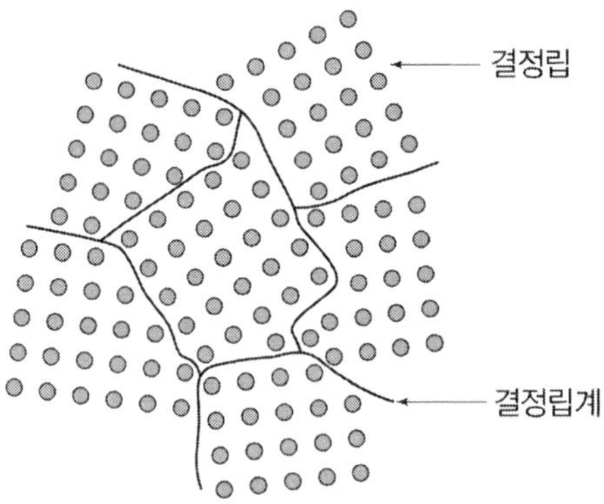

그림 3.19 다결정체에서의 결정립계.

다결정체는 결정립의 크기가 작을수록, 즉 결정립계의 전체 면적이 클수록 기계적 강도가 일반적으로 높다. 기본적으로는, 결정립 내에서 이동하던 전위나 전파되던 균열이 결정립계 부분에서 방해를 받는데, 결정립계 면적이 커지면 그 방해면이 많아지기 때문이다. 또한, 그림 3.20에 나타낸 것처럼 결정립계를 경계로 서로 접하고 있는 결정립들은 일반적으로 원자 배열의 방향이 제각기 달라서, 한 결정립 내에서 이동하던 전위가 결정립계에 도달한 후 접해 있는 다른 결정립 내부의 슬립면을 따라 전위가 계속 이동하기 위해서는 결정립계 없이 한 슬립면을 따라 계속 이동하는 경우에 비해 더 큰 힘이 필요하게 된다.

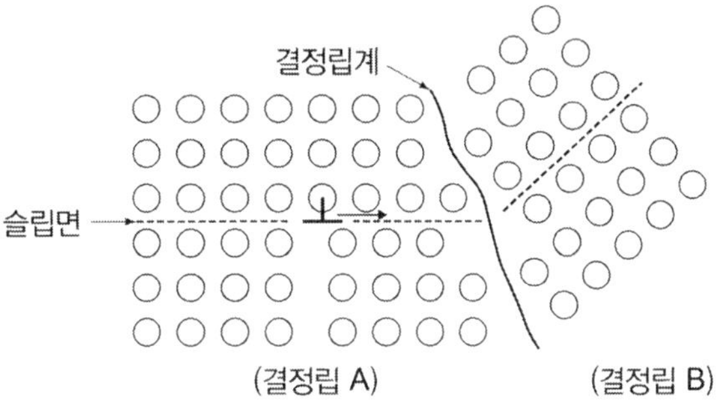

그림 3.20 결정립계에 의해 방해받는 전위의 이동.

결정립계 부분에서는 원자 간의 결합이 끊어져 있는 원자들이 많기 때문에 결정립계는 에너지 상태가 높으며, 따라서 결정립계를 따라 불순물 원자의 편석(segregation) 현상이 일어나기 쉽고, 금속 재료가 부식될 때는 결정립계에서 부식이 더욱 심하게 일어나게 되어 재료의 강도를 저하시키는 원인이 되기도 한다.

결정립계에 미치는 온도의 영향은 다음과 같다. 결정립계 부분은 위에서 기술하였듯이 에너지가 높은 불안정한 상태이기 때문에, 에너지가 낮은 안정한 상태로 가려고 하는 경향이 있다. 온도가 낮을 때는 열에너지가 부족하여 원자들이 이동하지 못하지만 온도가 올라가서 원자들이 충분한 열에너지를 갖게 되면 원자들의 이동에 의해 결정립이 성장하게 된다(그림 3.21). 결과적으로 총 결정립계 면적이 감소되어 좀 더 안정한 상태가 된다. 반면, 온도가 매우 높아지게 되면 결정립계 부분의 원자 간 결합력이 떨어져서 결정립계의 미끄러짐이 일어날 수 있다. 따라서 결정립의 크기가 작을수록 고온에서는 강도가 낮아질 수 있다.

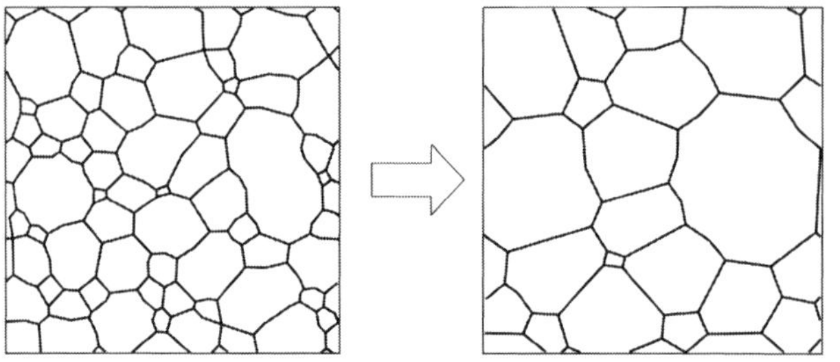

그림 3.21 결정립의 성장.

4. 기공

공극이 0차원적 점결함으로 한 개나 두 개 정도의 원자들이 빠져나간 것이라면, 기공은 3차원적 체결함으로 수십에서 수만 개의 원자가 한꺼번에 빠져나간 것이다(그림 3.22). 이러한 기공은 재료를 제조할 때 외부로부터 혼입된 것일 수 있다. 예를 들어, 금속이나 유리를 용융시켜 제조하는 공정 중 외부에서 들어온 기포가, 용융된 재료를 냉각하여 응고시킬 때 빠져나가지 못하고 기공으로 남을 수 있다. 그 외에도 금속이나 세라믹 분말을 고온에서 **소결**(sintering)할 때, 입자들 사이의 빈 공간들이 메워지지 못하고 기공으로 남는 경우도 있다. 기공은 일반적으로 내부가 진공 상태이거나 특정 기체가 차 있을 수 있다.

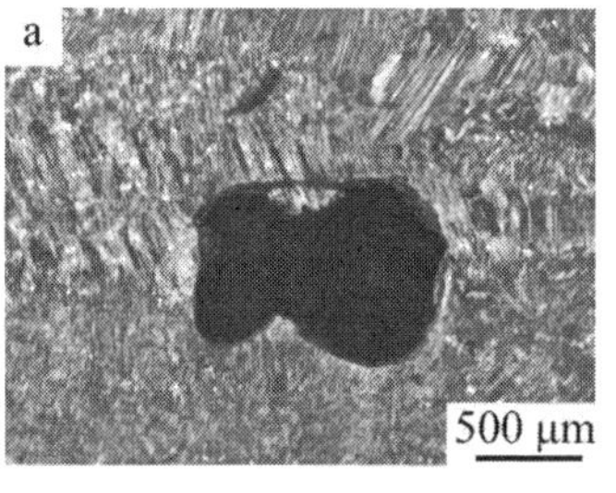

그림 3.22 기공의 모습.

(출처: Modeling of TiAl Alloy Grating by Investment Casting - Scientific Figure on ResearchGate. Available from: ttps://www.researchgate.net/figure/Micro-defects-of-test-casting-a-pore-and-b-d-shrinkage_fig11_286509581 [accessed 7 Mar, 2023])

세라믹 재료의 경우에는 기공이 균열의 전파를 쉽게 해 주는 경향이 있어, 기계적 강도가 크게 감소될 수 있다. 또한 전자나 빛의 흐름을 산란시켜 재료의 전기 전도도를 감소시키거나 재료를 불투명하게 만든다.

기공을 재료에 유리하게 활용하는 경우로서는, 원자로의 연료인 이산화 우라늄(UO_2)의 내부에 존재하는 기공을 들 수 있다(그림 3.23). 이 핵연료로부터 핵분열 기체가 생성되는데 이 기체가 외부로 빨리 잘 빠져나가지 못하면 핵연료에 파손을 일으킬 수 있다. 그런데 그림 3.23에 나타낸 것처럼 UO_2 내부에 적당한 양의 기공들을 의도적으로 만들어 두면 생성되는 기체가 일단 이곳에 차게 되어 연료 파손을 막을 수 있다.

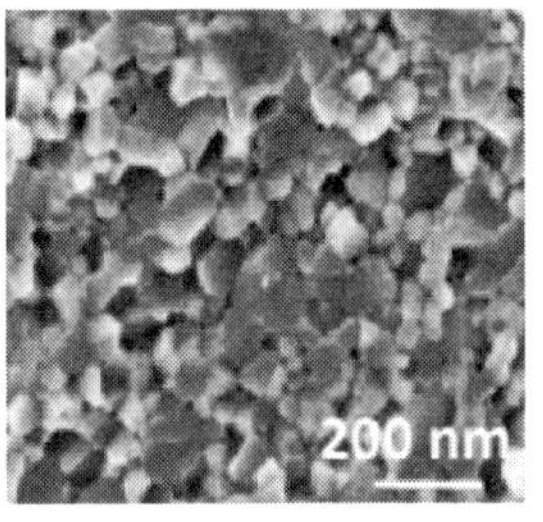

그림 3.23 UO_2 내부에 형성된 기공.
(출처: Yao, Tiankai, Mo, Kun, Yun, Di, Nanda, Sonal, Yacout, Abedellatif M., and Lian, Jie. Sat. "Grain growth and pore coarsening in dense nano-crystalline UO2+x fuel pellets". United States. https://doi.org/10.1111/jace.14780. https://www.osti.gov/servlets/purl/1373755.)

기공은, 서로 연결되지 않고 독립적으로 존재하는 **닫힌 기공**(closed pore)과, 서로 연결되어 재료 표면까지 터널을 이루고 있는 **열린 기공**(open pore)으로 분류된다(그림 3.24). 닫힌 기공 재료는 기공 부분이 효과적으로 전기나 열의 흐름을 차단하기 때문에 전기 절연재, 단열재로 활용된다. 열린 기공 재료는 기공을 통해 물질의 출입이 가능하므로 촉매 재료, 필터 등으로 활용된다.

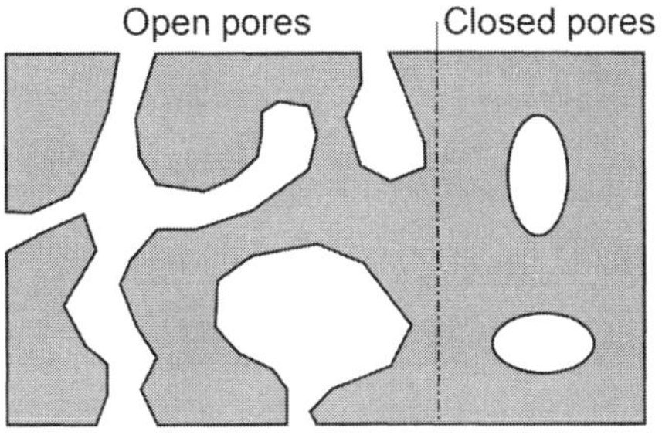

그림 3.24 닫힌 기공(왼쪽)과 열린 기공(오른쪽).

재료의 3차원적 결함에는 기공 이외에도 함유물(inclusions)이 있는데, 금속 제조공정에서 산화물, 황화물, 수소화물 등의 불순물이 기공에 들어가 차 있는 경우를 말한다.

CHAPTER

4 재료의 특성

01 기계적 특성

재료의 **기계적 성질**은 재료에 힘(인장, 압축, 충격, 굽힘, 비틀림 등)을 가할 때 재료가 반응하는 성질을 의미한다. 기계적 성질은 재료가 활용되기 위해서 기본적으로 갖춰야 할 중요한 특성이다. 다양한 기계적 성질 중에서 대표적인 성질은 강도(strength), 탄성 변형, 소성 변형 등이 있다. 이러한 특성은 원자 간의 결합 종류(공유 결합, 이온 결합, 금속 결합 등), 원자들의 배열 방법(결정, 비결정 등), 결함(공극, 전위, 결정립계, 기공, 불순물 등), 분자 간의 인력(분산력, 쌍극자-쌍극자 힘, 수소 결합 등) 등의 영향을 받는다.

1. 탄성 계수와 강도

재료에 힘을 가할 때 일어나는 변형은 크게 탄성 변형과 소성 변형으로 나눌 수 있다(그림 4.1). 예를 들어 재료를 양쪽 끝에서 잡아당기면 원자 또는 분자 간의 간격이 늘어나면서 변형이 일어나고, 힘을 제거하면 원래의 모양과 크기로 되돌아가는데 이를 **탄성 변형**이라고 한다. 그러나 어느 한계 이상으로 잡아당기면 원자면들 또는 분자 사슬들이 서로 미끄러져 새로운 배치를 이루고, 힘을 제거해도 원래 상태로 되돌아가지 못한다. 이를 **소성 변형** 또는 영구 변형(permanent deformation)이라고 한다.

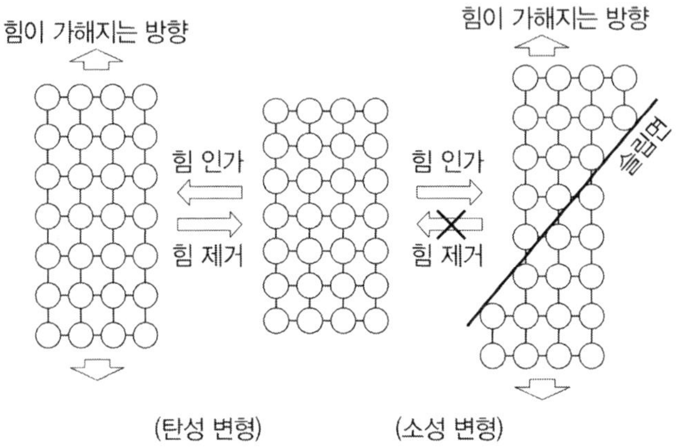

그림 4.1 재료를 잡아당길 때 일어나는 탄성 변형과 소성 변형.

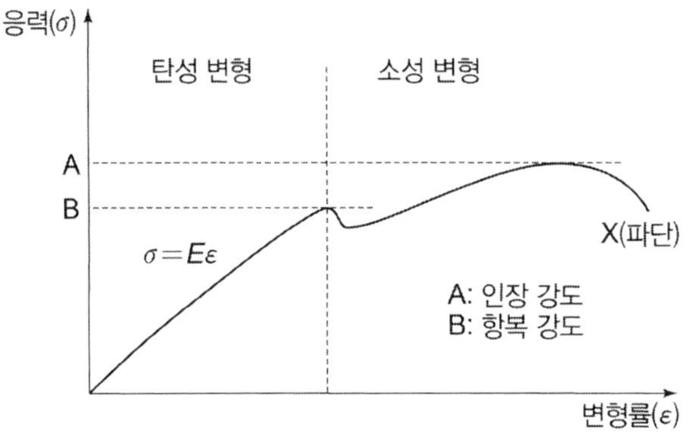

그림 4.2 인장 시험에서의 응력-변형률 곡선.

물체에 외력(external force)이 작용하였을 때, 그 외력에 저항하여 물체의 형태를 그대로 유지하려는 저항력이 물체 내에 생긴다. 단위 면적당의 저항력을 **응력**(stress)이라고 한다. 재료를 양 끝에서 잡아당기는 인장 시험을 예로 들면, 잡아당기는 힘이 증가할수록 응력이 증가하면서 재료는 점점 더 늘어나게 된다(그림 4.2). 처음에는 탄성 변형 영역 안에서 변형이 일어나게 되며 이 영역에서는 응력과 변형률이 비례한다. 탄성 영역에서 힘과 변형의 관계는 다음의 후크의 법칙(Hook's law, 수식 4.1)을 따른다.

$$\sigma = E\varepsilon \quad \text{(수식 4.1)}$$

여기서 σ는 응력으로 단위 면적당 가해 준 힘을 의미하며, ε는 **변형률**(strain)로 재료의 단위 길이당 변형된 비율($\Delta l/l$)을 의미한다. E는 응력과 변형률 간의 비례 관계를 나타내는 탄성 계수(elastic modulus)인데, Young의 계수라고도 한다. 한편, 재료의 소성 변형이 시작되는 지점을 항복점(yield point)이라고 하고 여기에 해당하는 응력을 항복 강도(yield strength)라고 한다(그림 4.2). 재료가 파괴될 때까지 견딜 수 있는 최대 응력을 극한 **인장 강도**(ultimate tensile strength) 또는 인장 강도(tensile strength)라고 한다.

같은 응력이 작용할 때, 탄성 계수가 큰 재료는 변형이 잘 일어나지 않고, 탄성 계수가 작으면 변형이 잘 일어난다. 금속, 세라믹, 고분자 재료의 응력-변형률 곡선을 그림 4.3에 비교하였다. 일반적으로 탄성 계수는 세라믹>금속>고분자의 순으로(2장 04절 참조), 세라믹은 큰 응력이 작용해도 미세한 탄성 변형만이 일어나며 소성 변형이 일어나기 전에 파괴된다(84쪽 참조). 이러한 성질을 취성(brittleness)이라고 한다. 금속은 변형 초기에는 탄성변형이 일어나고 어느 한계 이상의 응력을 가하면 소성 변형이 일어난다. 고분자는 일반적으로 낮은 탄성 계수를 가져서 비교적 쉽게 탄성 변형과 소성 변형을 일으킨다.

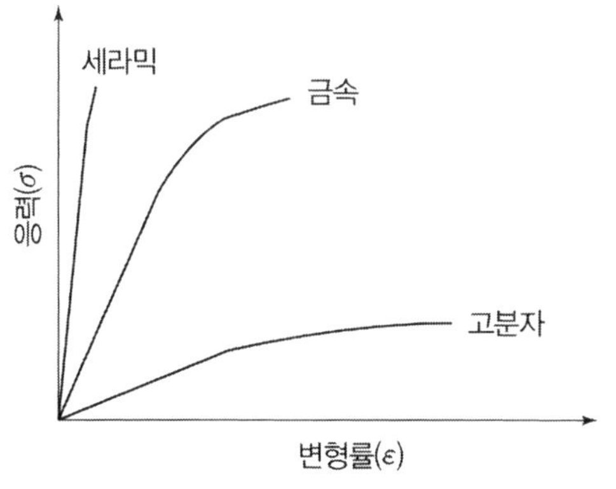

그림 4.3 일반적인 금속, 세라믹, 고분자 재료의 응력-변형률 곡선.

2. 기계적 특성 강화 방법

재료에 힘을 가했을 때 쉽게 파괴(failure) 또는 소성 변형되지 않고 견딜 수 있다면, 일반적으로 기계적 강도가 높다고 말한다. 그러나 좁은 의미의 기계적 강도는 인장 강도, 압축 강도(compression strength), 굽힘 강도(flexural strength) 등, 재료가 파괴될 때까지 견딜 수 있는 최대 응력을 의미한다. 공업 재료로 활용하기 위해서는 용도에 맞는 적절한 기계적 특성을 확보하는 것은 중요하다. 재료별로 기계적 특성을 강화하는 방법에 대하여 알아보자.

1) 금속

금속은 전위의 이동에 의해 원자면이 미끄러지면서 소성 변형을 일으킨다(3장 04절 참조). 따라서 전위가 쉽게 움직이지 못하도록 해 주면 강도를 증가시킬 수 있다. 균열의 전파를 방해하는 것도 강도 증가에 기여할 수 있다. **고용 강화**(solid solution strengthening)는 불순물 원자를 첨가하여 고체 용액(균일 합금)을 만들어 주는 방법이다(2장 03절 참조). 모체 물질을 이루는 원자와 불순물 원자의 크기 차이 때문에 격자가 찌그러짐으로써 주위에 응력장을 형성한다(그림 4.4). 이 응력장이 전위의 움직임이나 균열의 전파를 억제하여 재료가 강화된다. **석출 강화**(precipitation strengthening)는 열처리에 의해 모체 물질보다 강하며 격자 구조가 다른 석출물을 생성시키는 것이다. 이렇게 하면 전위나 균열이 석출물에 걸려 지나가지 못하므로 재료가 강화된다(그림 4.5).

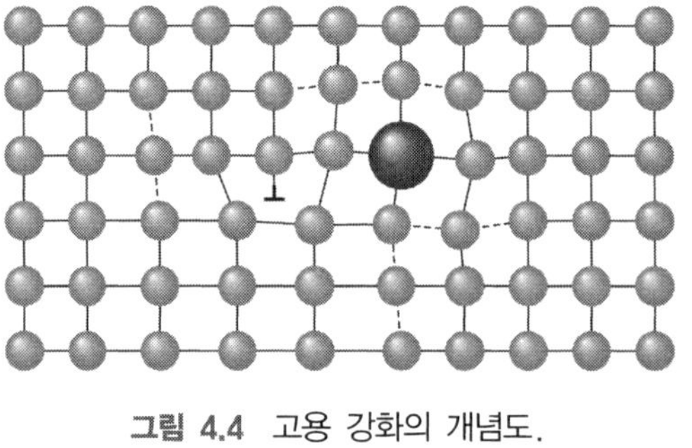

그림 4.4 고용 강화의 개념도.

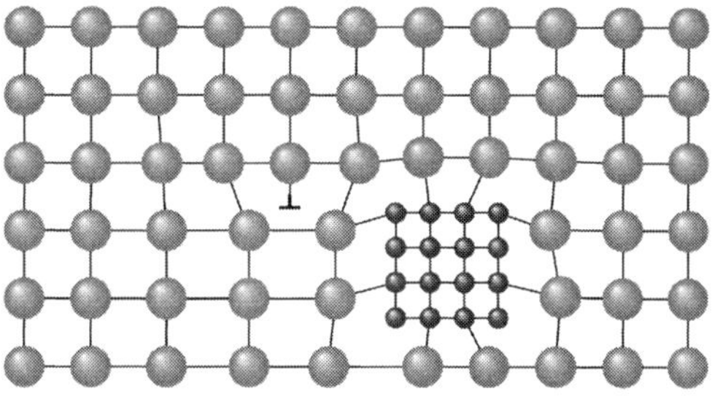

그림 4.5 석출 강화의 개념도.

분산 강화(dispersion strengthening)는 Al_2O_3, MgO, TiO_2와 같은 기계적 특성이 강한 산화물들을 입자상 또는 섬유상 등으로 모체 물질에 첨가 분산시키거나 자체 산화에 의해 분산시켜 줌으로써 전위의 이동이나 균열의 전파를 억제하는 방법이다(2장 03절 참조). **가공 경화**(strain hardening)는 가공에 의해 전위의 수를 증가시켜서 전위들이 서로 꼬이게 됨으로써 전위의 움직임을 방해하는 방법이다. 결정립계에 의한 강화(strengthening from grain boundary)는 3장 04절에 기술하였듯이, 결정립계가 기본적으로 전위의 움직임이나 균열의 전파를 억제하는 현상을 이용하는 것이다. 결정립의 크기를 작게 하면 결정립계의 총면적이 증가하므로 재료의 강도가 증가한다. 그러나 매우 고온이 되면 결정립계의 결합력이 감소하여 결정립 간의 미끄러짐 현상이 일어나 강도가 떨어질 수 있다.

2) 세라믹

이온 결합성 세라믹은 양이온과 음이온으로 구성된 고체이다. 따라서 슬립면을 따라 원자면이 미끄러지는 상황이 양이온으로만 구성된 금속과는 다르다. 그림 4.6(위)에 나타내었듯이 원자면의 미끄러짐이 일어나기 위해서는 일단 양이온과 음이온 간의 강한 결합을 끊기 위한 큰 힘이 필요하다. 아울러 기존의 결합을 끊고 이동하더라도 그다음 위치에서는 같은 부호를 가진 이온들끼리 서로 만나게 되어 반발력이 작용하므로 더 큰 힘이 필요하다는 것을 알 수 있다. 이러한 상황은 전위의 이동에 의한 미끄러짐이 일어날 때도 마찬가지이다.

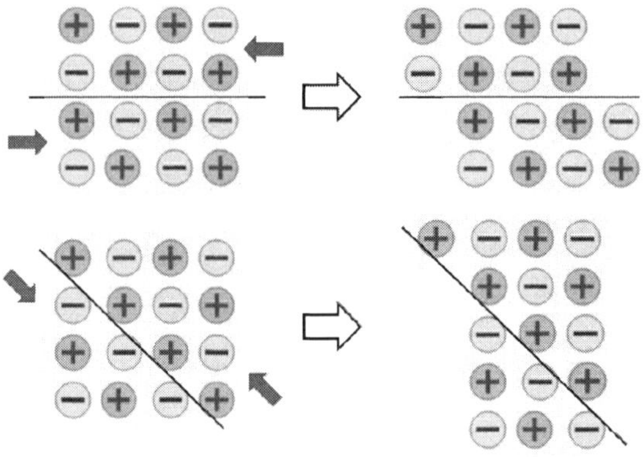

그림 4.6 세라믹 재료에 있어서 원자면의 미끄러짐.

물론 세라믹 재료에서 원자면의 미끄러짐이 가능한 그림 4.6(아래)와 같은 시스템이 존재할 수 있다. 이 시스템에서는 원자면이 미끄러진 위치에서도 같은 부호의 이온들끼리 만나지 않기 때문에 그림 4.6(위)의 상황보다는 유리하다. 그러나 원자면이 미끄러지는 거리가 상대적으로 길기 때문에 더 큰 힘이 필요하다는 단점이 있고, 이러한 시스템 자체가 많지 않다. 위와 같은 이유로 세라믹 재료는 소성 변형을 쉽게 일으킬 수 없고, 기계적 충격을 받으면 변형되기보다는 깨지는 경향을 보인다.

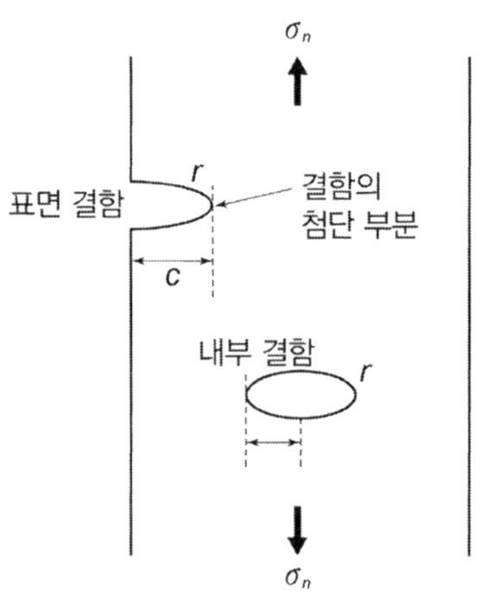

그림 4.7 재료에 존재하는 결함(흠)에 인장력이 작용할 때의 반응.

세라믹 재료가 기계적 충격에 의해 쉽게 깨지는 또 다른 이유로는 표면 또는 내부에 결함으로 흠이 있는 경우 기계적 강도가 크게 떨어지는 것을 들 수 있다. 예를 들어, 그림 4.7과 같이 표면 또는 내부에 흠이 존재하고 재료에 응력 σ_n이 작용할 경우 흠의 첨단 부분에 응력이 집중되는데, 이때 첨단 부분에 집중되는 응력의 세기(σ_c)는 다음 수식 4.2와 같이 나타낼 수 있다.

$$\sigma_c = \sigma_n \times 2\sqrt{\frac{c}{r}} \qquad \text{(수식 4.2)}$$

즉, σ_c는 흠의 길이 c의 제곱근에 비례하고 첨단 부분의 곡률 r의 제곱근에 반비례한다. 금속과 같이 소성 변형을 쉽게 일으키는 재료는 잡아당겨질 경우 흠의 첨단 부분이 무뎌져 곡률 r이 증가한다(그림 4.8). 결과적으로 첨단 부분 응력의 세기 σ_c가 감소한다. 반면, 세라믹과 같이 소성 변형이 잘 일어나지 않는 재료에서는 흠의 첨단 부분이 매우 예리해진다(그림 4.8). 극단적인 경우에는 곡률 r이 수 Å에까지 이르는 경우도 있다. 만약 흠의 길이 c가 단지 10 μm만 되더라도 이론적으로는 주어진 응력의 1,000배나 되는 응력이 흠의 첨단 부분에 집중되어 원자 간의 결합을 끊기 충분한 정도가 될 수 있다. 따라서 첨단 부분 앞쪽의 결합이 끊어지면서 균열이 더욱 예리하게 되고, 첨단 부분의 응력이 더욱 커져 균열의 전파가 가속화된다. 이러한 이유로 세라믹 재료는 기계적 힘(충격 포함)에 의해 쉽게 부서지는 것이다. 그러나 세라믹 재료는 일반적으로 압축 응력에는 매우 강한데, 그것은 압축력이 균열의 틈새를 아물게 하는 역할을 하기 때문이다.

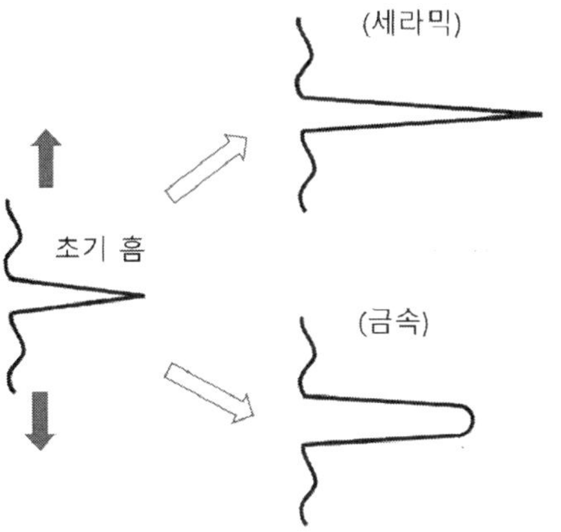

그림 4.8 표면 균열이 존재하는 재료에 인장력이 작용하는 경우 재료의 거동.

위에서 설명한 응력 집중은 표면에 있는 흠이나 균열뿐만 아니라 재료의 내부에 있는 결함들에도 마찬가지로 적용된다. 따라서 특히 구조용 세라믹(structural ceramics) 제품의 제조 시에는 표면이나 내부의 흠, 기공 등과 같은 균열의 발생 원인이 되는 결함들이 생기지 않도록 공정을 정밀하게 제어할 필요가 있다. 제조 후에도 표면 마무리 등을 통해 결함을 철저히 제거해야 한다. 또 재료 전체의 물성이 매우 균질하게 만들어야 하는데, 이것은 전체적으로 아무리 견고하다고 해도 한 부분만 취약하면 그 부분에서 균열이 발생하게 되어 이것이 전체 재료의 강도를 저하시키기 때문이다.

세라믹의 기계적 강도를 강화하는 방법으로는 위에서 설명한 결함을 최대한 방지하는 것이 가장 중요하다. 그 외에도, 재료의 표면에 미리 압축 응력을 형성시켜 주는 방법이 있는데, 재료를 사용하는 도중에 인장 응력이 작용할 경우 압축 응력에 의해 이를 상쇄 또는 완화시킴으로써 균열의 발생을 사전에 억제할 수 있다. 또한, 재료 내부에 미세한 균열들을 의도적으로 분산시켜 줌으로써 역으로 균열의 전파를 방해하는 방법도 있다. 재료 내부에 미세한 입자들을 분산시켜 줌으로써 균열의 전파 에너지가 입자들의 상변환 에너지로 흡수되도록 하여 균열의 전파 속도를 늦추거나 혹은 막는 방법 등도 알려져 있다.

3) 고분자

금속이 원자 단위로 구성되어 있는 데 비해 고분자는 분자 사슬 단위로 되어 있는 것이 다르다. 금속에서는 원자면들이 미끄러지면서 소성 변형이 일어나는 데 비해 고분자에서는 분자 사슬들이 서로 미끄러지면서 소성 변형이 일어날 수 있다. 선형 또는 분기형 고분자는 소성 변형이 잘 일어날 수 있는데, 분자 사슬 간에는 약한 분자 간 힘만이 작용하고 있기 때문이다. 반면 가교 구조 고분자는 분자 간에 강한 공유 결합으로 가교되어 있으므로 분자 사슬들이 서로 미끄러지기 어려워 소성 변형이 잘 일어나지 않는다.

고분자의 종류들인 플라스틱, 섬유, 고무의 응력-변형률 곡선을 그림 4.10에 나타내었다. 플라스틱과 섬유는 일반적으로 탄성 영역에서 높은 기울기(탄성 계수)를 보이며, 섬유가 좀 더 높은 강도를 가진다. 상대적으로 고무는 낮은 탄성 계수와 강도를 나타낸다. 결정성이 높거나 가교 밀도가 매우 높은 플라스틱은 단단해서 변형을 잘 일으키지 않고 소성 변형되기 전에 부서진다. 반면, 유연한 재질의 플라스틱은 탄성 변형을 거쳐 소성 변형을 일으킨다.

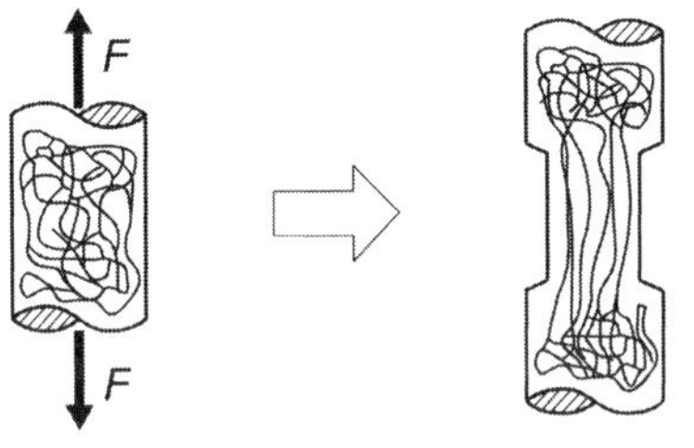

그림 4.9 분자 사슬의 미끄러짐으로 일어나는 고분자의 소성 변형.

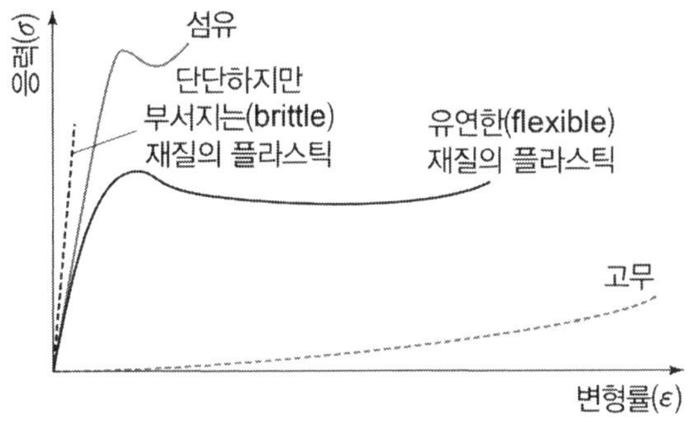

그림 4.10 플라스틱, 섬유, 고무의 응력-변형률 곡선(인장 시험의 경우).

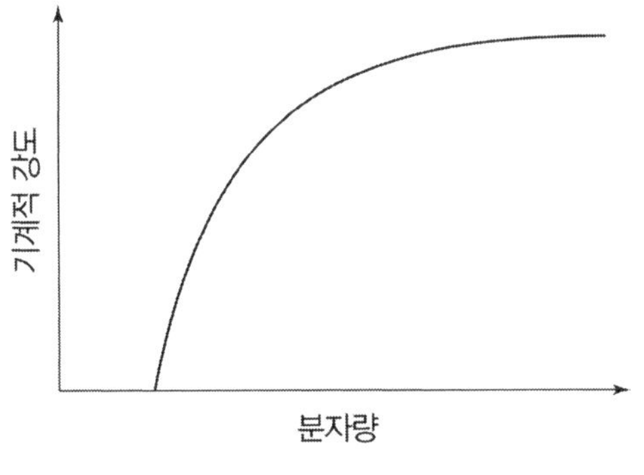

그림 4.11 고분자의 분자량과 기계적 특성과의 관계.

고분자의 기계적 특성은 기본적으로 분자량의 영향을 크게 받는다(그림 4.11). 낮은 분자량 영역에서는 분자량 증가에 따라 기계적 특성이 증가한다. 그 이유는 분자량 증가에 따라 분자 간 인력이 증가하기 때문이다. 분자량이 어느 정도 높은 수준이 되면 분자량이 증가해도 기계적 강도의 큰 변화(증가)가 없어진다("level off"). 기계적 강도의 증가율이 감소되는 분자량의 크기는 화학구조에 따라 다르다. 이것은 분자 간의 인력이 화학구조의 영향도 받기 때문인데, 예를 들어 폴리에틸렌(분산력만 작용)은 100,000 g/mol 정도, 폴리아마이드(분산력과 수소 결합이 작용)는 20,000 ~ 50,000 g/mol 정도이다.

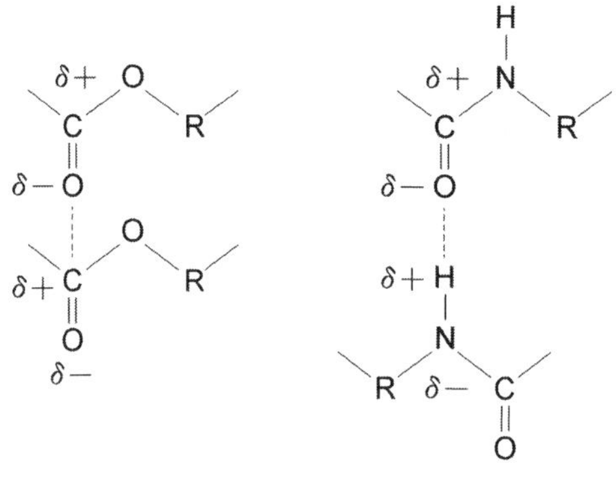

그림 4.12 폴리에스터(왼쪽)와 폴리아마이드(오른쪽)에서의 분자 간 인력.

고분자의 기계적 특성 강화 방법으로서는 첫째, 분자량을 증가시키는 것을 들 수 있다. 분자량이 증가할수록 사슬 간 인력의 크기와 함께 사슬 간 꼬임 정도가 증가한다. 고분자 사슬들이 서로 더 강하게 끌어당기고 또 더 많이 꼬여있어서 사슬 간 미끄러짐이 어렵다면 외력에 좀 더 저항할 수 있다. 그러나 위에서 설명했듯이 level off 수준 이상의 분자량에서는 큰 효과가 없을 수 있다. 둘째, 분자 간 인력이 큰 화학구조를 도입하는 것이다. 비슷한 분자량이라면 비극성 고분자보다는 극성을 띠는 폴리에스터의 분자 간 인력이 더 클 것이다(그림 4.12). 폴리아마이드는 수소 결합 때문에 분자 간 인력이 상대적으로 크며, 수소 결합이 없는 고분자에 비해 비슷한 분자량에서 더 강한 기계적 강도를 나타낼 수 있다. 셋째, 결정성을 증가시키는 것이다. 결정 구조에서는 분자들 사이의 빈 공간이 최소화되고 분자들이 규칙적으로 배열하고 있으므로 분자 간 인력이 최대한 효율적으로 작용할 수 있다. 넷째, 가교 구조를 도입하는 것이다. 분자들이 서로 공유 결합으로 가교되어 있다면 외력에 보다 잘 견딜 수 있을 것이다. 그러나 가교 밀도가 너무 높으면 취성이 높아져 잘 부서질 수도 있다. 다섯째, 기계적 강도가 높은 무기 재료를 혼합하여 복합재료로 만드는 것이다. 대표적으로 섬유강화 플라스틱을 들 수 있다.

02 전기적 특성

전기 전도도(electrical conductivity)를 기준으로 물질을 나눈다면 크게, 전기를 잘 통하는 도체(conductor)와 통하지 않는 부도체(insulator)가 있다. **도체**에는 은, 구리, 알루미늄 등의 금속 물질이 속하고, **부도체**에는 다이아몬드, 유리, 대부분의 고분자 등이 속한다. 금속은 대략 10^7~10^8 S/m, 고분자는 10^{-12}~10^{-17} S/m 정도의 전기 전도도를 나타낸다. 그런데 일부 물질은 도체와 부도체의 중간 특성, 즉 전기를 약하게 통하는 특성을 가지는데, 이것을 **반도체**(semiconductor)라고 한다. 반도체는 부도체와 도체의 전기 전도도 값의 사잇값을 가진다. 예를 들어 Si는 10^{-4} S/m의 전기 전도도를 나타낸다.

전기가 흐른다는 것은 전자가 이동한다는 것이기 때문에, 자유 전자가 많은 도체는 전기가 잘 통하고 자유 전자가 없는 부도체는 전기가 안 통한다. 반면 반도체에는 보통 상태에서는 자유 전자가 없으나 열, 빛 또는 전기장을 가하면 자유 전자가 조금 생겨나 전기가 약하게 통하게 된다.

물질의 전기 전도성은 **에너지띠**(energy band)를 이용하여 설명할 수도 있다(2장 02절 분자 오비탈 개념 참조). 양자역학(quantum mechanics)에 의하면 전자는 입자와 파동의 성질을 함께 가지고 있으므로, 이들이 재료 내에서 가질 수 있는 파장과 이에 준하는 양자 상태(quantum state)가 정해진다. 이에 따라 재료를 구성하는 원자들의 원자가 전자들이 가질 수 있는 불연속적인 에너지 상태(discrete energy state)가 정해지는데, 각각의 에너지 준위가 매우 밀집되어 있으므로 마치 연속적인 띠(band)처럼 보인다고 하여 에너지띠라고 부른다. 에너지띠는 세 부분, 즉 전도띠(conduction band), 금지된 띠(forbidden band), 원자가띠(valence band)로 나누어진다. 그림 4.13에 도체, 반도체, 부도체의 에너지띠를 나타내었다. 전도띠는 전자가 자유롭게 이동할 수 있을 정도의 충분한 에너지를 가진 영역을 의미한다. 한편, 에너지띠 내의 전자들은 움직임이 아주 자유로운 것은 아니며, 재료 내에 주기적으로 배열되어 있는 원자 이온들에 의해 간섭을 받는다. 결과적으로 특정 에너지의 전자들이 어떤 방향으로는 움직일 수가 없게 되므로 전자들이 존재할 수 없는 금지된 띠를 형성한다.

도체의 에너지띠에서는 일반적으로 원자가띠가 전자들로 완전히 채워져 있지 않기 때문에 전기장이 걸리면 전자들이 에너지를 얻어서 원자가띠 내의 더 높은 에너지 준위로 올라갈 수 있다. 이것은 전자의 운동 에너지 증가, 즉 속도의 증가를 의미하므로 전류가 흐르게 된다는 것을 뜻한다. 도체는 또 다른 형태의 에너지띠를 가지는데, 원자가띠에 전자가 완전히 채워져 있지만 원자가띠와 전도띠가 겹쳐있고 금지된 띠가 존재하지 않는 형태이다. 따라서 원자가띠의 전자들이 쉽게 전도띠로 올라갈 수 있다.

반도체의 에너지띠에서는, 원자가띠가 전자들로 완전히 채워져 있는 데다가 바로 위에는 금지된 띠가 있어서 전자들이 보통의 상태에서는 더 높은 에너지 준위로 가는 것이 허용되지 않는다. 그러나 전자들이 금지된 띠를 뛰어넘기에 충분한 에너지(열, 빛, 전기장 등)를 가해 주면 전도띠로 올라갈 수 있으므로 전류가 흐르게 된다. 금지된 띠의 폭인 띠간격(band gap, Eg)은, 실리콘(silicon)은 1.1 eV, 저마늄(germanium)은 0.67 eV이다. 부도체의 경우는 띠간격이 5 eV 이상으로 매우 크기 때문에 전자들이 전도띠로 올라갈 수가 없고, 따라서 전류가 흐르지 않는다.

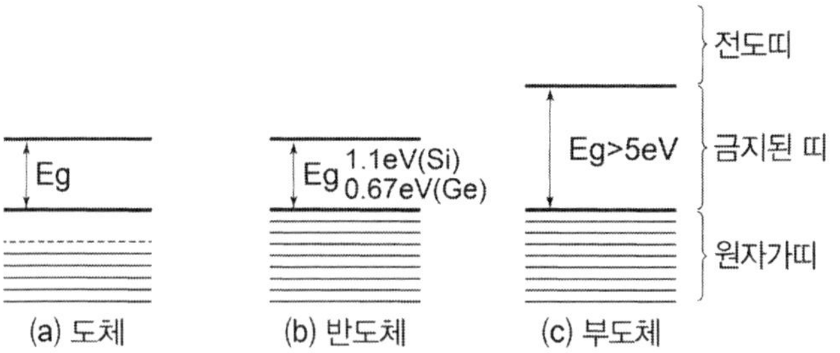

그림 4.13 도체, 반도체, 부도체의 에너지띠.

도체나 반도체는 전류가 흐르면 전기 저항이 생기는데, 그 이유는 주로 재료 내에 주기적으로 배열되어 있는 원자들과 움직이는 전자들 간의 충돌이 일어나 전자들의 흐름이 방해를 받기 때문이다. 도체는 온도가 올라갈수록 저항이 증가하여 전기 전도도가 감소하는 반면, 반도체는 어느 정도까지는 온도가 올라가면 전기 전도도가 증가한다. 도체의 경우는 온도가 증가하면 원자들의 진동 정도가 커져서 전자들의 움직임이 더 방해를 받아 저항이 증가한다. 그러나 반도체의 경우는 원자에 묶여 있던 전자들이, 온도가 증가하면 에너지를 받아 원자가띠로부터 전도띠로 뛰어 올라가는 수가 많게 되어 전기 전도도가 증가하게 된다.

공극, 전위, 결정립계, 기공과 같은 구조적 결함들은 움직이는 전자를 산란시켜 전기 전도도를 감소시키는 경향이 있다. 전류가 미약하게 흐르는 반도체에서는 이와 같은 결함이 있는 경우 전류의 흐름에 큰 지장이 생기기 때문에, 결함이 없는 완벽한 단결정으로 제조하는 것이 매우 중요하다.

금속의 대부분은 자유 전자의 존재로 인해 도체에 해당한다. 세라믹은 자유 전자를 갖지 않으므로 대부분이 부도체에 해당한다. 그러나 세라믹 중에서 흑연, 그래핀, 탄소 나노 튜브 등은 도체이다.

일반적으로 고분자는 부도체이기 때문에 **절연 재료**(insulating material)로 널리 이용되고 있다. PVC가 전선 피복재로 사용되는 것을 비롯하여, 에폭시 수지가 반도체 집적회로를 밀봉하는 재료로 사용된다. 반면, 고분자에 전기 전도성을 부여하여, 반도체 수준 내지 금속에 가까운 수준의 전도성을 띠는 전도성 고분자(conducting polymer)가 개발되고 있다. 이러한 전도성은 **공액 고분자**(conjugated polymer)에 도핑(doping)을 함으로써 발현된다.

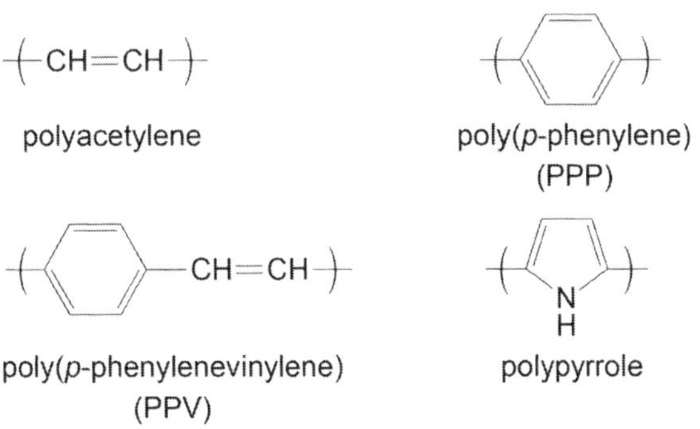

그림 4.14 주요 전도성 고분자.

그림 4.14에 대표적인 전도성 공액 고분자를 나타내었다. 공액 고분자는 고분자의

주사슬을 따라 단일 결합과 다중 결합이 교대로 연결된 공액 구조를 갖는다. 예를 들어, 폴리아세틸렌(polyacetylene)에 알칼리 금속 등의 전자 주개(electron donor) 또는 AsF_5, I_2 등의 전자 받개(electron acceptor)를 도핑하면 10^5 S/cm의 전기 전도도를 달성할 수 있다. 전도성 고분자에 많은 수의 자유 전자와 정공이 발생하는 기전은 정확하게 규명되지 않고 있다. 아마도 도펀트(dopant) 물질을 공액 고분자에 투입함으로써 전도띠와 원자가띠가 겹친 에너지띠가 형성되기 때문이라고 추정된다. 전도성 고분자는 금속에 비해 가볍고 유연하며 가공이 용이한 장점이 있다. 전도성 고분자는 전극(electrode), 정전기 방지제(antistatic agent), 센서(sensor), 유기 태양전지(organic solar cell), 유연·투명 디스플레이(flexible transparent display) 등에 활용될 수 있다.

03 자기적 특성

자석(magnet) 혹은 자성 소재(magnetic material)는 우리 주변의 헤드폰, 스피커, 컴퓨터 하드디스크, 전기 자동차, 발전기, 변압기, 의료기기 등 수많은 전기/전자 제품에 활용되고 있다. 이 절에서는 이러한 자성의 근본 원인은 무엇인지, 자기의 종류에는 어떤 것들이 있는지 기술한다.

1. 자기의 원리

자석을 포함한 모든 물질은 원자로 이루어져 있다. 원자의 내부에는 핵과 전자들이 있다. 핵을 중심으로 전자들이 움직이면서 동시에 각 전자는 스스로 자전한다. 이러한 자전을 스핀(spin)이라고 부르며, 자전 방향에 따라 다른 방향의 자성을 가진다(그림 4.15). 전자들은 서로 반대 방향의 스핀을 갖는 2개의 전자가 쌍을 이루어서 궤도를 채울 수 있는데(그림 4.16(위)), 그런 경우에는 스핀으로 인한 자기장(magnetic field)도 상쇄되어 버리지만, 만약 쌍을 이루지 못한 궤도가 있으면 그 원자가 자석의 성질을 가지는 원인이 된다(그림 4.16(아래)).

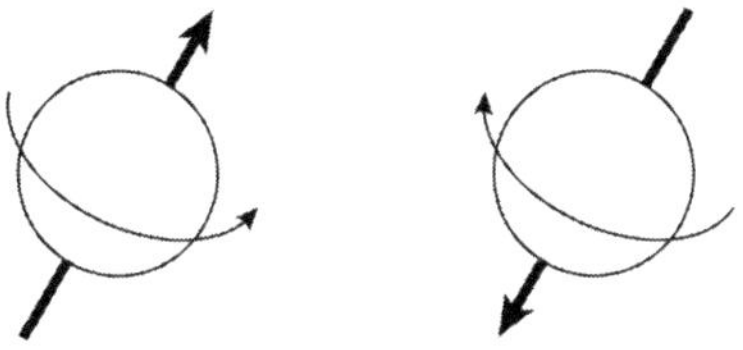

그림 4.15 전자의 스핀.

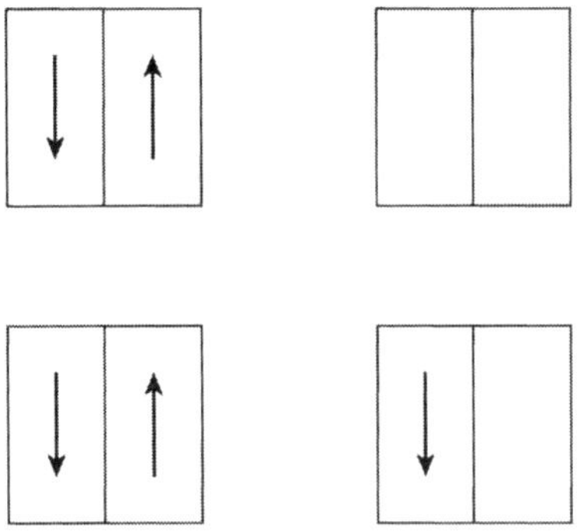

그림 4.16 쌍을 이룬 전자(위)와 쌍을 이루지 못한 전자(아래).

재료의 자기의 형태는 크게 **유도 자기**(induced magnetism)와 자발 자기(spontaneous magnetism)로 나뉜다. 유도 자기는 자성을 띠지 않던 재료의 외부에 자기장을 걸어주면 자기가 유도되어 자성을 띠게 되는 것을 말한다. 유도 자기에는 **반자성**(diamagnetism)과 상자성(paramagnetism)이 있는데, 반자성은 걸어준 자기장과 반대의 자기장이 생기는 것을 말하고, **상자성**은 걸어준 자기장과 같은 방향의 자기장이 생기는 것을 말한다. 실에 매달려 있는 물체를 생각할 때, 자석을 갖다 대면 자석 쪽으로 끌려오는 물체를 상자성체, 반대쪽으로 밀려 나가는 물체를 반자성체라고 한다.

2. 유도 자기

모든 재료는 원자로 이루어져 있고, 원자 내부에서는 전자들이 움직이고 있으므로 원자 핵 주변에서는 여러 방향의 전류가 흐르고 있다고 볼 수 있다. 렌츠(Lentz)의 법칙에 의하면, 외부로부터 자기장의 변화가 가해지면 그 자기장의 변화를 상쇄시키는 방향으로 유도 전류가 형성된다. 즉, 외부로부터 가해진 자기장의 변화와 반대 방향으로 유도 자기장이 형성된다는 것이다. 따라서 모든 재료는 본질적으로 반자성의 특성을 가진다. 그러나 재료에 따라서는 상자성이 더 강해서 전체적으로 상자성체의 성질을 나타내기도 한다.

전자가 쌍을 이루지 못한 궤도를 가질 경우 그 원자는 자석의 성질을 가지며, 이러한 원자들로 구성된 재료는 자성을 띨 수 있다. 그러나 그림 4.17(왼쪽)에 나타낸 것처럼 구성 원자들의 자기의 방향이 무질서하다면 자성이 서로 상쇄되어 재료 전체로 볼 때는 자성을 띠지 않을 것이다. 이러한 재료에 외부에서 강한 자기장을 걸어주면 무질서했던 원자들의 자기 방향이 외부 자기장의 방향으로 일정하게 배열되어 재료가 자성을 띨 수 있다(그림 4.17(오른쪽)). 이러한 원리로 형성되는 자성을 상자성이라고 하고, 이 재료의 상자성이 반자성보다 클 경우 이 재료를 상자성체라고 한다. 상자성체는 온도가 올라가면 대부분 다시 자성을 잃게 되는 경향이 있다. 온도가 상승할수록 원자들의 열진동이 활발해져서 다시 무질서한 상태로 되돌아가기 때문이다.

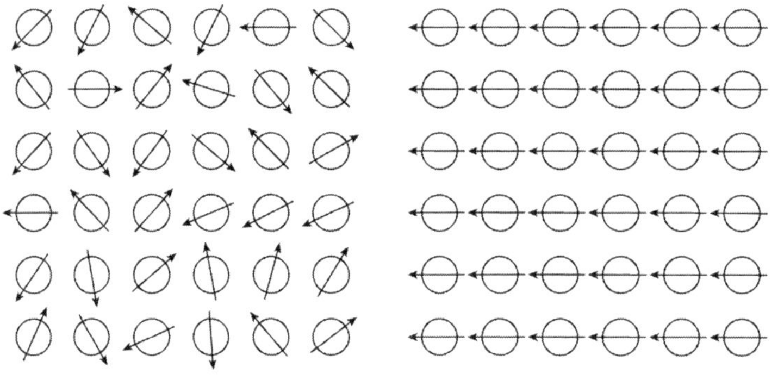

그림 4.17 무질서한 원자의 자기 방향(왼쪽)과 외부 자기장에 따라 질서 있게 배열된 원자의 자기 방향.

3. 자발 자기

물질에는 원자들의 자기 방향이 무질서하게 되려는 경향이 있는가 하면, 반대로 자기의 방향이 질서 있게 배열되려는 경향이 작용할 수 있다. 이것은 교환 작용(exchange reaction)이라고 하는 전자적 상호작용이다. 교환 작용이 무질서하게 되려는 경향보다 우세하면, 외부로부터 자기장을 가해 주지 않아도 자기의 방향이 스스로 질서 있게 되어 본질적으로 자성을 갖게 되는데 이것을 **자발 자기**라고 하며, 자발 자기를 갖는 물질을 강자성체(ferromagnetic material) 또는 영구 자석(permanent magnetic)이라고 한다.

강자성체의 내부를 보면, 마치 다결정체가 많은 단결정으로 이루어져 있듯이 많은 자구(magnetic domain)로 이루어져 있다. 자성체가 자구로 분할되어 있는 이유는, 분할됨으로써 에너지를 낮출 수 있기 때문이다. 각 자구는 교환 작용에 의해 원자들의 자기의 방향이 질서 있게 배열되어 특정 자화 방향을 갖는다(자화(magnetization)는 자석의 성질을 갖게 되는 현상을 의미함). 그런데 철은 강자성체임에도 불구하고 자석을 대는 경우에만 자석에 달라붙고 자기장이 없는 곳에서는 서로 달라붙지 않는다(자석이 되지 않음). 이것은 철이 많은 수의 자구(magnetic domain)로 이루어져 있고, 이 자구들의 자화의 방향이 무질서하게 배열되어 있기 때문이다(그림 4.18(왼쪽)). 이렇게 자구들의 자화의 방향이 무질서한 경우, 자구들의 자기장이 서로 상쇄되어 전체적으로는 자성을 띠지 못한다. 그러나 외부에서 강한 자기장이 가해지면 자구들의 자화 방향이 질서 있게 배열되어 자성을 띠게 된다(그림 4.18(오른쪽)).

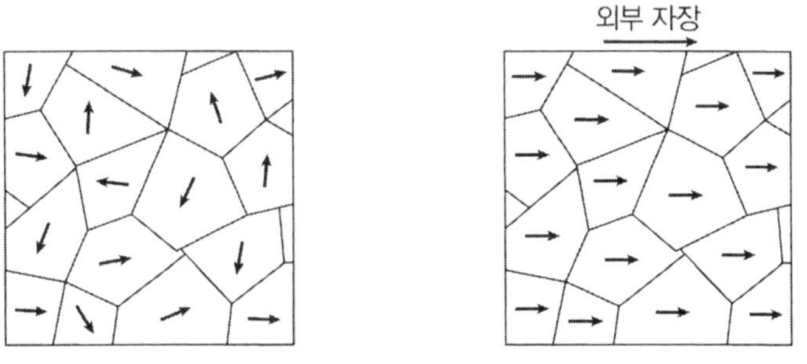

그림 4.18 자구들의 자화의 방향이 무질서한 모습(왼쪽)과 외부 자기장의 방향에 따라 자구들의 자화의 방향이 질서 있게 배열된 모습(오른쪽).

4. 자성 소재의 활용

자성 소재에는 **연자성 소재**(soft magnetic material)와 **경자성 소재**(hard magnetic material)가 있다. 자석의 영향을 받아 일시적으로 자석이 된 금속 시편을 예로 들면, 이 시편에 반대 자기장을 가하면 자화가 되지 않은 본래의 상태로 돌아가게 되는데, 이때의 자기장의 크기를 보자력(coercivity)이라고 한다. 보자력이 큰 물질이 경자성 소재이며, 보자력이 작은 물질이 연자성 소재이다.

경자성 소재의 대표적인 예는 영구 자석이다. 영구 자석은 보자력이 매우 크기 때문에 자성을 쉽게 잃지 않는다. 로봇, 드론, 전기 자동차 등의 첨단 제품의 핵심 소재로 활용될 뿐만 아니라, 필통 뚜껑, 냉장고 문, 화이트보드용 자석 등으로 일상생활에서도 흔히 사용된다.

연자성 소재는 외부 자기장에 의해 쉽게 자화되었다가 반대 방향의 자기장을 가하면 쉽게 자성을 잃는다. 연자성 소재는 전기전자, 통신, 컴퓨터, 로봇, 자동차 등에 사용되는 전자기 부품의 핵심 소재이다. 연자성 소재는 대표적으로 전자석(electromagnet)에 사용된다. 전자석은 전류를 가하여 자기장을 발생시키는 장비이다. 연철은 대표적인 연자성 소재인데 전자석에 사용되어 전자석에서 생기는 자기장의 세기를 더 강하게 해주는 역할을 한다. 그러나 전자석에 전류를 가하지 않으면 연철은 자성을 잃고, 반대 방향의 전류를 가하면 발생하는 자기장의 방향이 반대가 된다. 또 다른 사례로서, 철에 실리콘(Si)이 약 3 질량% 들어간 전기 강판이 있다. 전기 강판은 산업용 대형 변전소 변압기, 가정용 전원 어댑터, 발전기/전기 자동차용 모터 등에 폭넓게 사용되고 있다.

04 광학적 특성

어떤 재료는 빛을 잘 투과하지만 어떤 것은 광투과성이 거의 없다. 또 재료 중에는 특별한 색만을 흡수하거나 방출하는 것도 있다. 빛을 받아서 전기를 발생하기도 하고, 반대로 전기를 빛으로 바꾸기도 한다. 재료의 광학적 현상들의 대부분은 외부로부터 입사되는 전자기파와 재료 내의 전자들의 상호작용으로부터 일어난다. 이러한 현상들은 재료의 에너지띠를 가지고 설명할 수 있다.

1. 금속

02절에서 설명한 대로 금속은 도체의 에너지띠를 가지므로, 전자들이 작은 에너지의 빛도 쉽게 흡수하여 더 높은 에너지 레벨로 올라갈 수 있다. 금속은 대부분 빛을 통과시키지 않고 일단 흡수하는데, 이것은 자유 전자들이 에너지가 낮은 장파에서 에너지가 높은 자외선에 이르기까지 넓은 범위의 전자기파들을 흡수하여 더 높은 에너지 레벨로 올라가기(즉, 들뜨기) 때문이다. 들뜬 상태의 전자들은 격자 이온들과 충돌하여 격자 진동(phonon, 포논)의 형태로 에너지를 잃을 수도 있다. 격자 진동으로 에너지를 잃게 되면 이 에너지는 열로서 금속에 흡수된다. 격자 진동으로 잃지 않는 나머지 에너지는 다시 낮은 에너지 레벨로 떨어지게 되는데, 그 에너지 차이만큼에 해당하는 파장의 빛을 방출한다. 이것이 반사광(reflected light) 또는 **광택**(gloss)으로 우리 눈에 보이는 것이다. 예를 들어 금(Au)은 주로 청색의 빛을 흡수하고 황색의 빛을 반사함으로써 노란색을 띠는 것이다. 은(Ag)과 알루미늄(Al)은 가시광선의 대부분을 반사하기 때문에 흰색으로 보인다. 빛의 반사율 R은 다음의 수식 4.3으로 정의된다.

$$R = I_R \,/\, I_0 \qquad \text{(수식 4.3)}$$

여기서 I_R은 반사광의 세기, I_0은 입사광의 세기이다. 금속 대부분의 반사율은 0.90~0.95이다.

금속 재료에 있어서 빛의 흡수는 표면의 매우 얇은(두께 0.1 μm 이하) 층에서 거의 일어난다. 따라서 가시광선의 투과가 (일부라도) 가능하려면 금속 필름의 두께가 0.1 μm보다 얇아야 한다.

2. 세라믹/고분자

이온 결합이나 공유 결합을 하고 있는 세라믹, 고분자 물질은 일반적으로 부도체의 에너지띠를 갖는다. 이 에너지띠는 넓은 폭의 금지된 띠가 있어서, 입사광의 에너지가 전자들이 금지된 띠를 뛰어넘기에 충분하지 않으면 입사광을 그대로 통과시킨다. 유리가 그 대표적인 예이다. 이온 결합 물질의 경우 금지된 띠의 간격이 6~8 eV로 매우 크므로 에너지가 낮은 가시광선은 통과시키지만 에너지가 높은 자외선은 흡수한다. 공유 결합 물질인 다이아몬드도 금지된 띠의 간격이 5.5 eV로 비교적 큰 편이어서 에너지가 큰 파란색의 빛조차도 원자가띠의 전자를 들뜨게 하지 못한다. 결과적으로 가시광선은 흡수되지 않고 그대로 통과하기 때문에 순수한 다이아몬드는 무색 투명하다.

황화 카드뮴(cadmium sulfide, CdS)은 2.4 eV의 띠간격을 가지고 있는데, 이 에너지는 가시광선 영역인 470 nm에 해당한다. 따라서 CdS는 이 파장에 해당하는 보라색과 파란색은 흡수하고 노란색은 강하게 통과시키므로 짙은 노란색을 띤다. 이 때문에 CdS는 카드뮴 옐로우(cadmium yellow)라고 불리는 색소로 사용된다. 황화 수은(mercury sulfide, HgS)은 CdS보다 약간 작은 2.1 eV의 띠간격을 가져 빨간색을 제외한 모든 색을 흡수한다. 따라서 HgS는 선홍색(vermilion) 색소로 활용된다.

그런데 예외적으로, 금지된 띠의 간격보다 작은 에너지의 입사파가 흡수되는 경우가 있다. 첫째는 입사파의 진동수가 구성 원자의 진동수에 해당하는 경우로, 입사파가 구성 원자에 의해 흡수된다. 둘째는 재료 내 불순물이나 공극, 전위 같은 결함들이 있어서 금지된 띠 내에 새로운 에너지 레벨이 형성되는 경우이다. 예를 들어, Al_2O_3 단결정은 무색투명하지만 Fe가 첨가되면 빨간색을 띠는 루비(ruby)가 되고, Cr이 첨가되면 푸른색을 띠는 사파이어(sapphire)가 된다. 이는 첨가된 불순물들이 금지된 에너지 띠 내에 새로운 에너지 레벨을 만들어 빛을 흡수하거나 방출하기 때문이다.

한편, 입사파가 흡수되지 않을 때는 그대로 투과되기도 하지만 구성 원자들과의 상호작용에 의해 산란, 굴절, 반사가 일어나기도 한다. 입사파의 전자장은 물질을 구성하고 있는 원자나 분자 그리고 전자들을 같은 진동수로 진동시킬 수 있다. 이들 진동하는 입자들은 전자기파를 발생시키므로, 입사파와 같은 진동수의 전자기파를 모든 방향으로 발생시키는데 이러한 현상이 빛의 **산란**이다. **굴절**은 입사파가 재료 내부로 투과되어 들어갈 때 속도가 감소함으로써 진행 방향이 구부러지는 현상이다. 굴절률(index of refraction) n은 수식 4.4와 같이 정의된다.

$$n = c / v \qquad \text{(수식 4.4)}$$

여기서 c는 진공 상태에서의 빛의 속도, v는 매질(medium) 내부에서의 빛의 속도를 의미한다. 굴절률은 빛의 파장에 따라 달라진다. **반사**는 산란된 빛이 입사파의 진행 방향과 반대 방향으로 산란되는 현상이다.

재료의 광학적 현상은 근본적으로는 주로 재료 내 전자들과 전자기파와의 상호작용에 의해 일어나는 것이지만, 재료의 미세구조에 의해서도 영향을 받는다. 공극, 전위, 결정립계, 기공 등의 결함, 그리고 상 사이의 계면 등은 전자기파를 산란, 반사 또는 굴절시키는 역할을 한다. 예를 들어 유리는 일반적으로 가시광선을 투과시키므로 투명하지만, 내부에 기공들이 존재하면 뿌옇게 불투명해지고, 부분적으로 결정화가 일어나거나 이물질 등이 분산되어 있으면 상 간의 경계면에서 반사나 굴절이 일어나 불투명하게 된다.

전기를 빛으로 전환하는 기능을 가져 조명으로 사용되고 있는 발광 다이오드, 그리고 빛을 전기로 전환하여 전기를 생산하는 태양전지에 대해서는 7장 01절에 기술하였다.

05 열적 특성

3대 재료 중 세라믹은 열충격에 가장 취약해서 부서지기 쉬운데, 갑작스러운 온도 변화(주로 급냉)가 가해졌을 때 세라믹 재료 내에 발생하는 내부 응력 때문이다. 이 열충격 손상은 세라믹의 열팽창 계수, 열전도도, 탄성계수, 파괴강도 등의 열적, 기계적 특성들과 관련된다. 열충격 관련 요인들과 이들 특성들과의 관계에 대한 지식으로부터, 특정 세라믹이 열충격에 보다 잘 견딜 수 있도록 열적 및 기계적 특성을 적절하게 변화시킬 수 있다. 또한, 특정 세라믹에 대해서 파괴되지 않고 견딜 수 있는 최대 온도 범위를 예측하는 것이 가능하다.

열적 특성(thermal property)은 열이 가해졌을 때 재료가 어떻게 반응하는가를 의미한다. 고체가 열의 형태로 에너지를 흡수하면 열은 온도가 높은 지점에서 낮은 지점으로 전달되면서 고체의 온도가 상승하고 일반적으로 부피가 증가한다. 고체 재료를 실제 사용하는데 있어서 고려해야 할 대표적인 특성으로는 열용량, 열팽창율, 열전도도, 녹는점, 유리 전이 온도 등이 있다.

1. 열용량

고체 물질은 가열되면 온도가 올라가는데, 이것은 열에너지를 흡수했음을 의미한다. 열용량(heat capacity)은 물질이 외부에서 열을 흡수하는 능력 즉, 단위 온도 상승을 이루는데 필요한 에너지의 양을 나타낸다. 열용량 C는 다음 수식으로 나타내어진다.

$$C = \frac{dQ}{dT} \qquad \text{(수식 4.5)}$$

여기서 dQ는 온도 변화 dT를 이루는 데 필요한 에너지이다. 열용량은 J/mol · K 또는 cal/mol · K의 단위를 가진다. 단위 질량당의 열용량인 비열용량(specific heat capacity)(소문자 c로 표현됨)이 사용되는 경우도 있으며, 단위는 J/kg · K 또는 cal/g · K이다(이를 비열(specific heat)이라고도 함). 비열이 클수록 온도 변화가 잘 일어나지 않으며, 다른 말로는 온도를 높이는 데 더 많은 열량이 필요하다.

표 4.1 재료의 열적 특성

재료	c_p (J/kg · K)	α_l [(℃)$^{-1}$ × 10^{-6}]	k (W/m · K)
Aluminum	900	23.6	247
Copper	386	17.0	398
Gold	128	14.2	315
Iron	448	11.8	80
Invar (64Fe-36Ni)	500	1.6	10
Alumina (Al_2O_3)	775	7.6	39
Magnesia (MgO)	940	13.5	37.7
Fused silica (SiO_2)	740	0.4	1.4
Soda-lime glass	840	9.0	1.7
Graphite	710-830	1.2-8.2	25-470
HDPE	1850	106-198	0.46-0.50
Polystyrene	1170	90-150	0.13
PTFE (Teflon)	1050	126-216	0.25
Nylon 66	1670	144	0.24
Phenol-formaldehyde	1590-1760	122	0.15

열용량의 측정에는 두 가지 방식이 있다. 하나는 시료의 부피를 일정하게 유지하면서 측정(C_v로 표현됨)하는 것이고, 또 하나는 외부 압력을 일정하게 유지하면서 측정(C_p로 표현됨)하는 것이다. C_p는 C_v에 비하여 항상 크거나 같지만, 그 차이는 실온 조건에서 대부분의 고체 물질에 있어서 매우 작다. 대표적인 금속, 세라믹, 고분자 재료

의 c_p값을 표 4.1에 나타내었다. 대체적으로 고분자의 비열이 가장 큰 편이며, 금속의 비열이 가장 작다.

대부분의 고체에서, 열에너지 흡수의 주요 방식은 원자들의 진동 에너지가 증가하는 것이다. 고체 물질의 원자들은 매우 높은 주파수와 비교적 작은 진폭으로 지속적으로 진동하고 있다. 각 원자의 진동은 독립적이지 않고 인접한 원자들과의 결합 때문에 서로 연동된다. 이 진동은 이동하는 격자 파동(lattice wave)처럼 발생하며, 짧은 파장과 매우 높은 주파수를 가지고 결정구조를 통해 음속(velocity of sound)으로 전파되는 탄성파(elastic wave)나 음파로 생각되고 있다. 특정 물질의 진동 열에너지는 어떤 범위의 분포와 주파수를 가진 일련의 탄성파로 구성된다. 양자화된 어떤 특정 에너지값만이 허용되며, 진동 에너지의 한 양자(quantum)를 **포논**(phonon)이라고 부른다. 간혹 이 진동파 자체를 phonons라고 부르기도 한다.

고체의 열용량 값에 추가적으로 기여하는 다른 기전은, 자유 전자가 에너지를 흡수하여 운동 에너지가 증가하는 것이다. 대부분의 경우 이 기전은 앞에서 기술한 진동에 의한 기여에 비해 작다. 금속의 경우 Fermi 에너지에 가까운 상태의 전자들만 그러한 전이가 가능한데 이것은 전체 전자 숫자에 비해 매우 작은 비율이다. 부도체 또는 반도체 물질의 경우 훨씬 더 작은 비율의 전자들이 이러한 들뜸을 겪는다. 따라서 이 전자적 기여는 0 K에 가까운 상태를 제외하고는 중요하지 않다. 그 외, 어떤 물질에서는 특정 온도에서 에너지 흡수 과정이 일어난다. 예를 들어 강자성 물질을 가열하면 Curie 온도에서 전자 스핀이 무질서해 지면서 열 흡수가 일어난다.

2. 열팽창

대부분의 고체 물질은 가열하면 팽창하고 냉각하면 수축한다. 고체 물질의 온도에 따른 길이 변화는 다음 수식 4.6과 같이 나타내어진다.

$$\frac{l_f - l_0}{l_0} = \alpha_l(T_f - T_0) \quad \text{(수식 4.6)}$$

또는

$$\frac{\Delta l}{l_0} = \alpha_l \Delta T \qquad \text{(수식 4.7)}$$

여기서 l_0와 l_f는 각각 최초 온도 T_0에서 최종 온도 T_f로 변할 때의 최초 길이 및 최종 길이를 의미한다. α_l은 **선팽창 계수**(linear coefficient of thermal expansion)로, 재료가 가열될 때 길이 방향으로 팽창하는 정도를 나타낸다(단위는 온도의 역수임). 대표적인 금속, 세라믹, 고분자 재료의 α_l값을 표 4.1에 나타내었다.

가열 또는 냉각은 물체의 부피 변화를 수반한다. 온도에 따른 부피의 변화는 다음 식으로 표현된다.

$$\frac{\Delta V}{V_0} = \alpha_v \Delta T \qquad \text{(수식 4.8)}$$

여기서 ΔV와 V_0는 각각 변화된 부피와 최초 부피를 의미한다. α_v은 체팽창 계수(volume coefficient of thermal expansion)로, 재료가 가열될 때 부피가 팽창하는 정도를 나타내는 성질이다(단위는 온도의 역수임). 많은 재료에 있어서, α_v값은 이방성을 나타내는데, 결정구조 상의 방향에 따라 값이 달라진다. 재료의 열팽창이 등방성인 경우, α_v값은 대략 α_l에 해당한다.

원자 수준에서 볼 때 열팽창은 원자간의 평균 거리의 증가가 반영된 것이다. 이에 대해서는 2장 04절에서 자세히 언급한 바 있다. 일반적으로 퍼텐셜 우물의 모양이 비대칭일 경우 열팽창이 일어나게 되며, 퍼텐셜 우물의 모양이 대칭일 경우에는 온도가 증가해도 원자간의 평균 거리가 일정하게 유지되므로 열팽창이 일어나지 않는다.

금속의 열팽창 계수 값은 대략 세라믹과 고분자의 사이에 위치한다. 온도 변화에 대하여 치수 안정성이 우수한 금속 재료를 확보하기 위하여 열팽창 계수가 매우 낮은 합금이 개발되어 왔다. 예를 들어, 64질량% Fe와 36질량% Ni로 구성된 합금(상품명 Invar)은 0~230℃의 범위에서 1.6×10^{-6} ℃$^{-1}$의 열팽창 계수를 갖는다. Invar의 퍼텐셜 우물은 어느 정도 비대칭성을 가지기 때문에, Invar의 낮은 열팽창 계수는 퍼텐셜 우물 개념으로는 설명되지 않는다. Invar가 가열될 때 팽창하려는 성질이 있는 한편, 강자성 특성 중 하나인 자기변형(magnetostriction) 현상에 의해 그 성질이 상쇄되기 때문에 매우 낮은 열팽창 계수를 나타내는 것으로 이해되고 있다.

세라믹 재료는 비교적 강한 원자간 결합력 때문에 낮은 α_l (대체적으로 0.4×10^{-6} ~ 15×10^{-6} ℃$^{-1}$)을 가진다. 비정질 또는 입방체(cubic) 결정구조를 가진 세라믹은 α_l가 등방성이다. 다른 결정구조의 세라믹은 이방성인데, 어떤 물질은 가열하면 특정 방향으로는 수축이 일어나고 다른 방향으로는 팽창하기도 한다. 무기계 유리 물질에 있어서는, 열팽창 계수가 조성에 의존한다. 비정질인 용융 실리카(fused silica)는 0.4×10^{-6} ℃$^{-1}$의 낮는 열팽창 계수를 가지는데, 이것은 원자 충전밀도(packing density)가 낮아 원자간 거리가 증가해도 고체 전체의 치수 변화는 비교적 작기 때문이다. 온도 변화가 큰 용도에 사용되는 세라믹 재료들은 열팽창 계수가 비교적 작고 등방성일 필요가 있다. 그렇지 않으면, 기본적으로 취성이 있는 세라믹 재료들은 빠른 가열 또는 빠른 냉각 시 불균일한 치수 변화에 의해 파손될 수 있다(이것을 열충격(thermal shock)이라고 함). 예를 들어 재료가 가열되거나 냉각될 때 재료의 바깥쪽은 내부에 비해 더 빨리 온도가 변하고 따라서 바깥쪽과 내부는 서로 다른 치수 변화를 겪는다. 이러한 치수 변화는 인접한 지점의 팽창 또는 수축을 억제하게 되고, 이것이 열응력(thermal stress)을 유발하여 세라믹 재료가 파손되는 것이다.

표 4.1에 나타내었듯이 고분자는 금속이나 세라믹에 비해 일반적으로 매우 큰 열팽창을 보인다. 선형 또는 분기형 고분자에서 특히 높은 열팽창 계수가 나타나는데, 이것은 분자 간에는 약한 인력만이 작용하기 때문이다. 즉, 열에너지가 가해지면 분자 간의 약한 인력은 쉽게 끊어져 분자 간 거리가 쉽게 멀어질 수 있다. 분자 간의 공유결합(즉, 가교 결합)이 존재하면 열팽창 계수는 감소하는 경향을 보이는데, 예를 들어 페놀-폼알데하이드 고분자는 다른 선형 또는 분기형 고분자에 비해 낮은 α_l을 나타낸다.

3. 열전도도

열전도(thermal conduction)는 온도가 높은 지점에서 낮은 지점으로 열이 전달되는 현상을 의미한다. 물질이 열을 전달하는 능력을 **열전도도**(thermal conductivity)라고 표현하고, 다음의 식으로 정의한다.

$$q = -k\frac{dT}{dx} \qquad \text{(수식 4.9)}$$

여기서 q는 열흐름(단위 시간 당 단위 면적 당의 heat flux 또는 heat flow), k는 열전도도, dT/dx는 온도 구배(temperature gradient)이다. q와 k의 단위는 각각 W/m^2와 W/m · K이다. 수식 4.9는 열흐름이 시간에 따라 변하지 않는 정상 상태(steady state)에 도달했을 때 적용된다. 식의 마이너스 표현은 열흐름이 고온에서 저온으로 일어나는데 기인한다.

열은 고체 내에서 격자 진동파(lattice vibration waves, 다른 말로 포논이라고도 함)와 자유 전자에 의해서 전달된다. 열전도도는 이들 각 기전과 모두 관련이 있고, 따라서 총 열전도도는 두 기전의 기여분의 합이다(수식 4.10).

$$k = k_l + k_e \qquad \text{(수식 4.10)}$$

여기서 k_l와 k_e는 각각 포논에 의한 열전도도와 자유 전자에 의한 열전도도를 의미하며, 일반적으로 물질에 따라 어느 한쪽이 큰 값을 갖는다. 열에너지의 전달은 포논과 자유 전자가 움직이는 방향으로 일어난다.

자유 전자는 전자에 의한 열전도에 참여한다. 재료의 온도가 높은 지점에 존재하는 자유 전자는 운동 에너지(kinetic energy)가 크다. 이 자유 전자들의 일부가 온도가 낮은 지점으로 이동하여, 여기서 포논이나 결함에 충돌하면서 그 운동 에너지의 일부가 원자의 진동 에너지의 형태로 전달된다. 총 열전도도에 대한 k_e의 기여 정도는 자유 전자의 농도 증가에 따라 증가하는데, 이것은 보다 많은 전자가 열전도 과정에 참여하기 때문이다.

순도가 높은 금속의 경우, 자유 전자에 의한 열전달은 포논에 의한 전달에 비해 훨씬 더 효과적인데, 자유 전자는 포논처럼 쉽게 산란되지 않으며 또 속도도 더 높기 때문이다. 더욱이, 비교적 많은 수의 자유 전자가 열전도에 기여하기 때문에 금속은 매우 우수한 열전도체이다. 표 4.1에 나타내었듯이 금속은 일반적으로 20~400 W/m · K의 높은 열전도도 값을 가진다. 금속에 불순물을 함유시켜 합금화하면 (전기전도도와 함께) 열전도도가 감소한다. 특히 고체 용액의 경우, 불순물 원자가 산란점(scattering center)으로 작용하여 전자의 효과적인 움직임을 방해하기 때문이다.

금속이 아닌 다른 재료의 경우 자유 전자가 거의 없기 때문에 열전도에 대한 자유 전자의 기여는 매우 작다. 이러한 재료들에서는 포논이 열전달에 주로 기여하며 따라서 k_l이 k_e에 비하여 매우 크다. 그러나 포논은 격자 결함에 의해 산란이 쉽게 일어나기 때문에, 자유 전자에 비하여 열에너지의 전달이 효과적이지 못하다. 결과적으로 세라믹 물질은 대체적으로 금속보다 낮은 2~50 W/m · K의 상온 열전도도를 가지며, 그 중 대표적인 몇 가지 세라믹 물질의 열전도도 값을 표 4.1에 나타내었다. 유리를 비롯한 비정질 세라믹 재료는 결정성 세라믹에 비하여 낮은 열전도도를 가지는데, 이것은 미세구조가 불규칙할 경우 포논의 산란이 보다 용이하게 일어나기 때문이다. 한편, 세라믹 재료에서 기공도(porosity)는 열전도도에 큰 영향을 주며, 기공 부피(pore volume)가 증가할수록 열전도도는 감소한다. 실제로, 단열재(thermal insulator)로 사용되는 많은 세라믹 재료는 다공성(porous)이다. 기공에는 일반적으로 공기가 차 있는데, 공기는 매우 낮은 약 0.02 W/m · K의 열전도도를 가지며, 기공 내부에서의 기체 대류도 잘 일어나지 않는다. 결과적으로, 기공 내부에서의 열전도는 매우 느리고 비효율적이며, 따라서 다공성 세라믹 재료의 열전도도는 매우 낮다.

표 4.1에 나타내었듯이 고분자의 열전도도는 일반적으로 0.3 W/m · K 이하이다. 고분자에서의 열에너지 전달은 분자 사슬의 진동과 회전을 수반한다. 열전도의 용이성은 고분자의 결정화도의 영향을 받는다. 어떤 고분자 시료가 결정화도가 높거나 질서 있는 배열을 가지면 비정질 배열 시료에 비해 열전도도가 높은데, 이것은 높은 결정화도에서 분자 사슬들의 보다 효과적인 정합 진동(coordinated vibration)이 가능하기 때문이다. 고분자는 낮은 열전도도를 가지므로 일반적으로 단열재로 사용된다. 세라믹과 마찬가지로, 고분자의 단열성은 작은 기공을 내부에 도입함으로써 증가시킬 수

있다. 내부에 기포가 형성된 폴리스타이렌은 흔히 스타이로폼(styrofoam)이라고 부르며, 음료수 컵이나 포장재로 활용되고 있다.

4. 용융과 유리 전이

가열에 의해 고체가 액체로 변하는 것을 용융(melting)이라고 한다. 결정성 고체는 **녹는점**(melting temperature, T_m)에서 액체로 변한다. 결정성 금속과 세라믹은 일반적으로 특정 값의 T_m을 나타내는 데 비하여 결정성 고분자는 T_m이 어느 정도의 온도 범위를 가진다. 고분자의 경우 분자량 분포를 갖는데, T_m 측정을 위하여 결정성 고분자의 온도를 일정 속도로 올릴 때, 분자량이 높은 부분은 녹는 데 좀 더 시간이 걸리기 때문이다.

액체 상태의 재료를 냉각하면 재료는 어느 온도에서 말랑거리는 고무상 고체로 전환되고 최종적으로는 딱딱한 고체(유리상)로 전환된다. 재료가 고무상에서 유리상으로 전환되는 온도를 **유리 전이 온도**(glass transition temperature, T_g)라고 한다. 반대로 유리상의 고분자를 가열하면 T_g에서 고무상으로 전환된다. 유리 전이는 비정질 세라믹 또는 비정질 고분자에서 나타난다. 부분 결정성 고분자도 비정질 부분을 일부 포함하므로 유리 전이가 나타날 수 있다. 재료의 온도를 올리는 경우, T_g 아래의 온도에서는 원자 단위로 진동이 일어나는 유리상이지만, T_g를 통과하면서 사슬이 부분적으로 움직이기 시작함으로써, 즉, 세그먼트(segment)의 움직임이 시작됨으로써 고무상으로 전이되는 것이다(세그먼트는 원자 20~50개로 이루어진 사슬의 작은 부분을 의미함).

비정질 배열을 가진 재료를 냉각하거나 가열할 때 T_g를 경계로 다양한 특성들(강성(stiffness), 비용(specific volume, 밀도의 역수임), 열용량, 열팽창 계수 등)이 변한다(그림 4.19). 재료는 유리상에서 온도 증가에 따라 비용이 어떤 비율로 증가하다가 T_g를 경계로 그 증가하는 비율이 커진다. T_g 이상의 온도에서는 세그먼트의 움직임이 일어나고 있으므로, 유리상에 비하여 같은 정도의 온도 증가에도 사슬 간의 간격이 더 큰 폭으로 넓어지면서 부피가 더 큰 비율로 증가하는 것으로 생각된다. 부분 결정성 고분자는 비정질 부분과 결정성 부분이 함께 존재하므로 T_g 이상에서의 비용 증가 비율이 전체가 비정질인 고분자에 비하여 작으며, T_g와 T_m을 모두 나타낸다. 이러한 경향은 고분자와 세라믹이 유사하다. 결정성 재료는 유리 전이가 일어나지 않고(즉, T_g가 없음), T_m에서 비용의 불연속적인 변화를 보인다.

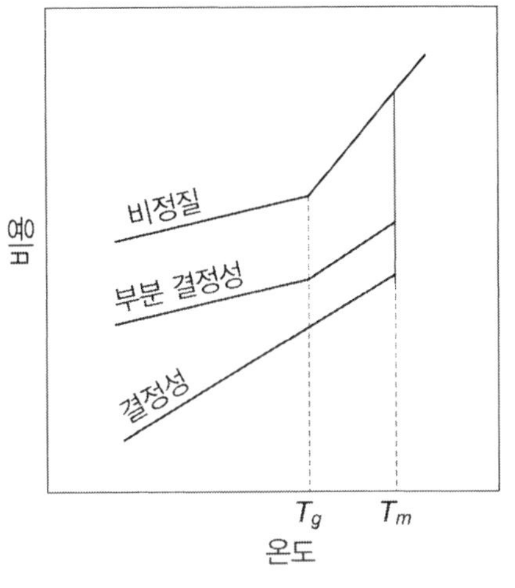

그림 4.19 온도에 따른 비용.

고분자의 경우 다음과 같이 세그먼트가 움직이기 어려운 화학 구조일수록 T_g가 높다. 1) 부피가 큰 측쇄: 예를 들어, 측쇄로 메틸기를 갖는 폴리프로필렌은 −18℃이며, 부피가 더 큰 페닐기를 갖는 폴리스타이렌은 사슬의 움직임이 억제되어 100℃의 T_g를 갖는다. 2) 극성 구조: 예를 들어, 전기 음성도가 높은 염소 원자를 갖는 폴리염화바이닐은 87℃, 비극성인 폴리프로필렌은 −18℃의 T_g를 갖는다. 일반적으로 사슬간 인력이 클수록 T_g가 높아진다. 3) 주쇄에 이중 결합 또는 방향족 구조: 그림 4.20(위)는 −63℃, (아래)는 69℃의 T_g를 가지는데, 이는 그림 4.20(아래)의 경우 주쇄에 존재하는 벤젠 고리 때문에 분자 사슬이 좀 더 강직해지기 때문이다. 4) 분기형 고분자의 경우, 가지 구조의 많고 적음: 가지 구조 때문에 사슬의 조밀한 쌓임이 방해를 받으면 T_g가 낮아지고, 가지 구조 때문에 사슬의 움직임이 억제되면 T_g가 높아진다. 5) 가교형 고분자의 경우, 가교 밀도: 가교 밀도가 높아질수록 사슬의 움직임이 더 억제되어 T_g가 높아지며, 가교 밀도가 매우 높은 경우에는 사슬의 움직임이 원천적으로 억제되어 유리 전이를 나타내지 않는다.

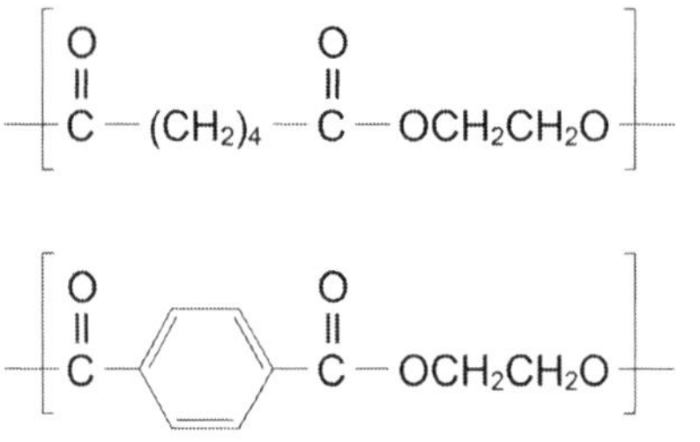

그림 4.20 폴리에스터의 예

이 외에도, 분자량이 클수록 T_g가 높아진다. 예를 들어 수평균 분자량이 3,000 g/mol, 300,000 g/mol인 폴리스타이렌은 각각 40℃와 100℃의 T_g를 갖는다. 이것은 분자량이 클수록 사슬 말단의 수가 적어져 총 자유체적(free volume)이 감소하기 때문이다(고분자의 말단 주변에는 자유체적이 존재함).

특히 고분자 재료를 사용하는 데 있어서, T_g는 중요성을 갖는다. 딱딱한 성질을 활용하는 플라스틱은 사용 온도보다 T_g가 높을 필요가 있다. 고무는 사용 온도보다 T_g가 낮아야 고무 성질을 활용할 수 있다. 섬유는 T_g가 너무 높을 경우 다림질이 잘되지 않으며 T_g가 너무 낮을 경우 접은 금 유지(crease retention)가 잘 안되므로 적절한 T_g를 가져야 한다.

CHAPTER

5 재료의 제조 및 가공

재료의 제조(synthesis, manufacture)는 자연에서 얻어지는 자원으로부터 직접적으로 이루어지거나 전구체(precursor)를 거쳐 간접적으로 이루어진다. 제조된 재료를 원하는 모양과 크기로 가공(fabrication)하는 다양한 방법도 개발되어 있다. 이 장에서는 금속, 세라믹, 고분자 각 재료를 제조하고 가공하는 방법을 살펴볼 것이다.

01 금속

금속의 제련은 구리, 철, 주석, 납 등을 대상으로 긴 역사 동안 행해져 왔다. 최근에는 첨단 산업에 주로 사용되는 희소 금속(rare metal)의 중요성이 매우 커지고 있어서 효율적인 제련 공정의 개발도 지속적으로 이루어지고 있다. 이러한 금속의 제련에는 화학적 방법이 사용되고 있다. 금속 제련의 몇 가지 방법을 소개한다.

1. 침출

금속 제련에 있어서 **침출**(leaching)이란, 광석에 함유되어 있는 금속 성분을 수용액을 이용하여 용해시켜 분리해 내는 조작을 의미한다. 사용하는 수용액의 종류에 따라, ① 수 침출, ② 산 침출, ③ 알칼리 침출, ④ 용융액 침출로 분류된다. 대표적인 방법을 아래에 정리하였다.

– 산 침출: $ZnO + H_2SO_4 \rightarrow ZnSO_4 + H_2O$ (5.1)

– 알칼리 침출: $Al(OH)_3 + NaOH \rightarrow Na[Al(OH)_4]$ (5.2)

$NiS + 6NH_3 + 2O_2 \rightarrow Ni(NH_3)_6^{3+} + SO_4^{2-}$ (5.3)

– 용융액 침출: $4FeWO_4 + 4Na_2CO_3 + O_2 \rightarrow 4Na_2WO_4 + 2Fe_2O_3 + 4CO_2$ (5.4)

2. 분리 · 정제

광석에서 목적 금속을 침출하여 얻은 용액은 목적으로 하지 않는 금속도 함께 포함한 경우가 많으므로 이것을 분리하여 제거해야 한다. 용액 중에 녹아있는 금속 이온을 분리, 정제하는 방법에는 주로 **이온 교환 수지**(ion exchange resin)를 사용하는 방법과 용매 추출 방법(solvent extraction method)이 있다.

이온 교환 수지는 주로 희토류 원소(rare earth element)를 분리하는 데 이용된다. 대표적인 방법으로는, 이온 교환 수지를 사용하여 금속을 포집한 후 용리액을 사용하여 용액을 농축하는 방법이 있다. 이는 원하는 금속 이온의 농도가 낮은 경우에 사용한다. 즉, 소량 존재하는 금속을 이온 교환 수지를 이용하여 포집하는 방법이다. 한편, 이온 교환 수지를 장착한 이온 교환 크로마토그래피를 사용하여 목적 금속 이온을 분리해 내는 방법도 있다.

용매 추출법은 목적으로 하는 금속 이온의 수용액으로부터 유기용매를 사용하여 금속 이온을 추출/분리하는 방법이다. ① 킬레이트제(chelating agent)를 유기용매에 용해시켜 금속 킬레이트 화합물 형태로 추출하는 방법, ② 수용액 중에 용해되어 있는 전하 착체에 반대 전화를 가진 대이온(counter ion)을 작용시켜 생성된 이온 회합체를 추출하는 방법, ③ 용매 분자가 킬레이트제로서 작용하여 금속 이온을 용매상으로 이동시킨 후, 산 또는 알칼리 수용액으로 처리하여 수용액 중으로 추출해 내는 방법 등이 있다. 표 5.1에 대표적인 추출 시약을 정리하였다.

표 5.1 대표적인 추출 시약

종류	화학식	추출 대상 금속
옥신	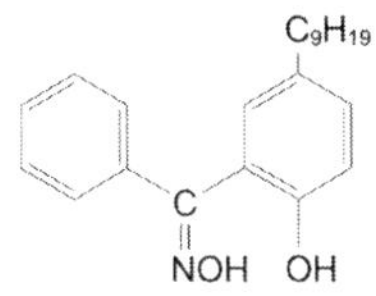	Cu, Ni
카복실산계	$R_1R_2C(CH_3)COOH$	Cu, Ni, Fe
인 화합물계	$(C_8H_{17}O)_2P(=O)-OH$	Zn, Co, Fe, 희토류
아민계	R_3N	U, V, W, Co, Mo, Re
기타	$(C_6H_{13})_2S$	Au, Ag, Cu, Hg

3. 환원

정제된 금속 화합물 또는 금속 이온을 금속으로 환원시키는 방법으로는 크게 ① 환원제를 사용하는 방법, ② 전해 환원(electrolyte reduction), ③ 금속 화합물의 열분해가 있다.

환원제를 사용하는 방법에 있어서, 예를 들어 탄소를 환원제로 하는 환원은 다음의 반응식 5.5로 진행된다.

$$MO + C \rightarrow M + CO \tag{5.5}$$

여기서 M은 금속, MO는 금속 산화물을 의미한다. Fe, Cr, Mn, Si 등이 이 방법에 의해 환원되어 얻어진다. 또 다른 예로서, 산소에 대하여 특히 큰 친화력을 가지는 금속의 산화물에 대해서는, 다른 금속(Mg, Na, Ca, Al 등)을 환원제로 사용하는 방법이 필요하다. 예를 들어 산화 바나듐을 Ca를 사용하여 환원시키는 반응은 다음의 반응식으로 진행된다.

$$V_2O_5 + 5Ca \rightarrow 2V + 5CaO \tag{5.6}$$

또 다른 사례로서, 타이타늄은 마그네슘을 환원제로 사용하여 다음과 같이 제조된다.

$$TiCl_4 + 2Mg \rightarrow Ti + 2MgCl_2 \tag{5.7}$$

전해 환원은, 목적 금속 이온이 용해되어 있는 수용액(전해액)을 사용하고, 목적 금속이 석출되는 음극에는 가능한 한 순도가 높은 목적 금속의 판을 사용한다. 수용액 대신 금속의 용융염을 전해 환원시키는 방법도 있는데, 예를 들어 알루미늄은 Al_2O_3가 약 1,000℃에서 용융된 상태에서 다음과 같은 반응을 이용하여 제조한다.

$$2Al_2O_3 + 3C \rightarrow 4Al + 3CO_2 \tag{5.8}$$

02 세라믹

1. 고체의 직접 가열

세라믹법(ceramic method)이라고도 하는 이 방법은 세라믹 제조에 있어서 가장 간단하고도 흔한 방법으로, 두 비휘발성 고체를 함께 가열하여 반응시킴으로써 원하는 생성물을 얻는다. 이 제조법은 산업계와 실험실 모두에서 널리 사용되며, 금속 산화물, 황화물, 질소화물, 알루미노규산염 등 대부분의 재료들을 합성하는 데 이용된다. 대표적인 예로 실리콘 카바이드(SiC)는 실리카와 코크스를 가열하여 제조한다. 화장실 도기 표면에 색깔을 내는 기본 색소인 지르콘($ZrSiO_4$)은 1300℃에서 지르코니아(ZrO_2)와 실리카(SiO_2)의 직접 반응을 통해 제조된다(식 5.9).

$$ZrO_2(s) + SiO_2(s) \rightarrow ZrSiO_4(s) \tag{5.9}$$

일반적으로, 두 성분의 화학량론적 질량을 정확히 측정하여 두 성분을 혼합한 후, 작고 균일한 입자로 분쇄하고 전기로에서 수 시간 동안 가열한다. 이 방법은 간단하다는 장점이 있지만 500~2000℃의 고온에서 반응이 진행되므로 에너지 소모가 크다는 단점도 있다. 반응물 내의 양이온이 고체 상태에서 그 격자 에너지를 극복하고 다른 위치로 확산되기 위해서는 큰 에너지가 필요하기 때문이다.

특수한 경우로서, 반응물이나 생성물이 공기나 수분에 민감하거나 휘발성일 때에는 진공관을 사용한다. 예를 들어, 황화 사마륨(SmS)은 사마륨 금속과 황을 가열(730℃)하여 합성하는데, 황의 끓는점(444℃)이 더 낮기 때문에 합성 온도에서 황이 끓어 없어질 수 있다. 따라서 사마륨과 황을 진공 용기에 넣고 밀봉한 후 가열하여 반응시킨다. 일부 화합물의 경우는 공기나 진공 대신 특수한 대기(special atmosphere) 하에서 진행될 수 있다. 예를 들어, 더 높은 산화 상태로 가는 것을 방지하기 위해서 아르곤 등의 비활성 기체가 사용될 수 있으며, 반대로 더 높은 산화 상태로 가는 것을 촉진하기 위해서 순수한 산소가 사용될 수 있다.

2. 저분자량 전구체를 사용한 제조: 솔-젤 방법

세라믹 분말을 직접 가열하는 전통적인 제조 방법(세라믹법)과 다르게, 저분자량 전구체로부터 세라믹을 제조하는 방법도 활용되고 있다. 이 방법에서는 추가되는 공정 단계로 인해 비용이 더 들 수 있지만, 재료의 순도가 높고 공정의 미세 조절에 의한 정밀한 구조 제작이 가능하여, 보다 고성능 또는 고기능의 재료를 제조할 수 있다.

이 방법의 대표적인 전구체는 테트라에틸 오쏘실리케이트(tetraethyl orthosilicate, TEOS, $Si(OEt)_4$) 같은 실리콘 알콕사이드(silicon alkoxide)이다. 이 화합물은 다음과 같은 반응에 의해 $SiCl_4$로부터 합성된다.

$$SiCl_4 + 4EtOH \rightarrow Si(OEt)_4 + 4HCl \tag{5.10}$$

그림 5.1에 나타내었듯이 TEOS는 산 또는 염기 촉매 존재하에서 가수 분해되어 실란올기(silanol group, Si–OH)를 가진 화합물로 전환되고, 실란올기는 다른 분자의 실란올기 또는 에톡시 실레인기와 축합 반응을 일으켜 Si–O–Si 결합을 가지는 거대 분자가 된다. 대부분의 에톡시 실레인기 또는 실란올기가 축합반응에 참여하면 3차원적으로 Si–O–Si 결합의 그물구조를 가지는 실리카와 유사한 구조가 된다(그림 5.2). 이 과정의 초기에는 지름 1~100 nm인 솔(sol) 입자의 현탁액, 즉 콜로이드 상태가 형성되고,

반응이 추가적으로 진행되면서 3차원적 그물구조(젤, gel)가 되므로 **솔-젤**(sol-gel) 반응이라고 한다. 이와 같은 반응은 실온 또는 실온 부근의 낮은 온도에서 일어난다.

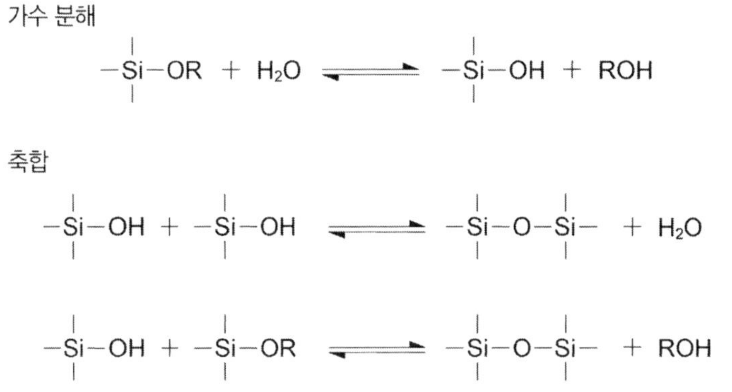

그림 5.1 알콕시 실레인 화합물의 가수 분해 및 축합 반응

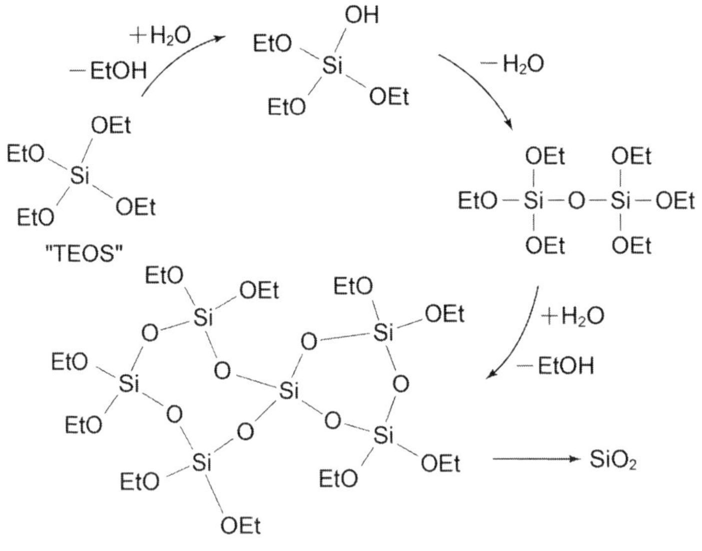

그림 5.2 TEOS의 솔-젤 반응에 의한 실리카의 합성.

합성된 솔 상태에서 기질 위에 코팅하고 용매를 증발시키면 기공도(porosity)와 비표면적(specific surface area)이 비교적 낮은 **제로젤**(xerogel)을 제조할 수 있다(그림 5.3). 제로젤은 젤로부터도 제조할 수 있는데, 젤에서 용매를 증발시키면 젤이 수축하면서 제로젤을 생성한다. 제로젤은 가열을 통해 더욱 치밀한 구조의 필름 또는 특정 모양의 물체로 얻어질 수 있다. 기공도와 비표면적이 매우 높은 **에어로젤**(aerogel)은 젤로부터 용매를 추출하는 방법으로 제조할 수 있다. 용매 추출은 주로 초임계 건조(supercritical drying) 또는 동결 건조(freeze-drying)에 의해 이루어진다. 젤 상태의 고체 구조가 어느 정도 유지되면서 용매만 빠져나오기 때문에 구조의 수축이 크지 않아 높은 기공도의 에어로젤이 얻어진다. 한편, 솔로부터 분말 또는 섬유상의 재료를 제조할 수도 있다.

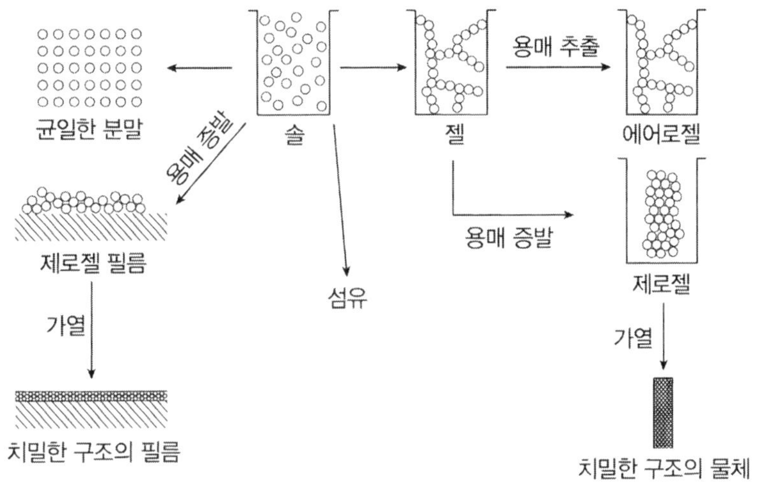

그림 5.3 솔-젤 반응을 통한 세라믹 재료의 합성.

실리카 에어로젤은 기공도가 97%에 달하는 저밀도 초경량(ultralight) 다공성 물질이다(기공의 크기는 100 nm 이하). 열전도도가 0.03 W/mK일 정도로 단열성이 매우 높다. 에어로젤은 실리카 이외에도 알루미나, 크로미아, 타이타니아, 탄소 등으로도 제작될 수 있다. 에어로젤은 단열재, 화학물질/오일 흡수제, 촉매 지지재, 필터 등으로 활용되고 있다.

3. 저분자량 전구체를 사용한 제조: 화학 증기 증착

화학 증기 증착(chemical vapor deposition, CVD)은 기체상의 원료 화합물이 기판의 표면에서 반응(열분해 포함)하여 생성물의 박막(thin film)을 형성하는 방법이다. 특히 반도체 산업에서 박막(thin film, 0.1~300 μm의 두께를 가진 재료로 정의됨)을 만들기 위하여 활용된다. CVD를 통해 SiO_2, SiC, Si_3N_4, 탄소 섬유, 탄소 나노 튜브, 다이아몬드, 그래핀, 텅스텐 등의 박막을 제조할 수 있다. 형성되는 박막은 단결정성, 다결정성, 비정질일 수 있다. 대표적으로, SiH_4와 O_2 기체를 반응시켜 SiO_2를 합성하는 CVD를 그림 5.4에 나타내었다. SiH_4와 O_2 기체가 반응 용기 내부(300~500℃로 가열됨)로 주입되면 두 원료 기체가 기판의 표면에 흡착되고, 표면에서 반응과 확산이 일어나 생성물인 SiO_2의 결정성 박막이 형성된다. (미반응물과 함께) 반응의 부생성물인 수소 기체는 탈착되어 배출된다. 이 산화 반응의 반응식은 다음과 같이 나타내어진다.

$$SiH_4(g) + O_2(g) \rightarrow SiO_2(s) + 2H_2(g) \tag{5.11}$$

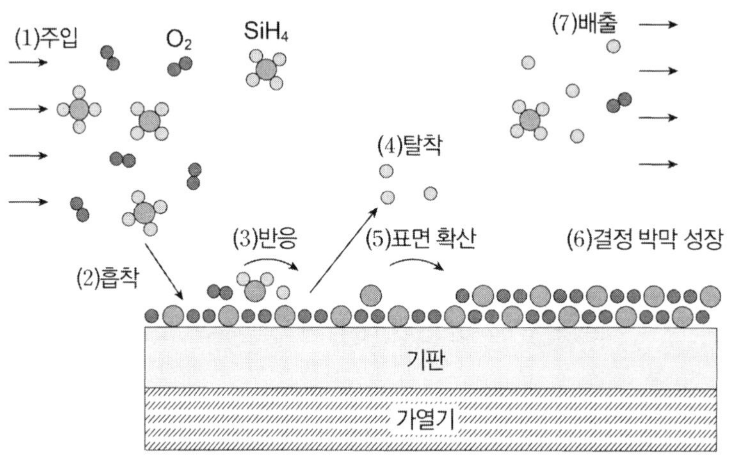

그림 5.4 화학 증기 증착의 예(SiO_2 박막 제조).

이 외에 다음의 반응들도 CVD로 진행되어 다양한 성분(비산화물계 세라믹, 금속)의 박막을 제조할 수 있다.

(폴리실리콘 제조) $SiH_4(g) \rightarrow Si(s) + 2H_2(g)$ (5.12)

(실리콘 카바이드 제조) $SiCl_4(g) + CH_4(g) \rightarrow SiC(s) + 4HCl(g)$ (5.13)

(실리콘 나이트라이드 제조) $3SiH_4(g) + 4NH_3(g) \rightarrow Si_3N_4(s) + 12H_2(g)$ (5.14)

(그래핀 제조) $CH_4(g) \rightarrow C(s) + 2H_2(g)$ (5.15)

(텅스텐 제조) $WF_6(g) \rightarrow W(s) + 3F_2(g)$ (5.16)

4. 연소 합성법

연소 합성법(combustion synthesis)은 산화–환원 반응에 의해 세라믹을 합성하는 방법이다. 연료(환원제)로 유레아(urea), 아민류, 구연산(citric acid), 폴리바이닐알코올(poly(vinyl alcohol)) 등을 사용하고, 산화제로는 금속 질산염(metal nitrate) 등을 사용한다. 연료와 산화제의 혼합물에 점화를 시키면 고온의 연소 반응(발열 반응)이 일어나면서 생성물이 생성된다. 이 산화–환원 반응은 수초 내에 완료되며 1700~3700℃까지도 온도가 올라간다. 산화물, 황화물, 금속 등을 제조하기 위해 수행되며, 자체 발열에 의해 고온이 유지되므로 에너지가 적게 소모되는 장점이 있다. 연소 합성법의 대표적인 사례로서, 알루미늄 질산염 수화물(aluminum nitrate hydrate)을 산화제로, 유레아(CH_4N_2O)를 연료로 사용하여 Al_2O_3를 합성하는 반응식을 식 5.17에 나타내었다.

$$2Al(NO_3)_3 \cdot 9H_2O + 5CH_4N_2O \rightarrow Al_2O_3 + 8N_2 + 5CO_2 + 28H_2O \qquad (5.17)$$

5. 수열법

수열법(hydrothermal method)은 반응물을 물과 함께 고압 반응 용기(autoclave) 안에서 가열하는 방법을 말한다. 고압 반응 용기가 가열되면 압력은 대기압 이상으로 올라가고 온도는 100℃ 이상으로 올라간다. 물은 100℃ 이상에서도 액체 상태인 소위 '과열된 물(superheated water)'로 존재한다. 이러한 반응 조건을 수열 조건이라고 한다. 수열 조건은 자연계에 존재하는 조건으로, 천연 제올라이트 등의 다양한 광물이 이 조건에 의해 생성된다. 반응 온도가 높지 않은 것이 장점이며, 석영, 합성 보석, 제올라이트 등을 산업적으로 생산하는 데 이용된다. 또한 대기압하에서는 물에 녹지 않지만 과열된 물에는 녹는 금속 산화물의 합성에 유용하다.

6. 열분해에 의한 비산화물계 세라믹의 제조

여기에서는 열분해에 의한 비산화물계 세라믹의 제조를 소개한다. 목적으로 하는 무기 원소를 포함한 고분자 또는 올리고머를 합성하여 원하는 모양으로 형체를 제작한 후, 고온에서 열분해하여 휘발성 성분을 제거하여 무기계 세라믹 물질만 남게 하는 원리이다. 탄소 섬유, 실리콘 카바이드, 실리콘 나이트라이드, 보론 나이트라이드, 알루미늄 나이트라이드 등이 이 방법으로 제조된다. 이 방법의 장점은 복잡한 모양의 성형품 제작이 가능하고 직접법에 비해 에너지가 적게 소요된다는 점이다. 그러나 휘발성 물질이 제거되면서 수축이 일어나는 단점도 있다.

1) 탄소 섬유

탄소 섬유는 **폴리아크릴로나이트릴**(polyacrylonitrile, PAN), 재생 셀룰로스(regenerated cellulose, rayon), 피치(pitch) 같은 유기 물질을 열분해시켜 제조되는데, 주로 PAN을 사용한다(그림 5.5). PAN의 열분해는 고리화와 탈수소가 일어난 후 산화와 탄

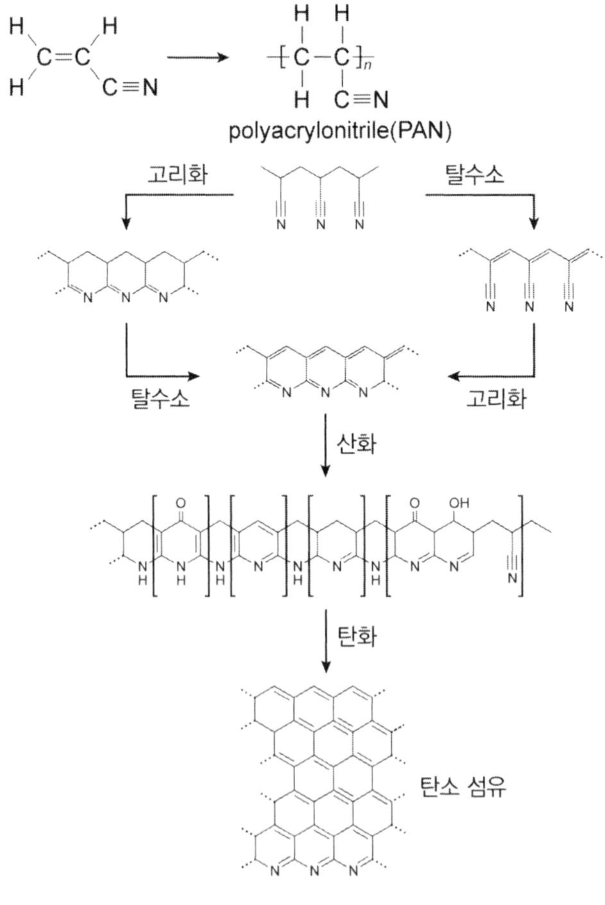

그림 5.5 PAN으로부터의 탄소 섬유 제조.

화 반응의 순으로 일어난다. 가공 측면에서는, 먼저 PAN을 섬유로 뽑아 실타래, 직물 또는 부직포 형태로 제조한다. 이것을 가열하면 저분자 물질이 제거되고 검은 흑연질 재료가 본래 모양을 유지한 채 얻어진다.

2) 실리콘 카바이드

실리콘 카바이드(SiC)의 화학구조와 특성은 2장 03절에서 설명하였고, 실리콘 카바이드 박막을 CVD 방법으로 제조하는 반응식(5.13)을 소개한 바 있다. 실리콘 카바이드는 실리카(모래)와 코크스를 전기로에서 2000~2500℃의 온도에서 가열하여 얻는 전통적인 방법을 사용하기도 한다. 그러나 생성물의 녹는점이 너무 높아 가공이 어려운 단점이 있어서 그림 5.6과 같은 **프리세라믹**(preceramic) 고분자의 열분해 방법이 개발되었다. 먼저, 다이메틸다이클로로실레인을 반응시켜 유기 실레인 화합물 $(Me_2Si)_x$을 제조한다. 이 실레인 화합물은 선형 및 고리형 구조체의 혼합물이다. 이 혼합물을 350~450℃로 가열하면 카보실레인(carbosilane)이 되고, 이것을 추가적으로 고온에서 가열하면 실리콘 카바이드가 얻어진다(그림 5.6). 이 방법은 전통적인 방법에 비해 낮은 온도에서 수행되고, 보다 정밀한 실리콘 카바이드 형체의 제작이 가능하다는 장점이 있다. 그러나 이 방법으로 제조된 실리콘 카바이드는 탄소가 과량으로 존재하는 단점도 있어서, Si:C의 비가 1:1에 가까운 실리콘 카바이드를 제조하기 위한 다른 방법들도 개발되고 있다.

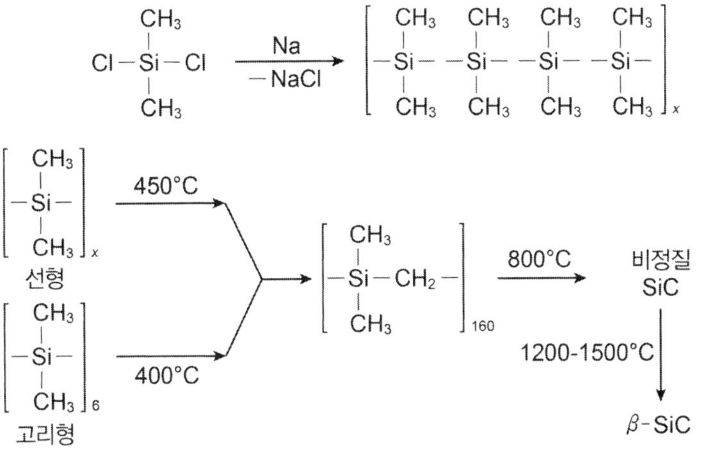

그림 5.6 프리세라믹 화합물로부터 실리콘 카바이드를 합성하는 반응.

3) 실리콘 나이트라이드

실리콘 나이트라이드(Si_3N_4)의 화학구조와 특성은 2장 03절에서 설명한 바 있다. 실리콘 나이트라이드는 실리콘과 질소를 1300℃ 이상에서 직접 반응시키거나, 질소와 수소 존재하 1500℃에서 실리카와 코크스를 반응시키는 방법으로 제조한다. CVD 방법으로 박막을 제조하기도 한다(식 5.14). 그러나 고온 공정의 불리함 때문에 프리세라믹 물질을 사용하는 방법이 개발되었다. 그림 5.7에 나타낸 것과 같이 메틸트라이클로로실레인(methyltrichlorosilane)을 메틸아민과 반응시키면 Si−N 주쇄와 유기 측쇄를 가진 화합물이 생성된다. 이 생성물을 섬유상으로 뽑은 후 질소 존재하에서 1500℃로 가열하면 탄소의 함량이 높은 실리콘카보나이트라이드가 얻어진다. 이 상태에서는 탄소의 함량이 높기 때문에 여기서 탄소의 함량을 감소시키기 위한 다양한 연구개발이 진행되고 있다.

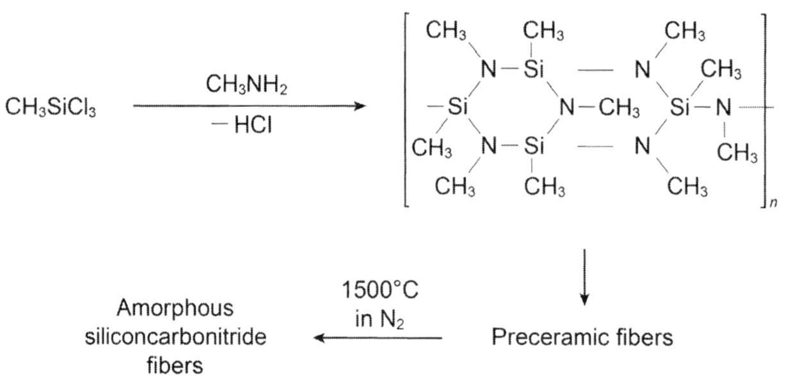

그림 5.7 실리콘 나이트라이드 제조 반응.

4) 보론 나이트라이드

보론 나이트라이드(BN)의 화학구조와 특성은 2장 03절에서 설명한 바 있다. h−BN은 일반적으로 유레아(urea)와 붕산(boric acid)을 암모니아 분위기에서 750℃로 융해하여 제조한다. 좀 더 낮은 제조 온도로 공정 조건을 개선하기 위한 대표적인 방법을 그림 5.8에 나타내었다. B와 N이 고리 구조를 이루고 수소 원자 6개가 붙어있는 보라진(borazine)을 원료로 사용하여, 일단 낮은 온도에서 보라진이 몇 개 정도 축합된 중간체를 합성하고, 이 중간체를 고온으로 가열하여 h−BN을 얻는다. 중간체 화합물을 경유하는 이유는, 보라진이 액체이면서 휘발성이 높기 때문에 보라진을 고온에서 반응시켜 직접 h-BN을 제조하기 위해서는 압력 반응기와 고압 조건이 필요하기 때문이다. 한편, h-BN은 1800℃와 85,000 atm의 조건에서 더 안정한 c-BN으로 전환된다.

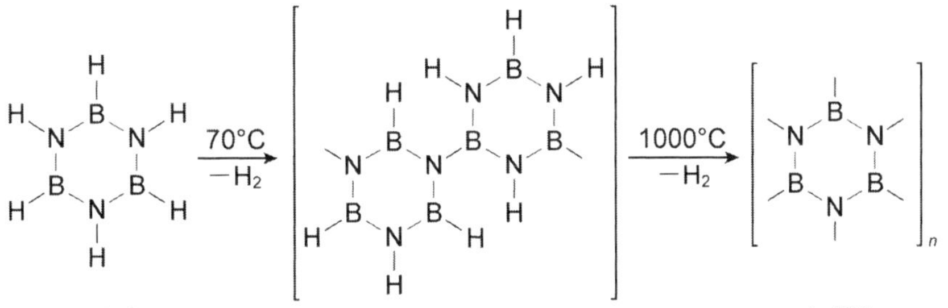

그림 5.8 보라진을 원료로 하는 h-BN의 제조 반응.

7. 세라믹 재료의 가공

세라믹 분야에 있어서 재료를 원하는 정밀한 모양과 크기의 물체로 가공(fabrication)하는 것은 중요한 일이다. 세라믹 재료는 특히 녹는점이나 유연해지는 온도가 매우 높기 때문에 가공에 많은 에너지가 소비될 수 있는데 이러한 점을 개선하는 것이 새로운 가공 방법의 개발에 기본적으로 요구된다. 세라믹의 대표적인 가공 방법들을 소개할 것이다. 이 중 물리적 증착, 스퍼터링, 화학적 증착은 주로 박막을 제조하기 위한 용도로 사용된다.

1) 용융, 압출, 주조

녹는점이 1000℃ 이하인 세라믹 재료는 일반적으로 용융(melting)시킨 후 **압출**(extrusion)하여 섬유로 뽑거나, 몰드에 주입한 후 냉각시킴으로써 성형품을 제작한다. 이러한 공정은 많은 에너지를 소비하는 중공업에 해당하며, 상업화된 세라믹 제품의 상당수는 여기에 해당한다. 이 방법은 특히 산화물계 세라믹 유리에 적합한 공정인데, 예를 들어 판유리는 플로트 공정(float process)에 의해 용융된 주석(molten tin) 위에서 넓고 얇게 모양을 잡은 후 T_g 이하로 냉각하여 성형한다. 다른 예로서는 용융된 유리의 **블로우 몰딩**(blow molding)에 의한 병 제작, **사출 성형**(injection molding)에 의한 렌즈나 프리즘 제작, 그리고 압출에 의한 유리 섬유 제작을 들 수 있다.

2) 분말 소결

알루미노규산염 점토나 고융점의 산화물계 세라믹 제품은 일단 분말로 제조된 후 **소결**(sintering)되어 성형된다. 세라믹 분말은 분쇄, 용매 중 침전 등에 의해 만들어질 수 있고, 또는 자연에서 분말 형태로 채취할 수 있다. 소결은 몰드 안에서 모양을 잡거나 물과 점토의 혼합물로 원하는 모양을 만든 후 녹는점 아래에서 가열하여, 분말들끼리 달라붙게 하는 공정이다(그림 5.9). 고체 입자의 표면층은 입자 내부에 비해 녹는점이 낮다. 따라서 분말 전체의 녹는점보다 낮은 온도에서도 입자들의 표면이 부드러워지면서 분말들이 서로 융합될 수 있다. 분말들이 서로 뭉치는 과정에서 기공이 어느 정도 잔류할 수도 있다. 이 기공은 결함으로 작용하여 수분 흡수의 통로가 되거나 소결된 세라믹이 깨지기 쉬운 원인이 되기도 한다.

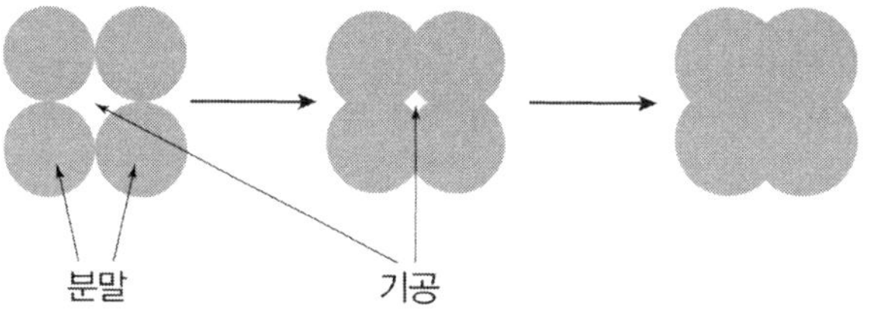

그림 5.9 분말 소결.

3) 솔-젤 가공

솔-젤 방법을 사용한 세라믹 재료의 제조는 5장 02절에서 자세히 소개하였고, 여기서는 가공 측면에서 좀 더 기술하기로 한다. 세라믹 가공에서 솔-젤 방법은 저온에서 필름이나 작은 치수 성형품을 제작하는 데 특히 유용하다. 솔 상태에서 모양을 잡은 후, 가교 반응을 시키면 젤로 전환되면서 모양이 고정된다. 이후의 가열 단계에서, 반응 용매 및 부생성물인 알코올이 제거되면서 부피 수축이 일어난다. 부피 수축에 의해 재료에 금이 갈 수 있기 때문에 이를 방지하기 위하여 가열 공정은 매우 천천히 진행되어야 한다. 천천히 진행되는 가열 공정은 두껍거나 부피가 큰 제품의 제작에는 상업적으로 불리하지만, 얇은 필름이나 섬유를 제작하는 데에는 적합하다.

4) 물리적 증착

물리적 증착(physical vapor deposition, PVD)은 그림 5.10에 나타낸 바와 같이, 가열된 소스 물질(source material)의 승화와 기질 표면에서의 증착으로 진행된다. 증착이 진행되는 동안 증착실 내부는 진공 상태가 유지된다. 박막을 형성하고자 하는 소스 물질은 진공에서 가열되므로 승화되어 증기 상태가 되고, 이 증기는 증착실 내부를 이동하여 기질 위에 증착된다. 대표적으로 MgF_2와 SiO_2 박막이 PVD 방법으로 제조된다.

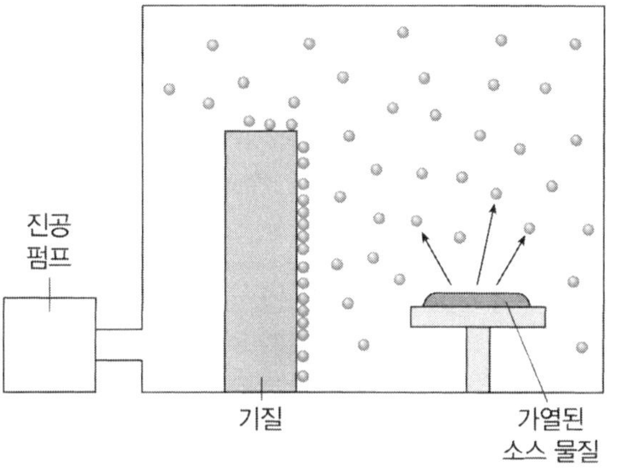

그림 5.10 물리적 증착.

5) 스퍼터링

스퍼터링(sputtering)은 낮은 압력의 아르곤 기체 분위기에서 매우 높은 전압을 가

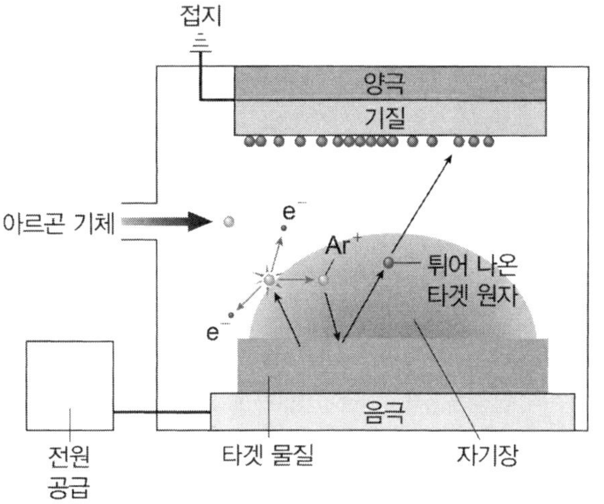

그림 5.11 스퍼터링 개념도.

하여 목표 물질을 음극에서 양극으로 이동시키는 방식으로 진행된다. 높은 전압에 의하여 아르곤의 양이온이 생성되고 이것이 음극의 목표 물질에 충격을 줌으로써 매우 높은 운동 에너지를 가진 원자가 튀어나오게 만든다. 튀어나온 원자는 다양한 각도로 날아가게 되는데 일부는 양극으로 날아가서 박막을 형성한다. 규소, 타이타늄, 알루미늄, 금, 은 등의 금속 박막은 이러한 방법을 통해서 형성된다.

6) 화학 증기 증착(CVD)

5장 02절에서 자세히 설명하였듯이, **화학 증기 증착**법은 주입된 소스 기체(source gas)가 기질 표면에 흡착된 후 화학 반응을 일으켜 기질 표면에 박막을 형성하는 방법이다. 금속, 세라믹, 고분자의 박막을 형성하는 데 두루 사용된다.

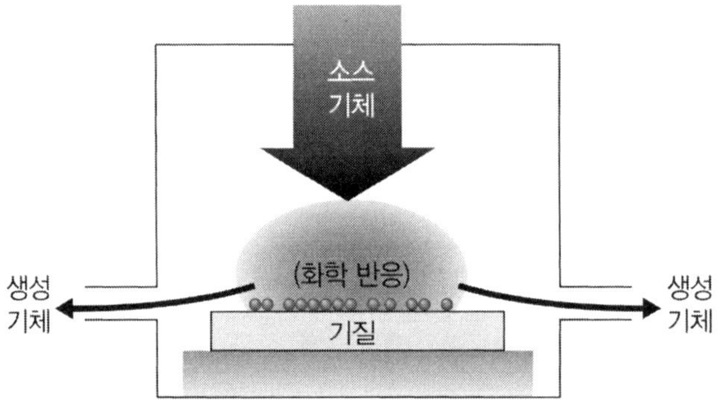

그림 5.12 화학 증기 증착 개념도.

03 고분자

1. 고분자의 합성: 중합

고분자는 많은 수의 **단량체**(monomer)가 화학 반응에 의하여 공유 결합으로 길게 연결됨으로써 생성된다. 단량체를 반응시켜 고분자를 합성하는 과정을 **중합**(polymerization)이라고 한다. 중합은 그 진행방식에 따라서 크게 **연쇄 중합**(chain polymerization)과 **단계 중합**(step polymerization)으로 나눌 수 있다. 이 두 종류의 개념을 그림 5.13에 나타내었다. 연쇄 중합은 개시제로부터 생성된 활성종(라디칼 또는 이온)이 단량체를 공격하여 새로운 활성종이 생성되고, 여기에 단량체가 연쇄적으로 반응하여 분자량이 증가하는 방식이다. 이에 비하여 단계 중합은, 개시제의 작용 없이 단량체끼리 반응하여 2량체(dimer)를, 이량체끼리 반응하여 4량체(tetramer)를, 4량체끼리 반응하여 8량체(octamer)를 생성하는 방식으로, 단계적으로 분자량이 증가한다.

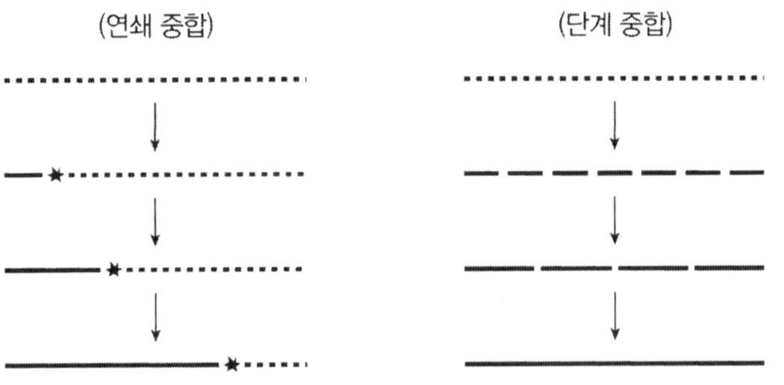

그림 5.13 연쇄 중합과 단계 중합의 진행

연쇄 중합을 하는 단량체에는 대표적으로, 탄소-탄소 이중 결합을 가진 바이닐 단량체와 탄소-산소 이중 결합을 가진 카보닐(carbonyl) 단량체가 있다. 연쇄 중합은 이와 같은 단량체의 **첨가 중합**(addition polymerization) 형태로 주로 진행된다(식 5.18). 첨가 중합에서는 단량체의 원자 수가 반복 단위의 원자 수와 일치한다. 반면 단계 중합은, 주로 반응 과정에서 작은 분자가 탈리되면서 진행되는 **축합 중합**(condensation polymerization)의 형태로 진행된다(식 5.19). 따라서 단계 중합에서는 중합체 반복 단위의 원자 수가 단량체에 비해 적다. 예외적으로 연쇄 중합이 축합 중합에 의해 진행되는 경우와 단계 중합이 첨가 중합에 의해 진행되는 경우도 있다. 식 5.20에는 다이아조메테인(diazomethane)의 축합 중합/연쇄 중합에 의해 폴리메틸렌(polymethylene)이 합성되는 반응을, 식 5.21에는 다이아이소시아네이트(diisocyanate) 화합물과 다이아민(diamine) 화합물 간의 단계 중합/첨가 중합에 의하여 폴리유레아(polyurea)가 합성되는 예를 나타내었다.

$$CH_2{=}CH_2 \longrightarrow \left(CH_2 - CH_2 \right) \tag{5.18}$$

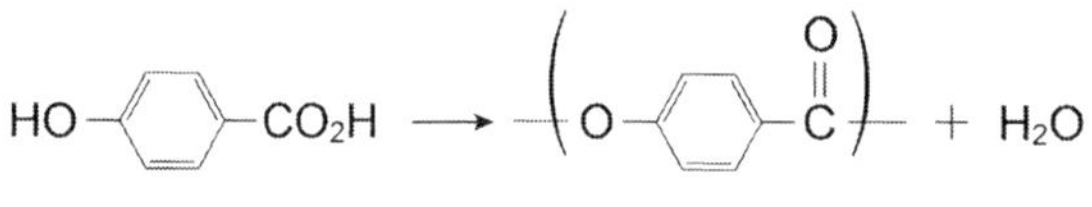

(5.19)

$$CH_2N_2 \xrightarrow{BF_3} \left(CH_2 \right)_n + N_2 \tag{5.20}$$

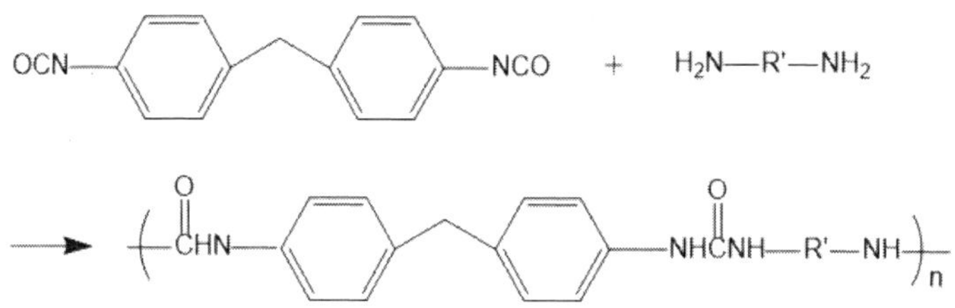

(5.21)

연쇄 중합은 활성종의 화학구조에 따라 라디칼, 양이온, 음이온 중합으로 분류된다. 먼저 연쇄 중합의 각 종류에 대하여 설명하고, 이어서 단계 중합을 논하기로 한다.

1) 바이닐 단량체의 라디칼 중합

라디칼 중합은 연쇄 중합 중에서 공업적으로 가장 중요하다. 그 이유로서는, 첫째, 라디칼 중합이 가능한 단량체의 종류가 다른 중합에 비해서 많고, 둘째, 중합 공정의 선택의 폭이 다른 중합에 비해 넓기 때문이다. LDPE, PVC, PS 등이 대표적인 라디칼 중합 고분자이다.

라디칼 중합의 반응을, 과산화 벤조일(benzoyl peroxide)을 **개시제**(initiator)로 사용한 메틸메타크릴레이트의 중합을 예로 들어 설명해 보자. 라디칼 중합은, ① 개시제로부터 라디칼 화학종의 생성(식 5.22)과 이 화학종이 단량체에 부가되는 반응(식 5.23)으로 구성된 개시 반응(initiation), ② 개시 반응에서 생성된 라디칼 화학종이 단량체와 계속 반응하면서 분자량이 증가하는 생장 반응(propagation)(식 5.24 및 5.25), ③ 라디칼 화학종끼리 반응하여 중합이 정지되는 정지 반응(termination)(식 5.26 및 5.27)으로 구성된다. 생장 사슬의 라디칼 구조가 용매 분자나 다른 사슬로 이동하면서 정지 및 새로운 개시가 일어나기도 하는데(식 5.28), 이것을 연쇄 이동 반응(chain transfer)이라고 한다. 연쇄 이동 반응이 활발하면 고분자량이 얻어지기 어렵다.

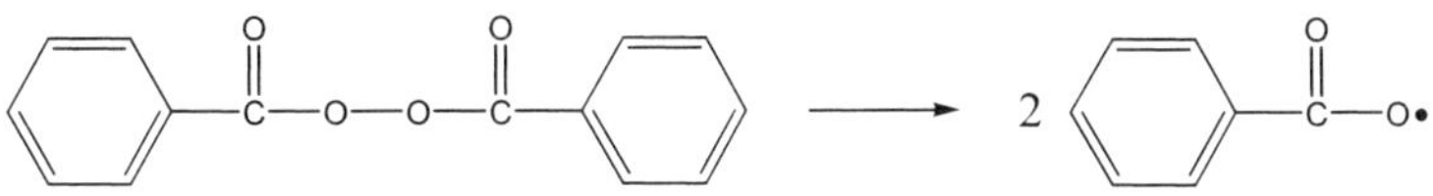

(5.22)

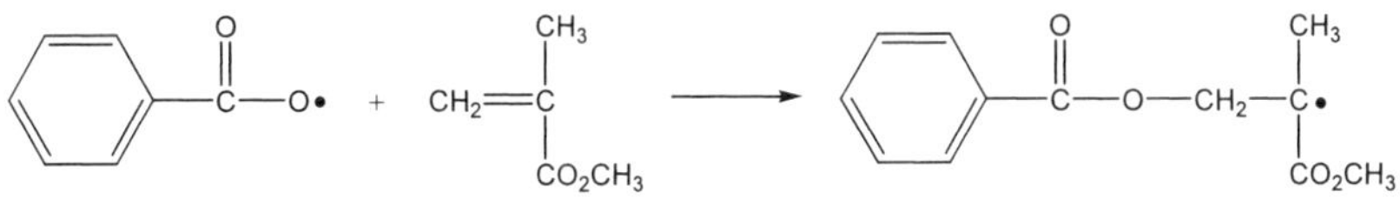

(5.23)

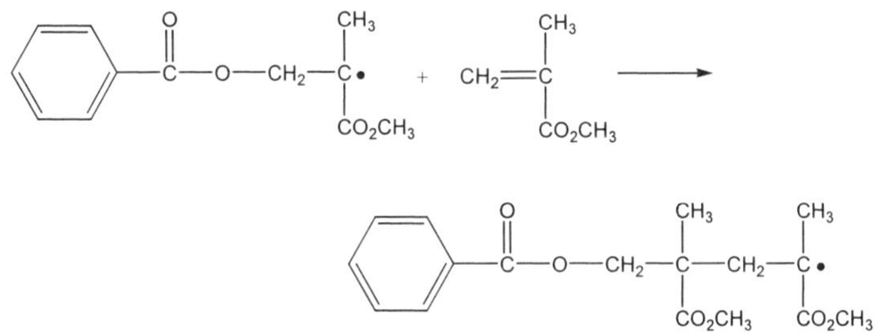

(5.24)

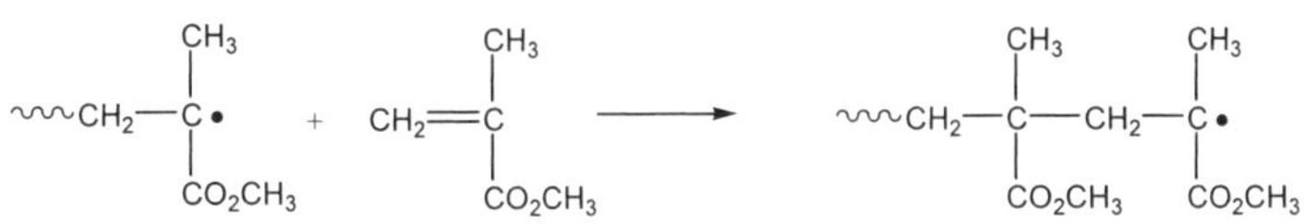

(5.25)

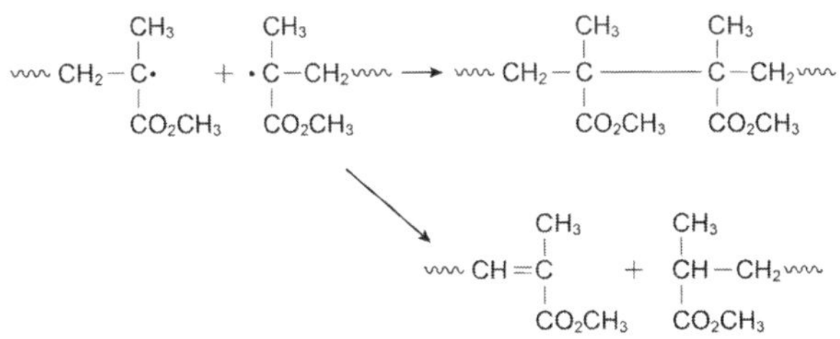

(5.26)

(5.27)

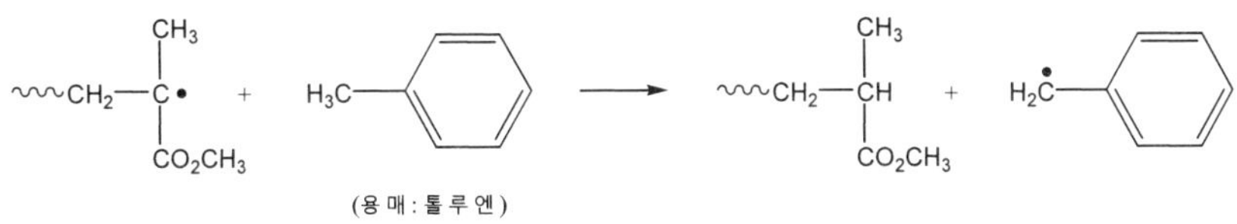

(5.28)

라디칼 중합성 단량체가 개시제 없이 열, 빛, 방사선 등에 의하여 개시되는 경우도 있지만, 대부분의 경우는 개시제가 필요하다. 개시제를 사용하는 경우에도, 개시제를 분해하여 라디칼을 발생시키기 위하여 일반적으로 열이나 빛을 가한다. 개시제로는 과산화물(peroxides), 아조 화합물(azo compounds), 레독스 개시제(redox initiators) 등이 대표적으로 많이 사용된다. 과산화 벤조일은 빛이나 열에 의하여 벤조일옥시 라디칼을 생성한다(식 5.22). 아조 화합물인 AIBN은 식 5.29에 나타낸 사이아노프로필 라디칼을 생성한다. 식 5.30의 레독스 개시제(redox initiator)는 산화–환원 반응에 의하여 저온에서도 라디칼을 생성하기 때문에, 저온에서 수행될 필요가 있는 라디칼 중합의 개시에 사용된다.

(5.29)

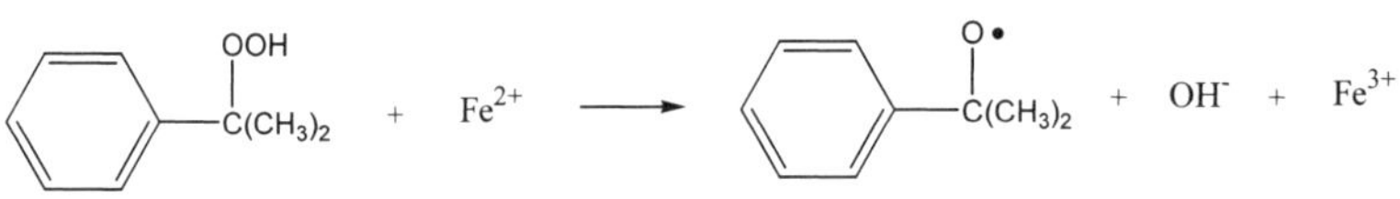

(5.30)

라디칼 중합의 공정으로는 벌크 중합(bulk polymerization), 용액 중합(solution polymerization), 현탁 중합(suspension polymerization), 유화 중합(emulsion polymerization)이 있다.

(i) **벌크 중합**: 용매 또는 분산매를 사용하지 않고 단량체와 개시제만을 혼합하여 중합시키는 방법이다. 조성과 장치가 간단하고 제품에 불순물이 적다는 장점이 있다. 그러나 내부의 중합열이 잘 제거되지 않아 부분적으로 과열되거나, 자동 촉진 효과(autoacceleration)에 의해 반응이 폭주하여 반응의 선택성이 떨어지고 불용성 가교물 덩어리가 생성되어 고분자의 물성에 악영향을 주기도 한다.

(ii) **용액 중합**: 단량체와 개시제를 용매에 용해시킨 상태에서 중합시키는 방법이다. 중합열의 제거는 용이하지만, 중합 속도와 분자량이 작고 중합 후 용매의 완전 제거가 어려울 수 있다. 용매 사용으로 인한 고비용 문제와 용매에 의한 연쇄 이동 반응의 우려도 있다.

(iii) **현탁 중합**: 현탁 중합의 개념도를 그림 5.14에 나타내었다. 단량체를, 단량체를 녹이지 않는 액체(일반적으로 물)에 격렬한 교반으로 분산시켜서 중합을 수행한다. 강제로 분산된 단량체의 작은 방울에서 중합이 일어나므로 속도론 및 메커니즘 관점에서 보면 벌크 중합과 유사하다. 개시제는 단량체에 녹는 것을 사용하며, 단량체 방울이 뭉쳐지지 않고 유지되도록 안정제(stabilizer)를 사용한다. 중합열의 분산이 용이하고, 중합체가 작은 입자 모양으로 얻어지므로 분리 및 처리가 용이한 장점이 있다. 단점으로는 세정 및 건조 공정이 필요한 것과 안정제에 의해 발생하는 오염을 들 수 있다.

(iv) **유화 중합**: 비누 또는 세제 성분의 일종인 유화제(emulsifying agent)를 사용하여 단량체를 분산매 중에 분산시키고 수용성 개시제(주로 레독스형)를 사용하여 중합시키는 방법이다. 수중에서 개시제로부터 생성된 라디칼 화학종이 단량체 방울 안으로 들어가 중합을 일으키므로 고분자량의 중합체가 얻어진다. 중합열의 분산이 용이하고 대량 생산에 적합하다. 단점으로는 세정과 건조가 필요하고 유화제에 의한 오염을 들 수 있다.

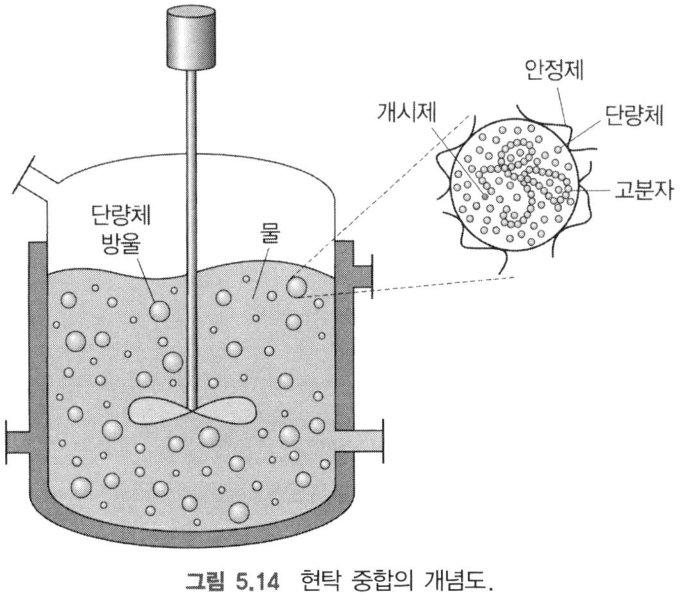

그림 5.14 현탁 중합의 개념도.

단독 중합체나, 단독 중합체의 혼합물(homopolymer blend)로 얻지 못하는 물성을 얻기 위한 방법의 하나로 공중합을 수행한다. 또한, 단독으로는 중합 반응을 못하는 단량체를 중합시키기 위하여 다른 단량체와의 공중합을 이용하기도 한다. 예를 들어, 무수말레산(maleic anhydride)은 단독으로 중합하지 않지만, 스타이렌을 혼합하여 공중합시키면 교대 공중합체를 생성한다(식 5.31).

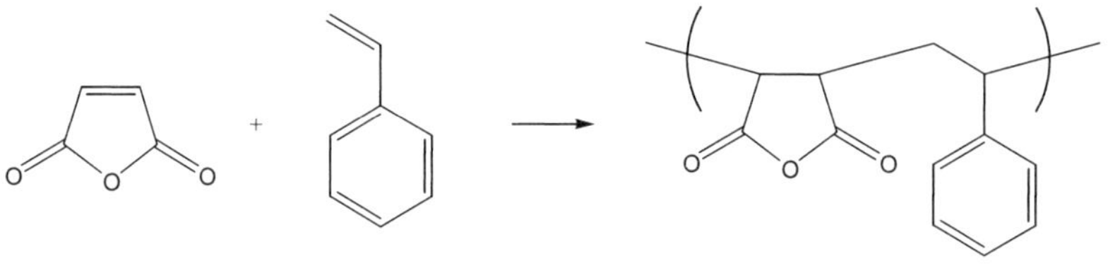

(5.31)

poly[(maleic anhydride)-*co*-styrene]

2) 바이닐 단량체의 양이온 중합

양이온 중합에 의하여 공업적으로 생산되는 대표적인 고분자는 **폴리아이소뷰틸렌**(polyisobutylene), 아이소뷰틸렌–아이소프렌 공중합체(isobutylene–isoprene copolymer), 폴리바이닐에테(poly(vinyl ether)) 등이 있다. 이러한 고분자들은 주로 접착제나 고무 용도로 사용된다.

양이온 중합은 아래 식 5.32와 같이 진행되기 때문에, 치환기 X로는 공명 또는 유기 효과에 의해 탄소 양이온을 안정화시킬 수 있는 페닐(phenyl), 바이닐, 알콕시(alkoxy), 1,1–다이알킬(dialkyl) 등이 유리하다. 이러한 치환기를 가진 단량체는 위 치환기 순서대로 스타이렌, 뷰타다이엔, 바이닐알킬에테(vinyl alkyl ether), 아이소뷰틸렌이 있다.

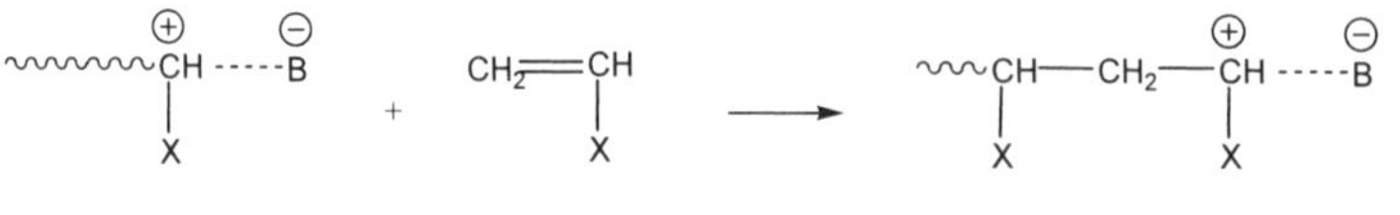

(5.32)

양이온 반응의 개시제로서는 양성자(proton)를 제공할 수 있는 양성자산(protonic acid)과 전자쌍을 받을 수 있는 Lewis 산이 일반적으로 사용된다. 양성자산으로서 황산을 사용하는 경우의 개시 반응은 식 5.33과 같다. Lewis 산의 경우는, Lewis 산이 먼저 물 등과 반응하여 생성되는 양이온을 단량체에 제공함으로써 중합을 개시한다(식 5.34 및 5.35).

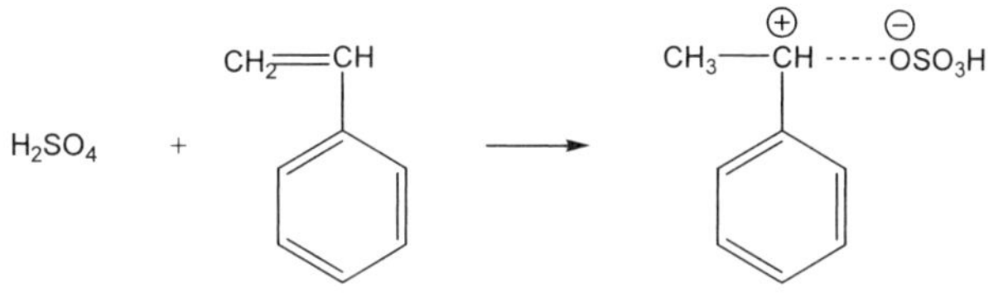

(5.33)

$$BF_3 + H_2O \rightleftharpoons \overset{\oplus}{H}\cdots\overset{\ominus}{B}F_3OH \quad (5.34)$$

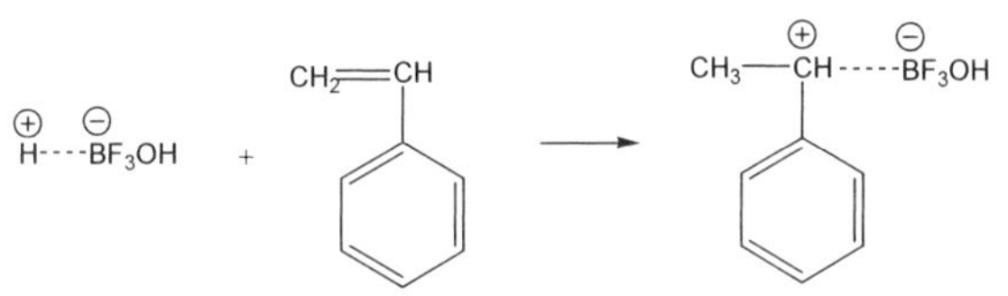

(5.35)

생장 반응은, 개시 반응에 의하여 생성된 탄소 양이온이 단량체와 연쇄적으로 반응하면서 진행된다(식 5.36 및 5.37).

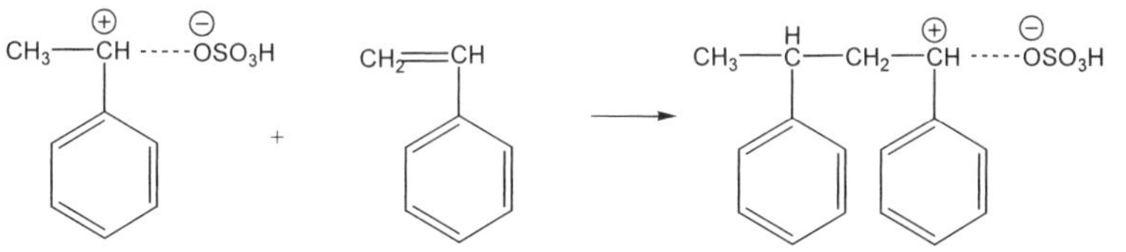

(5.36)

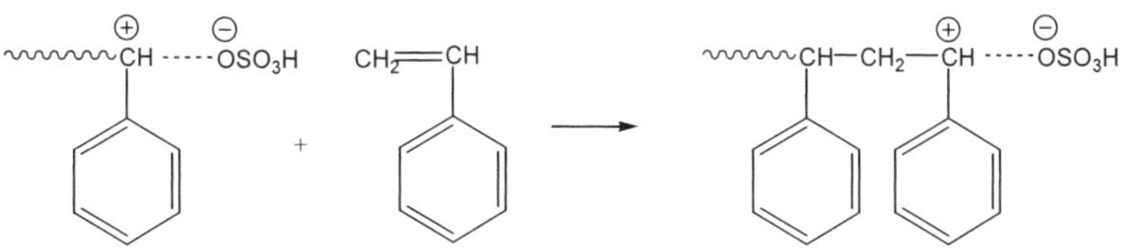

(5.37)

라디칼 중합과 다르게 생장 사슬의 말단에는 대이온(counter ion)이 존재하는데, 대이온과 말단 탄소 양이온과의 상호작용 정도가 생장 반응 속도와 단량체의 결합 방식에 큰 영향을 준다(그림 5.15). 이 상호작용은 중합 용매의 영향을 받는데, 용매의 유전율(dielectric constant)에 따라 상호작용 정도를 다음과 같이 분류할 수 있다. 일반적으로, 용매의 유전율이 작으면 양이온과 음이온의 상호작용이 크고(intimate ion pair), 용매의 유전율이 클수록 용매 분리 이온쌍(solvent-separated ion pair) 또는 자유 이온(free ions)의 비율이 증가한다. 따라서 중합 속도와 분자량도 증가한다. 이러한 경향은 뒤에서 소개할 음이온 중합에서도 유사하게 나타난다.

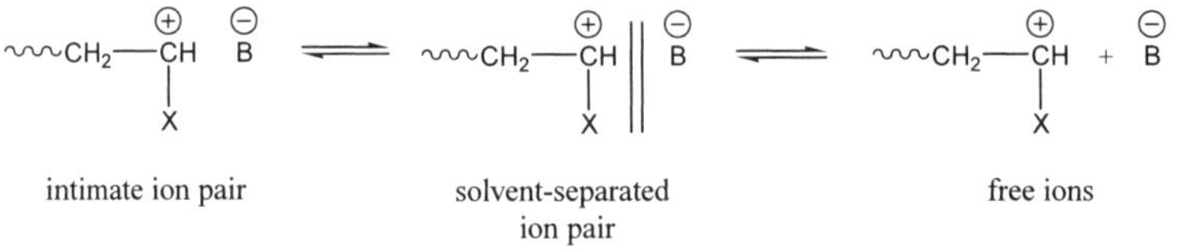

그림 5.15 생장 사슬 말단과 대이온과의 상호작용

양이온 중합에서의 정지 반응은 라디칼 중합과 다르게, 생장 이온 간의 이분자(dimolecular) 반응에 의해 일어나지 않는다. 이것은 말단이 같은 부호의 전하를 띠고 있어서 서로 반발하기 때문이다. 식 5.38에 나타낸 것처럼, 말단 양이온과 대이온 간의 1분자 반응에 의한 정지가 알려져 있다. 연쇄 이동 반응은 단량체나 용매와의 반응에 의해 일어나기도 하고 생장 사슬 간에 일어나기도 한다.

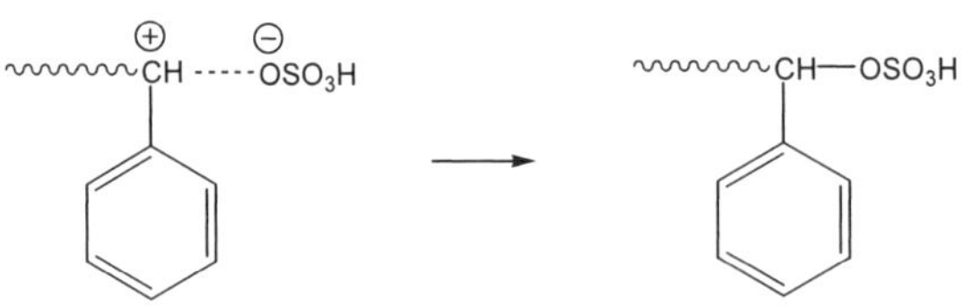

(5.38)

3) 바이닐 단량체의 음이온 중합

음이온 중합은 폴리뷰타다이엔(polybutadiene), 폴리아이소프렌(polyisoprene), 스타이렌-뷰타다이엔 공중합체(styrene-butadiene copolymer), 폴리사이아노아크릴레이트(polycyanoacrylate) 등의 공업적 합성에 이용된다. 이러한 고분자들은 주로 고무나 접착제 용도로 사용된다.

음이온 중합은 아래의 식 5.39와 같이 진행되며, 치환기 X로는 공명 및 유기 효과에 의해 탄소 음이온을 안정화시킬 수 있는 페닐, 에스터, 사이아노, 바이닐, 나이트로기 등이 사용된다. 따라서, 음이온 중합이 가능한 단량체는 위 치환기 순서대로 스타이렌, 아크릴레이트, 아크릴로나이트릴, 뷰타다이엔, 나이트로에틸렌 등이 있다.

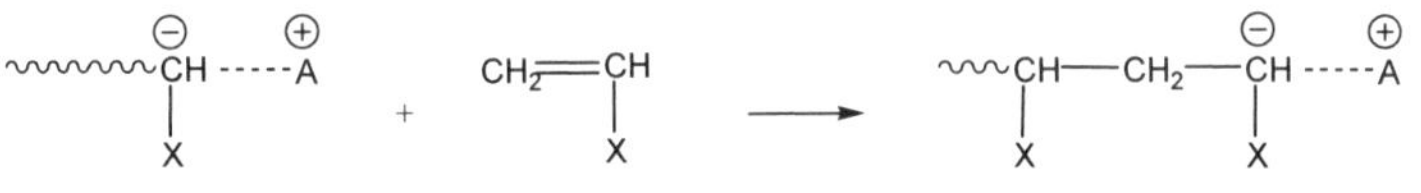
(5.39)

음이온 중합이 개시제는 크게 첨가형과 전자 이동형의 두 가지로 나눌 수 있다. 첨가형 개시제로서는 일반적으로 유기금속 화합물(대표적으로 뷰틸 리튬(butyl lithium))이 사용된다. 뷰틸 리튬에 의한 개시 반응은 식 5.40에 나타내었다. 식 5.41에서 치환기 X의 전자 흡인성(electron-withdrawing property)이 매우 강한 경우는 염기성이 약한 물 분자에 의해서도 중합이 개시될 수 있다. 예를 들어 **사이아노아크릴레이트**(cyano-acrylate)는 순간접착제에 사용되는 음이온 중합성 단량체로, 피착재에 묻어있거나 대기 중에 존재하는 소량의 수분에 의해서도 중합이 빠르게 개시되어 진행된다(식 5.41). 이것은, 전자 흡인성이 강한 사이아노기와 에스터기가 함께 치환기로 존재하기 때문이다. 전자 이동형으로서는 포타슘, 소듐, 리튬 등의 알칼리 금속이 직접 개시제로 사용되거나, 이들 알칼리 금속과 나프탈렌의 착체(complex) 형태로 사용되기도 한다.

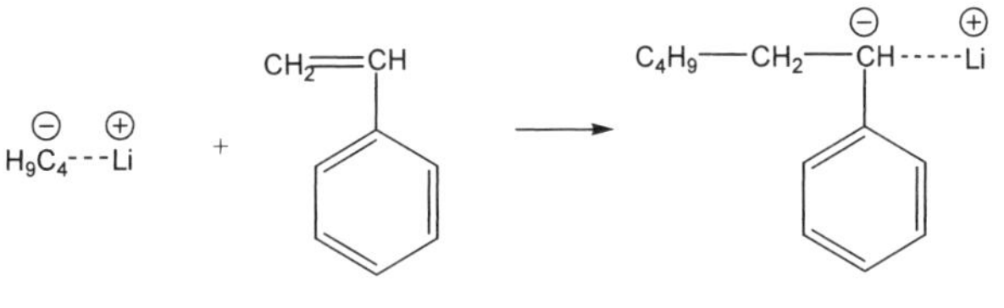
(5.40)

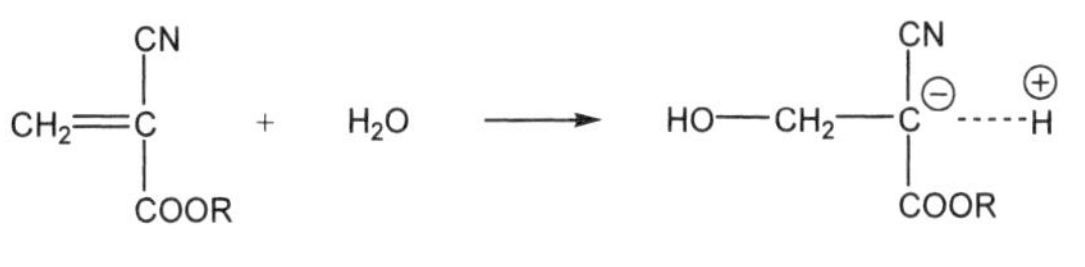
(5.41)

음이온 중합의 생장 반응은 양이온 중합과 마찬가지로 생장 음이온과 대이온의 상호작용 정도에 따라 영향을 받는다. 일반적으로 용매의 유전율이 증가할수록 말단 음이온이 자유롭게 되고, 따라서 생장 속도가 증가한다.

음이온 중합의 정지 반응은 양이온 중합과 마찬가지로 1분자적으로 일어나지만, 일반적으로는 정지 반응 자체가 잘 일어나지 않는다. 특히 말단 음이온과 대이온 간의 반응에 의한 정지 반응은 일어나지 않는 것으로 알려져 있다. 이것은, 대이온이 일반적으로 알칼리 금속이기 때문이다. 연쇄 이동 반응도 잘 일어나지 않는다. 이렇게 정지 반응이나 연쇄 이동 반응이 잘 일어나지 않고 중합이 100% 진행된 후에도 생장 음이온이 활성을 유지한 채 살아있게 되는데, 이것을 **리빙 중합**(living polymerization)이라고 한다. 모든 중합체가 중간에 정지 반응을 일으키지 않고 끝까지 생장 반응을 계속하기 때문에 PDI 값이 1에 가까운 단분산성 중합체를 얻을 수 있다. 단량체가 완전히 소모되어 중합이 일단 완료된 리빙 고분자(living polymer)에 단량체를 추가로 가하면 중합이 더 진행되고, 특히 다른 종류의 단량체를 가하면 블록 공중합체가 생성된다. 따라서 리빙 중합의 블록 공중합체를 합성하는 방법의 하나로 이용될 수 있다.

4) 카보닐 화합물의 이온 중합

알데하이드 및 케톤과 같은 카보닐 화합물은 이온 중합에 의하여 **폴리에터**(polyether)를 생성한다. 대표적인 예로서 폼알데하이드의 음이온 중합을 들 수 있다. 식 5.42과 같은 개시 반응을 거쳐 식 5.43 및 식 5.44의 생장 반응에 의해 폴리에터의 일종인 폴리아세탈(polyacetal)이 생성된다.

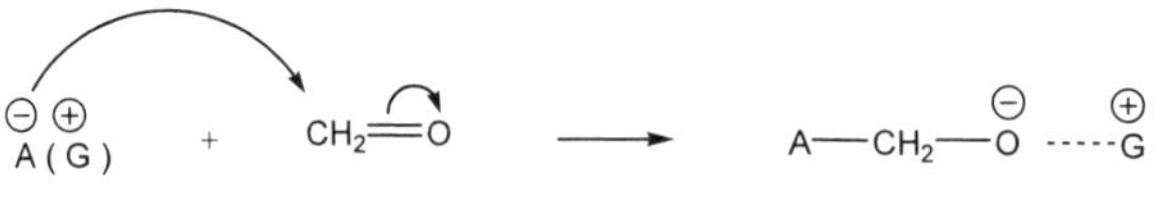

(5.42)

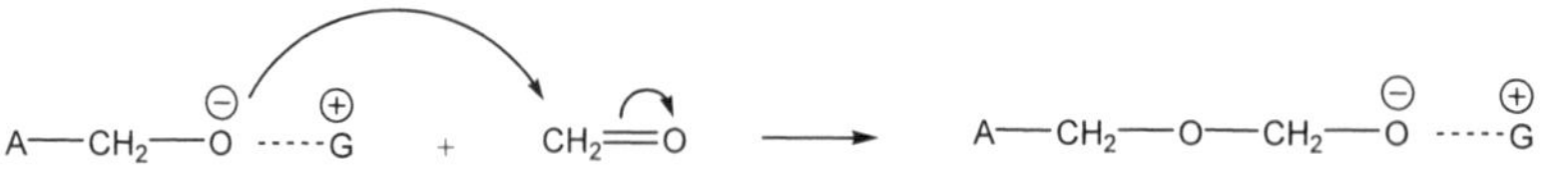

(5.43)

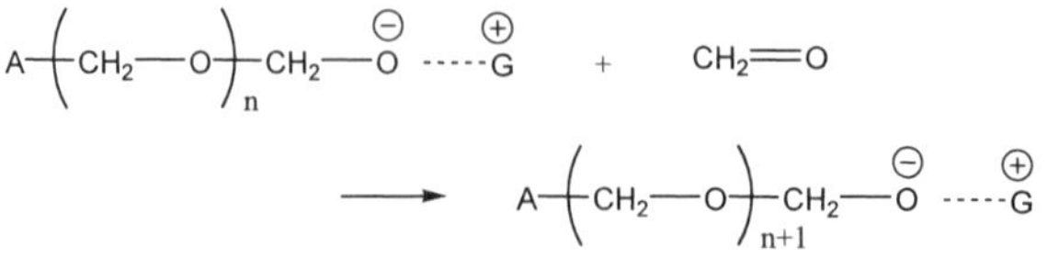

(5.44)

폼알데하이드는 이 식과 같이 직접 중합 반응을 일으키기도 하지만 특정 조건에서는 중합 반응 대신 트라이옥세인(trioxane) 고리 구조를 생성한다(식 5.45). 트라이옥세인을 개환 중합시켜 폴리아세탈을 제조하기도 한다(식 5.46).

(5.45)

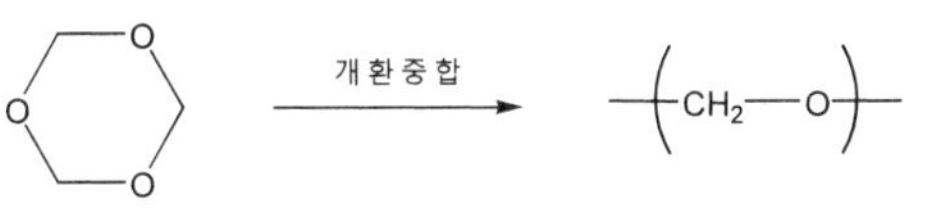

(5.46)

케톤 화합물도 중합 반응에 의해 폴리에터를 생성하는데, 예를 들어 아세톤은 식 5.47에 나타낸 것처럼 폴리아세톤(polyacetone)을 생성한다.

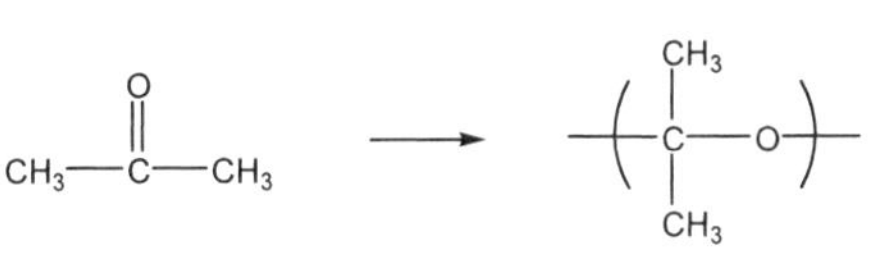

(5.47)

5) 단계 중합

단계 중합에 의하여 합성되는 고분자 중 폴리에터, 폴리에스터, 폴리아마이드, 폴리유레테인(polyurethane)을 차례로 설명한다.

① 폴리에터

에틸렌옥사이드는 양이온 또는 음이온 개환 중합에 의해 **폴리에틸렌옥사이드**(poly(ethylene oxide))를 생성한다. 개환 중합은 생장 고분자와 단량체 간의 반응으로 진행된다는 면에서는 연쇄 중합의 성격을 가지지만, 분자량의 증가가 느리기 때문에 단계 중합의 성격도 함께 가진다. 양이온 중합에 있어서, 식 5.48의 개시 반응에서는 개시제인 양성자산에 의해 단량체가 양성자화(protonation)되고, 생성된 화학종이 에틸렌옥사이드와 반응하면서 식 5.49, 5.50에 나타낸 것처럼 생장하게 된다.

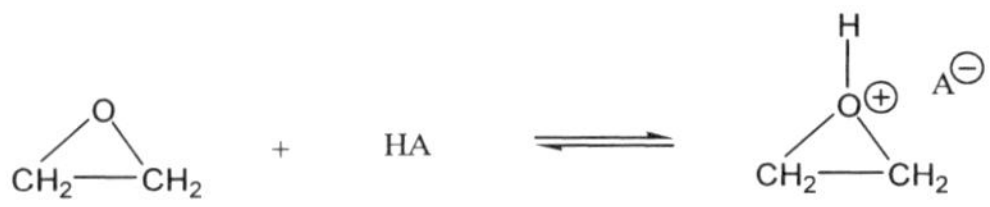

(5.48)

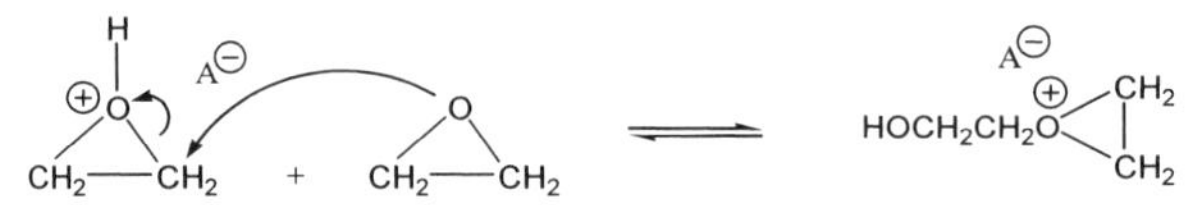

(5.49)

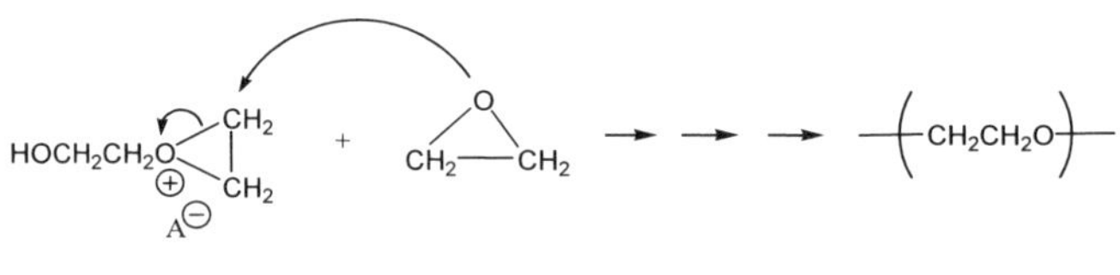

(5.50)

음이온 중합에서는 식 5.51과 5.52에 나타낸 것처럼, 알콕사이드(alkoxide) 등의 음이온 개시제가 에틸렌옥사이드의 탄소를 공격하면서 중합이 개시되고, 이와 같은 반응이 반복되면서 폴리에틸렌옥사이드가 생성된다.

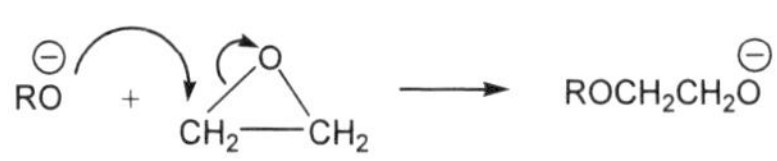

(5.51)

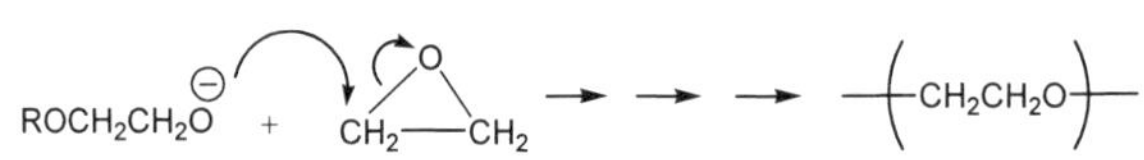

(5.52)

폴리프로필렌옥사이드(poly(propylene oxide))도 에틸렌옥사이드 단량체와 유사하게, 프로필렌옥사이드의 양이온 또는 음이온 중합에 의해 제조된다(식 5.53.).

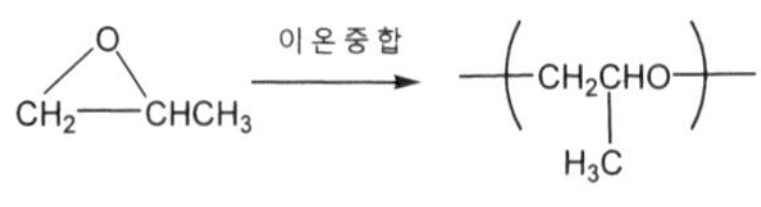

(5.53)

폴리에터는 단계 중합에 의해서도 제조된다. 예를 들어 **엔지니어링 플라스틱**으로서 중요하게 이용되는 폴리에터이미드(polyetherimide, PEI)는 식 5.54에 나타낸 바와 같이 비스페놀 A(bisphenol A)의 소듐염과 1,3-bis(nitrophthalimido)benzene의 축합 중합에 의해 합성된다. PEI는 열안정성, 내용제성, 내화학성이 우수하기 때문에 자동차나 전기전자제품의 부품 등으로 널리 사용되고 있다.

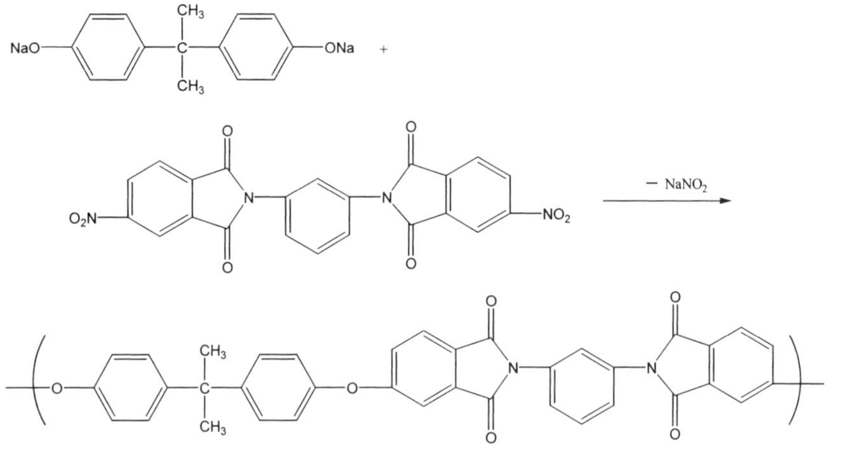

(5.54)

단계 중합에 의한 폴리에터의 또 다른 예로는 폴리에터에터케톤(polyetherether-ketone, PEEK)을 들 수 있는데, 이 고분자도 엔지니어링 플라스틱으로 중요하게 이용되고 있다. 이 고분자는 식 5.55에 나타낸 바와 같이 하이드로퀴논(hydroquinone)의 포타슘염과 4,4‘-difluorobenzophenone의 중축합 반응에 의해 제조된다. PEEK는 내마모성, 난연성, 내화학성, 열안정성 등의 우수하기 때문에 케이블 등의 절연이나 기계 부품 등으로 널리 사용되고 있다.

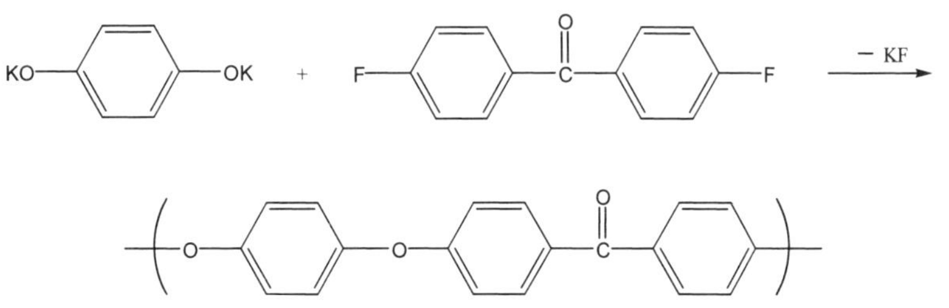

(5.55)

에폭시 수지(epoxy resin)는 폴리에터의 특별한 형태로서, 에폭시기(epoxy group)를 2개 이상 가진 프리폴리머(prepolymer)를 가교반응(crosslinking)시켜 3차원 그물 구조를 형성한 것을 말한다. 대표적인 예를 들면, 우선 비스페놀 A와 에피클로로하이드린을 다음 식 5.56과 같이 반응시켜 n이 2~25인 에폭시 프리폴리머를 합성한다. 프리폴리머는 점성이 높은 액체로서, 여기에 적절한 가교제(crosslinking agent)를 혼합하여 가열하면 가교 반응이 일어나 단단한 에폭시 수지가 얻어진다. 가교제로서는 다작용성 아민 또는 안하이드라이드(anhydride)를 사용한다. 식 5.57과 5.58에 아민을 사용한 가교 반응의 예를 보였다. 에폭시 수지는 내화학성, 접착성 등이 우수하고 가교 반응 시 수축이 적기 때문에 보호 코팅, 접착제, 복합수지의 매트릭스 등의 용도로 이용된다.

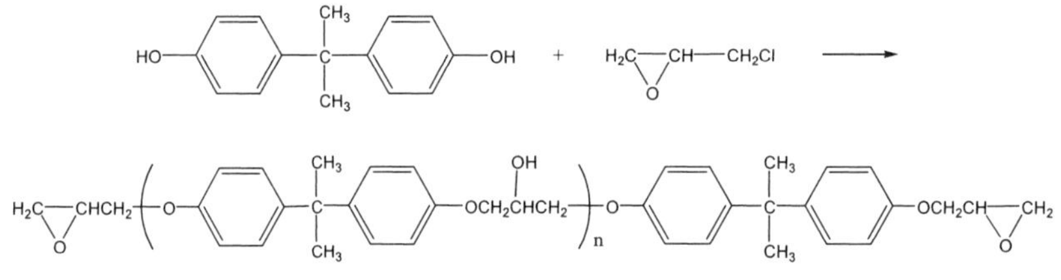

(5.56)

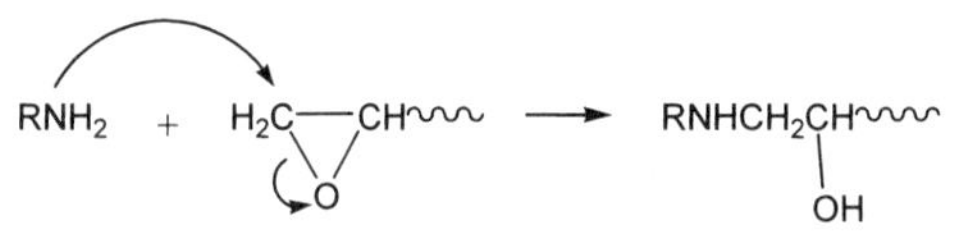

(5.57)

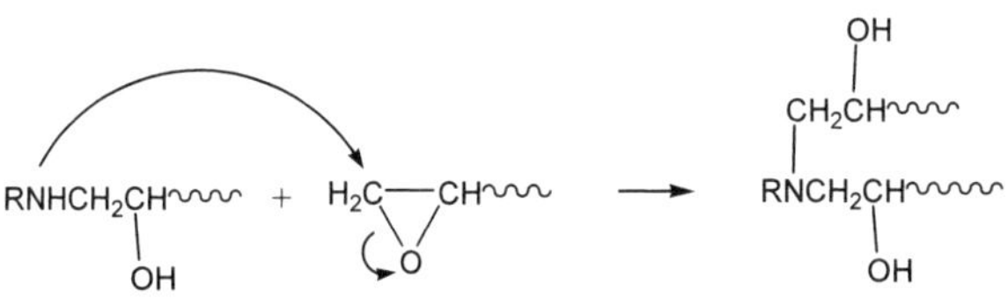

(5.58)

② 폴리에스터와 유사 고분자

다음의 에스터기를 고분자 주쇄에 가진 고분자를 폴리에스터라고 한다. 고분자 형태에 따라서 크게 선형과 가교형으로 나눌 수 있다.

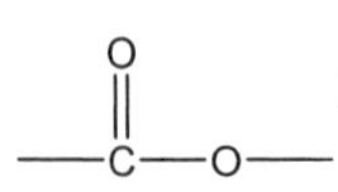

Ester group

선형 폴리에스터의 대표적인 예로는 PET를 들 수 있다. PET는 현재 합성섬유 분야에서 가장 생산량이 많은 고분자이며, PET 섬유의 60% 이상은 의복용으로 사용되고 있다. PET는 섬유뿐만 아니라 병과 필름 형태로도 많이 사용된다(흔히 페트병이라고 불리는 음료수병이 PET로 제조된 것이다). 합성은 식 1.1의 방법 이외에도 식 5.59에 나타낸 것과 같이 다이메틸테레프탈레이트(dimethyl terephthalate)와 에틸렌글리콜을 에스터 교환 반응(transesterification)시켜 수행된다. 최근에는 테레프탈산(terephthalic acid)과 에틸렌옥사이드를 반응시켜 식 5.60과 같은 다이에스터 화합물을 합성한 다음 식 5.61의 반응에 의해 PET를 합성하는 새로운 방법이 개발되었다.

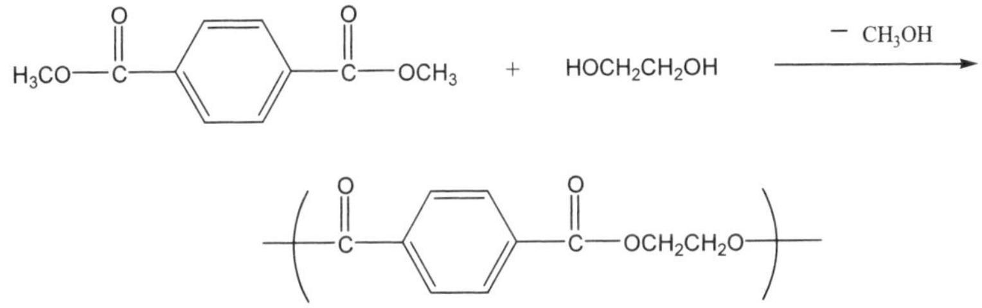

(5.59)

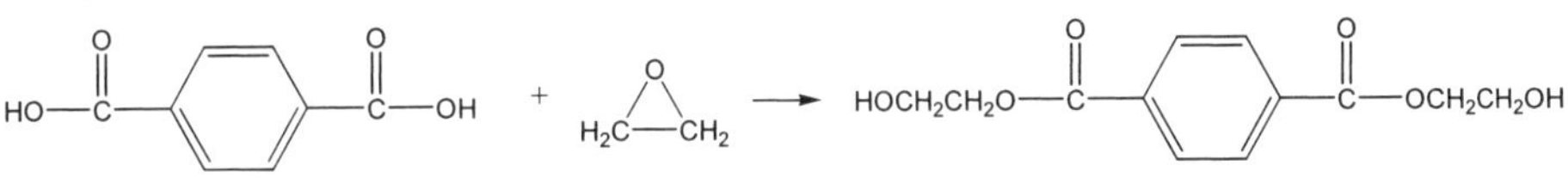

(5.60)

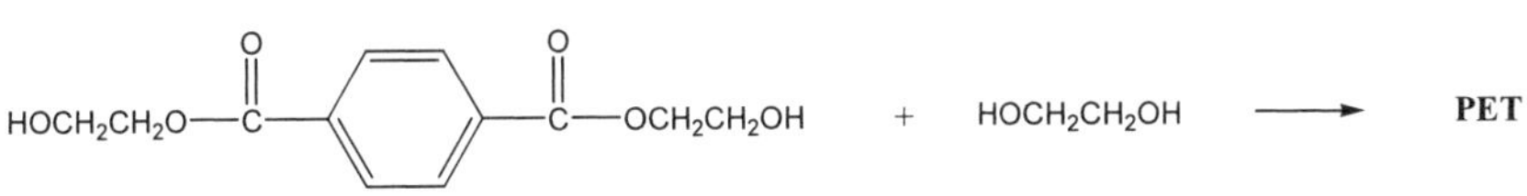

(5.61)

PET와 유사한 구조의 선형 폴리에스터로 폴리뷰틸렌테레프탈레이트(poly(butylene terephthalate), PBT)가 엔지니어링 플라스틱으로서 사용되고 있다. PBT는, 사출 성형(injection molding)이 어려운 PET를 대체하기 위하여 개발되었다.

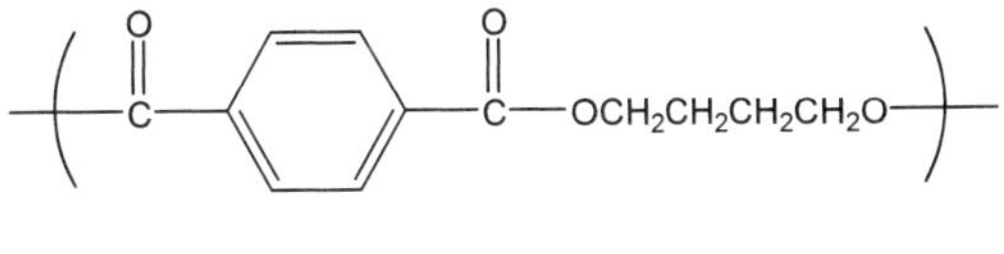

PBT

가교형 폴리에스터(crosslinked polyester)는 다작용성(polyfunctional) 카복실산과 다작용성 알콜을 반응시켜 얻어진다. 대표적인 예로서 식 5.62에 나타낸 것처럼 2작용성의 무수프탈산(phthalic anhydride)과 3작용성의 글리세롤(glycerol)을 반응시켜 가교 폴리에스터인 글립탈(glyptal)을 제조한다. 글립탈의 제조는 2단계로 구성되는데, 첫 번째 단계에서는 점성 액체 올리고머가 얻어지는 시점까지 중합시키고, 두 번째 단계에서 올리고머 액체를 코팅하거나 몰드에 넣고 완전히 경화시켜 단단한 중합체를 얻는다. 글립탈은 주로 접착제나 코팅 용도로 사용되고 있다.

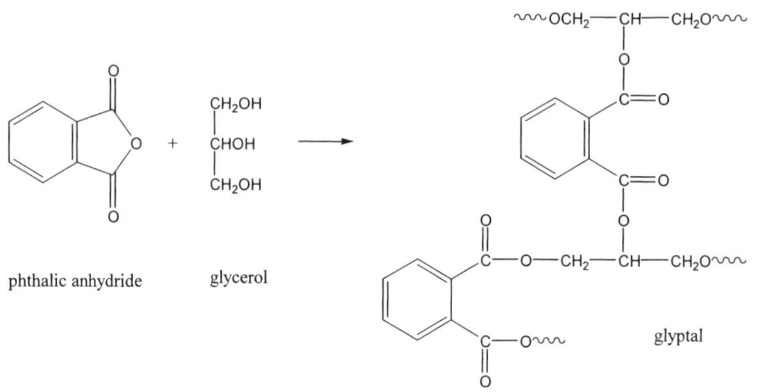

(5.62)

위에서 기술한 글립탈은 포화 폴리에스터로, 에스터화 반응에 의해서 가교, 즉 경화가 일어난다. 만약 고분자 사슬에 불포화 결합(탄소–탄소 다중 결합)을 도입하면 이 불포화 결합의 반응에 의해 가교를 일으킬 수 있다. 이러한 고분자를 **불포화 폴리에스터**(unsaturated polyester)라고 하며, 식 5.63에 대표적인 합성 방법을 나타내었다. 무수프탈산, 무수말레산(maleic anhydride), 다이에틸렌글리콜(diethylene glycol)을 몰비 1:1:2로 혼합하여 중축합 반응을 시키면 주쇄에 탄소–탄소 이중 결합을 가진 선형의 불포화 폴리에스터가 얻어진다. 이 단계에서는 분자량이 비교적 낮다. 가교 시에는 스타이렌 등의 바이닐 단량체에 라디칼 개시제와 함께 용해시켜 점성 있는 액체를 제조한 다음 가열한다(식 5.64). 불포화 폴리에스터는 주로 섬유 강화 플라스틱의 매트릭스 성분으로 사용되고 있다.

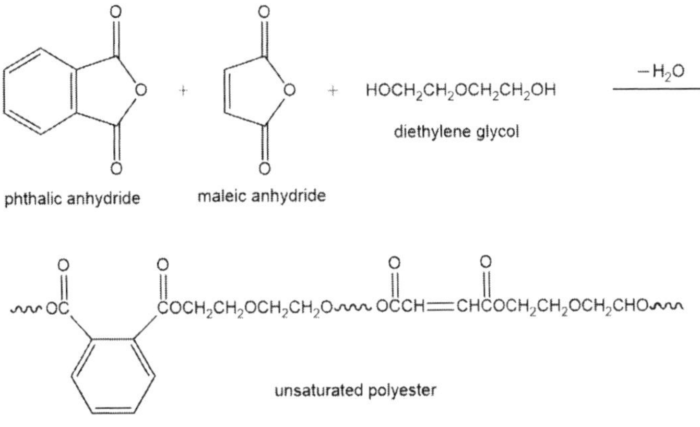

(5.63)

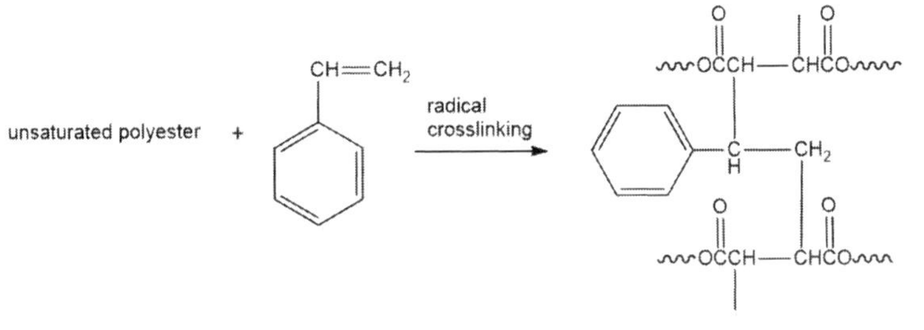

(5.64)

폴리카보네이트(polycarbonate, PC)는 주로 포스젠(phosgene)과 비스페놀 A의 계면 중합(interfacial polymerization)으로 합성된다(식 5.65). 알칼리 수용액 층에는 비스페놀 A가, 유기 용액 층에는 포스젠이 용해된 상태로, 두 층이 접촉하면서 계면에서 중합 반응이 일어난다. 폴리카보네이트를 합성하는 또 다른 방법으로서, 용융 에스터 교환 반응이 개발되었다. 다이페닐카보네이트(diphenyl carbonate)가 용융 상태에서 비스페놀 A와 반응하여 폴리카보네이트를 생성한다(식 5.66). 이 반응은 부생성물인 페놀은 증류로 제거된다.

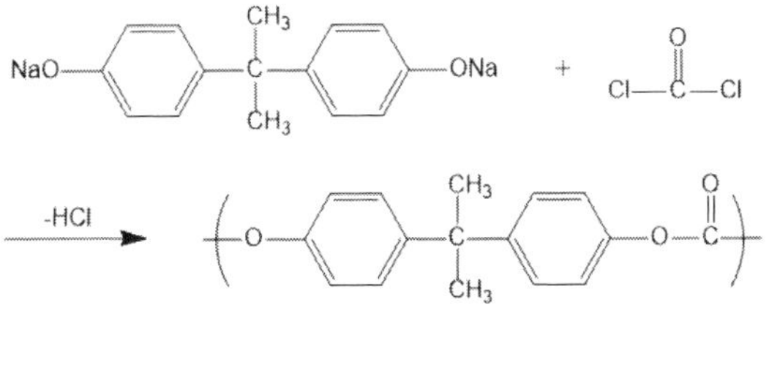

(5.65)

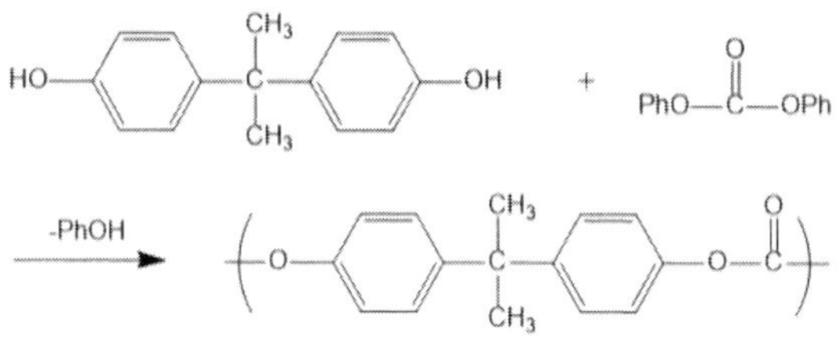

(5.66)

③ 폴리아마이드와 유사 고분자

역사적으로, 또 상업적으로 **폴리아마이드**(polyamide)는 고분자 시장에서 매우 중요한 위치를 차지한다. 듀폰(du Pont)사에서 개발된 **나일론**(nylon)은 최초의 합성 섬유(synthetic fiber)로 기록되었고, 당시의 상품명이었던 나일론이라는 명칭이 현재는 지방족 구조를 가진 폴리아마이드계의 고분자 물질을 총칭하는 것으로도 사용된다. 나일론은 전체 섬유 생산량의 약 25%, 전체 엔지니어링 플라스틱 생산량의 약 40%를 차지한다. 폴리아마이드와 유사한 화학구조를 가지는 고분자로서는 폴리유레테인(polyurethane), 폴리이미드(polyimide) 등이 있다. 그림 5.16에 아마이드, 유레테인, 이미드의 구조를 나타내었다.

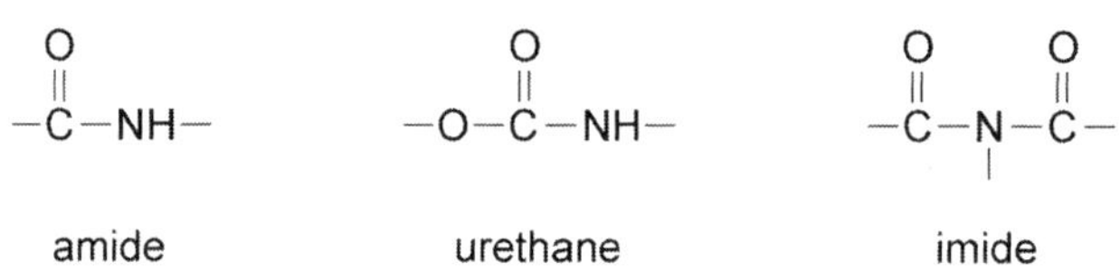

그림 5.16 폴리아마이드와 그의 유사 고분자의 기본 구조.

폴리아마이드의 대표적인 예로는 지방족 폴리아마이드인 나일론 6, 66, 11, 12, 610 등과 방향족 폴리아마이드인 아라미드(aramid)를 들 수 있으며, 주로 섬유와 플라스틱으로 사용된다. 그중에서 폴리아마이드 생산량의 약 80%를 차지하는 나일론 6과 나일론 66의 제조 방법에 대하여 설명하기로 한다. 나일론 6은 식 5.67에 나타낸 것처럼 ε-카프롤락탐의 개환 중합에 의하여 합성된다.

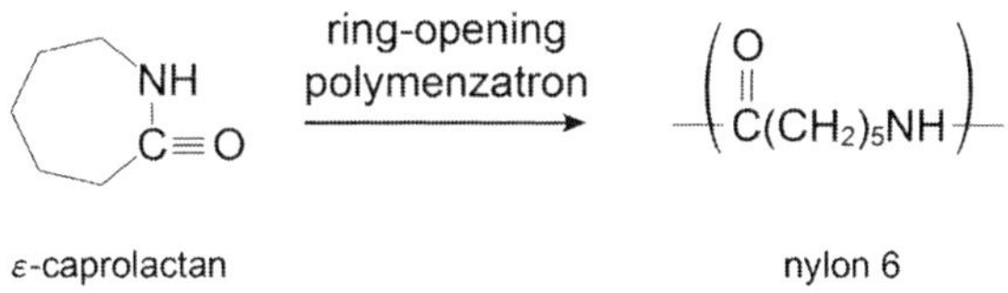

(5.67)

양성자산(protonic acid)을 개시제로 사용하는 양이온 개환 중합 또는 소듐하이드라이드(sodium hydride) 등의 강염기를 사용하는 음이온 개환 중합법을 사용한다. 나일론 66은 식 5.68에 나타낸 것처럼 아디프산과 헥사메틸렌다이아민의 반응에 의하여 합성된다. 아디프산과 헥사메틸렌다이아민을 혼합하면 암모늄염 중간체가 얻어지며, 이것을 260~280℃로 가열하면 축합 반응에 의하여 나일론 66이 얻어진다.

$$\underset{\text{adipic acid}}{HO_2C(CH_2)_4CO_2H} + \underset{\text{hexamethylenediamine}}{H_2N(CH_2)_6NH_2}$$
$$\longrightarrow [{}^{-}O_2C(CH_2)_4CO_2{}^{-}][H_3\overset{+}{N}(CH_2)_6\overset{+}{N}H_3]$$
$$\xrightarrow{\text{heat}} \underset{\text{nylon 66}}{\left(\overset{O}{\overset{\|}{C}}(CH_2)_4\overset{O}{\overset{\|}{C}}NH(CH_2)_6NH\right)} + 2H_2O \qquad (5.68)$$

폴리아마이드는 일반적으로 인장 강도, 굽힘 강도, 충격 강도(impact strength) 등이 우수하여 자동차, 전기·전자 제품, 정밀 기계, 스포츠 용품 등에 널리 사용된다.

폴리유레테인의 제조에서 사용되는 주요 반응으로서는 비스클로로포메이트(bis-chloroformate) 화합물과 다이아민의 반응(식 5.69)과 다이아이소시아네이트(dii-socyanate) 화합물과 다이하이드록시(dihydroxy) 화합물의 반응(식 5.70)을 들 수 있다.

$$\underset{\text{bischloroformate}}{Cl\overset{O}{\overset{\|}{C}}O-R-O\overset{O}{\overset{\|}{C}}Cl} + \underset{\text{diamine}}{H_2N-R'-NH_2} \longrightarrow \left(\overset{O}{\overset{\|}{C}}O-R-O\overset{O}{\overset{\|}{C}}NH-R'-NH\right) + 2HCl \qquad (5.69)$$

$$\underset{\text{diisocyanate}}{OCN-R-NCO} + \underset{\text{dihydroxy compound}}{HO-R'-OH} \longrightarrow \left(\overset{O}{\overset{\|}{C}}NH-R-NH\overset{O}{\overset{\|}{C}}O-R'-O\right) \qquad (5.70)$$

공업적으로는 부생성물이 없는 식 5.70의 반응이 더 유리하다. 폴리유레테인은 주로 섬유, 접착제, 고무, 발포제의 네 가지 형태로 생산된다. **섬유용** 폴리유레테인의 대표적인 예로서 헥사메틸렌다이아이소시아네이트(hexamethylene diisocyanate)와 테트라메틸렌글리콜(tetramethylene glycol)의 반응에 의한 고분자(상품명 Perlon U)를 들 수 있다(식 5.71). Perlon U는 섬유, 브러시(brush)용 강모(bristle), 전선 피복 등으로 사용된다.

$$\underset{\text{hexamethylene diisocyanate}}{OCN(CH_2)_6NCO} + \underset{\text{tetramethylene glycol}}{HO(CH_2)_4OH} \longrightarrow \underset{\text{Perlon U}}{\left(\overset{O}{\overset{\|}{C}}NH(CH_2)_6NH\overset{O}{\overset{\|}{C}}O(CH_2)_4O \right)} \qquad (5.71)$$

접착제용 폴리유레테인에는 그림 5.17에 나타낸 방향족계 다이아이소시아네이트가 주로 사용된다. 이 화합물들의 아이소시아네이트기는 수분, 피접착제 표면의 수산기 등과 반응하여 화학적 1차 결합을 형성하고, 접착제 성분 중의 하나로 포함된 폴리올(polyol) 등과 2차적인 결합을 하여 접착성을 발휘한다.

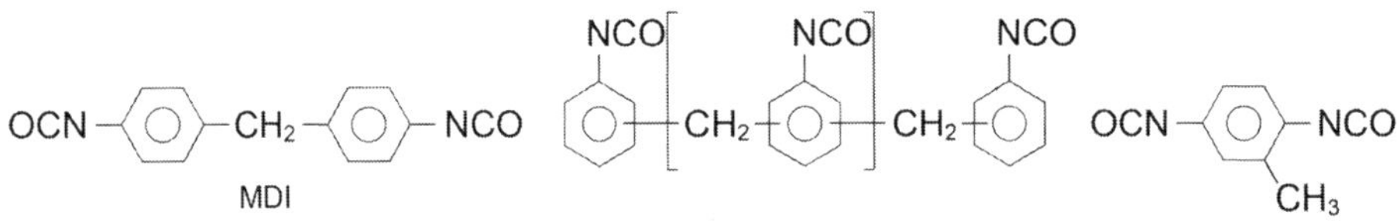

그림 5.17 폴리유레테인 접착제에 사용되는 다이아이소시아네이트의 대표적인 예.

폴리유레테인이 **고무**로 사용되는 예로서는, 양 끝에 말단기로서 하이드록시기가 결합된 분자량 2,000~3,000의 폴리에스터 또는 폴리에터에 나프탈렌 1,5-다이아이소시아네이트(naphthalene 1,5-diisocyanate)를 반응시킨 것이 있다(식 5.72). 말단의 아이소시아네이트기는 다이아민 존재하에서 요소(urea) 구조를 생성하면서 분자량이 높아지고(식 5.73), 이것을 고압하에서 가열하면 잔류 아이소시아네이트기가 유레테인기(–NHCOO–) 또는 요소기(–NHCONH–)의 질소와 반응하여 3차원 그물구조를 형성하면서 고무 특성을 가지게 된다.

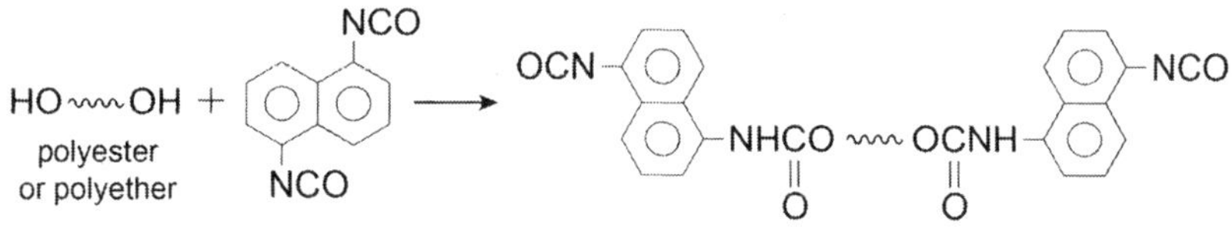

(5.72)

$$\sim\sim NCO + H_2NCH_2CH_2NH_2 + OCN \sim\sim \rightarrow \sim\sim NH\overset{O}{\overset{\|}{C}}NHCH_2CH_2NH\overset{O}{\overset{\|}{C}}NH \sim\sim \quad (5.73)$$

폴리유레테인의 최대 용도는 **발포재**(foams)이다. 아이소시아네이트기를 양 말단에 가진 분자량 약 3,000의 예비 중합체(prepolymer)에 물을 가하면 식 5.74에 나타낸 것과 같이 말단기가 요소기를 생성하면서 결합하여 분자량이 높아진다. 이때 발생하는 이산화 탄소가 폴리유레테인 매트릭스 내에 기포를 형성하게 된다.

$$OCN \sim\sim NCO + H_2O \rightarrow OCN \sim\sim NH\overset{O}{\overset{\|}{C}}OH \xrightarrow{-CO_2} OCN \sim\sim NH_2 \rightarrow \left(\sim NH\overset{O}{\overset{\|}{C}}NH \sim \right) \quad (5.74)$$

예비 중합체의 종류에 따라 경질 발포재(rigid foams) 또는 연질 발포재(flexible foams)가 제조되는데, 경질 발포재는 단열재, 방음재 등으로, 연질 발포재는 쿠션, 베개, 화장용 도구, 완구 등의 용도로 사용된다.

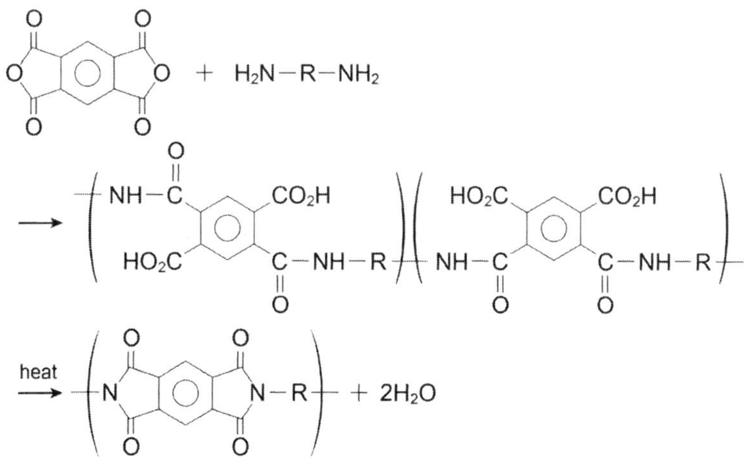

(5.75)

환상 이미드(cyclic imides) 구조를 가지는 **폴리이미드**는 특별히 높은 열안정성(high thermal stability)을 가지기 때문에 내열성 고분자로서 주목받고 있다. 폴리이미드의 전형적인 합성 반응을 식 5.75에 나타내었다. 방향족 다이안하이드라이드(dian-hydride)와 다이아민을 반응시켜 폴리아믹산(poly(amic acid))을 합성하고, 이를 가열하여 고리 닫힘(ring closure) 반응에 의하여 폴리이미드를 얻는다.

여기에서 R이 방향족인 경우에는 최종 폴리이미드가 불용(insoluble), 불융(infusible)이므로 원하는 형태로의 가공이 불가능하다. 따라서 폴리아믹산 중간체를 사용하여 원하는 형태로 가공한 후 가열하여 폴리이미드를 제조한다. 폴리이미드는 일반적으로 400℃ 이상의 유리 전이 온도(glass transition temperature)와 500℃ 이상의 열분해 온도를 가지기 때문에 높은 내열성이 요구되는 용도에 사용되며, 아울러 전기 절연성이 우수하여 반도체 등의 전기 절연 재료(insulating material)로도 사용된다.

④ 페놀, 요소 및 멜라민 수지

페놀, 요소 및 멜라민(melamine)은 폼알데하이드(formaldehyde)와 반응하여 경화되며, 이렇게 얻어지는 수지를 각각 페놀 수지, 요소 수지, 멜라민 수지라 한다. 이들 수지는 전체 열경화성 수지 생산량의 약 70%를 차지한다.

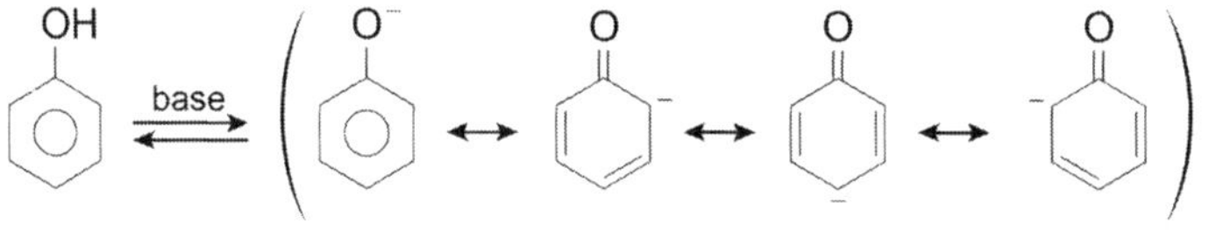

(5.76)

페놀-폼알데하이드를 염기 존재하에서 반응시키면 **레졸**(resole)이 합성된다. 페놀은 염기 존재하에서 식 5.76과 같이 양성자가 떨어진 구조를 갖게 되며, 식 5.77과 같이 폼알데하이드와 반응하여 메틸올페놀을 생성한다. 메틸올기는 하이드록시기에 대하여 오쏘(ortho) 및 파라(para) 위치 모두에 치환될 수 있다. 메틸올페놀을 가열하면 축합 반응이 일어나 그림 5.18과 같은 구조의 레졸이 합성된다.

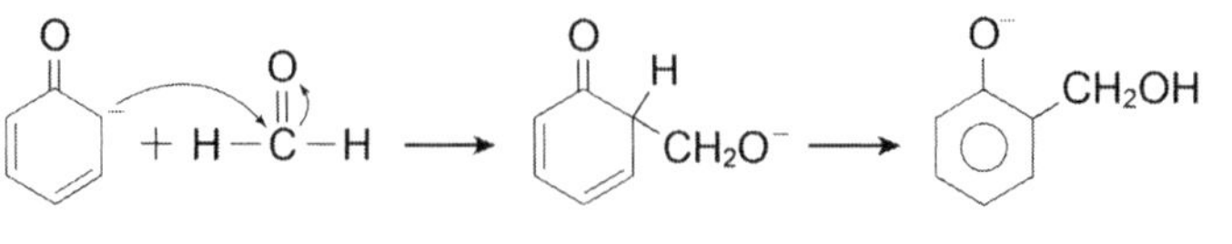

(5.77)

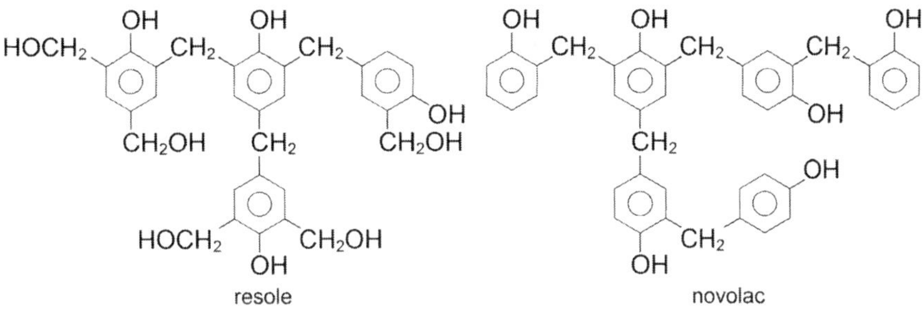

그림 5.18 레졸과 노볼락의 전형적인 구조.

페놀과 폼알데하이드를 산 존재하에서 반응시키면 식 5.78과 같이 폼알데하이드에 양성자 첨가(protonation)가 일어난 후 식 5.79와 같이 페놀에 치환 반응을 일으키게 된다. 치환 반응은 오쏘 및 파라 위치 모두에 일어나며, 반응은 더 진행되어 그림 5.18과 같은 구조의 **노볼락**(novolac)이 얻어진다.

$$\mathrm{H{-}\overset{\overset{\displaystyle O}{\|}}{C}{-}H} \xrightleftharpoons{H^+} (\mathrm{CH_2{=}\overset{+}{O}H} \longleftrightarrow \mathrm{\overset{+}{C}H_2{=}OH}) \tag{5.78}$$

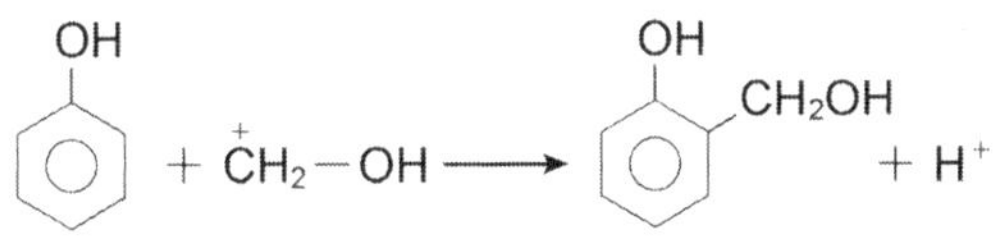

(5.79)

레졸과 노볼락은 분자량 1,000 이하의 예비 중합체로서, 이 상태에서 성형 가공을 한 후 가열하여 완전히 경화시킨다.

요소 및 멜라민도 각각 식 5.80과 식 5.81과 같이 폼알데하이드와 반응하고, 추가적인 반응이 더 진행되어 예비 중합체를 생성한다.

$$\underset{\text{urea}}{\mathrm{H_2N\overset{\overset{\displaystyle O}{\|}}{C}NH_2}} + \mathrm{H{-}\overset{\overset{\displaystyle O}{\|}}{C}{-}H} \longrightarrow \mathrm{H_2N\overset{\overset{\displaystyle O}{\|}}{C}NHCH_2OH} + \mathrm{HOCH_2NH\overset{\overset{\displaystyle O}{\|}}{C}NHCH_2OH} \tag{5.80}$$

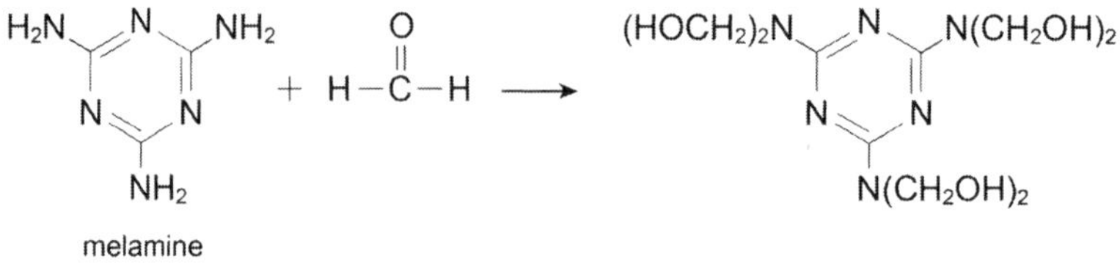

(5.81)

2. 고분자의 가공

고분자는 몰딩(molding), 압출(extrusion), 캐스팅(casting)/캘린더링(calendering), 방적(spinning) 등의 방법에 의해 가공된다. 고분자는 금속과 세라믹에 비해 용융되거나 유연해지는 온도가 매우 낮기 때문에 가공에 필요한 온도가 매우 낮다.

1) 금형을 이용하는 성형

얻고자 하는 모양을 안쪽에 새긴 금형을 사용하여 고분자를 성형할 수 있다. **압축 성형**(compression molding)은 고분자 분말을 금형에 넣고 열과 압력을 가하여 찍어내는 방법이다(그림 5.19). 금형을 냉각한 후 금형을 분리하면 성형된 고분자를 얻을 수 있다. 열가소성뿐만 아니라 열경화성 고분자의 성형도 가능해서 보편적으로 많이 사용된다. **사출 성형**(injection molding)은 용융된 고분자를 스크류를 시용하여 금형의 내부에 밀어 넣은 후 냉각하고 금형을 분리하여 가공품을 얻는다(그림 5.20). 열가소성 수지를 가공하는 데 사용된다. **블로우 성형**은 주로 병 모양을 만드는 데 사용된다(그림 5.21). 가열하여 유연하게 만들어진 고분자 튜브를 금형에 넣고 내부에 압축 공기를 불어 넣거나 금형 쪽에서 진공으로 빨아들여 금형에 밀착시키는 방식으로 수행된다.

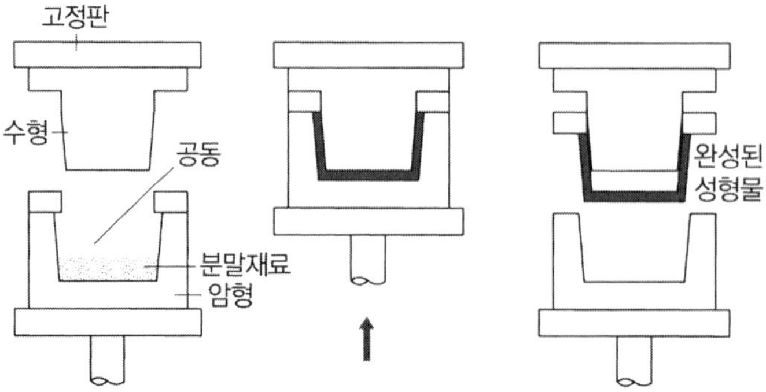

그림 5.19 고분자의 압축 성형.

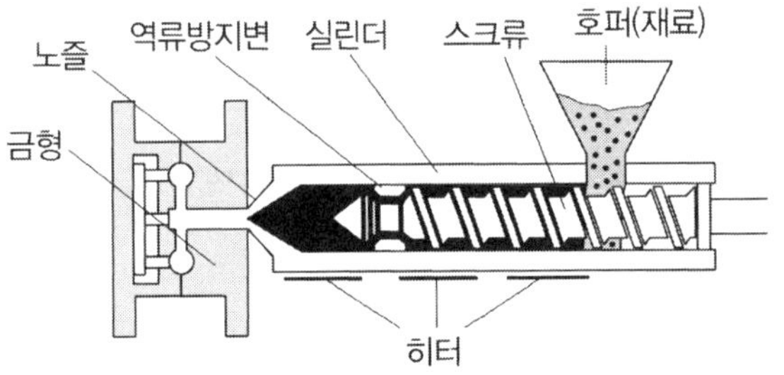

그림 5.20 고분자의 사출 성형.

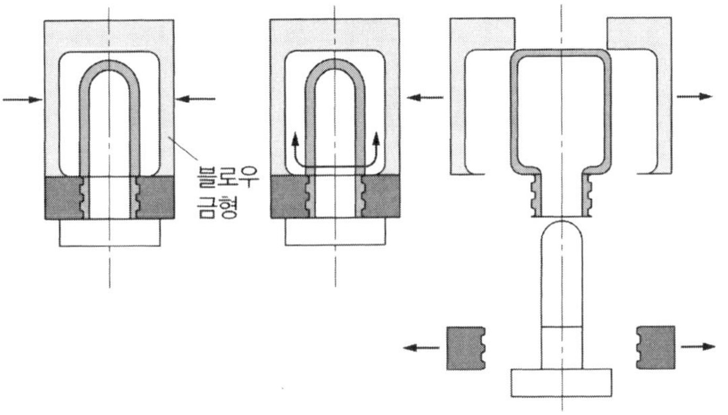

그림 5.21 고분자의 블로우 성형.

2) 압출 성형

압출 성형은 가열하여 용융된 고분자를 스크류를 사용하여 다이(die)를 통해 밀어내는 방식으로 진행된다. 긴 막대 또는 파이프 모양의 성형품을 얻는 데 주로 사용된다.

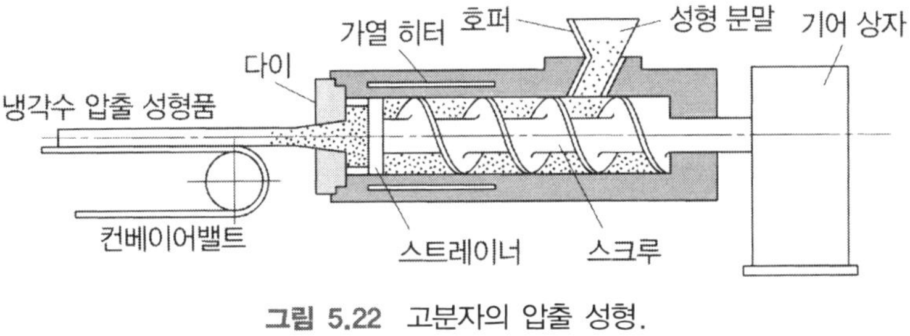

그림 5.22 고분자의 압출 성형.

3) 캐스팅 또는 캘린더링

캐스팅은 용융된 고분자 또는 용매에 용해된 고분자를 평평한 곳이 부어 식히거나 용매를 증발시켜 필름 모양을 얻는다. **캘린더링**은 가열된 롤러 사이에 고분자를 통과시킴으로써 필름 모양을 얻는 방법을 의미한다(그림 5.23).

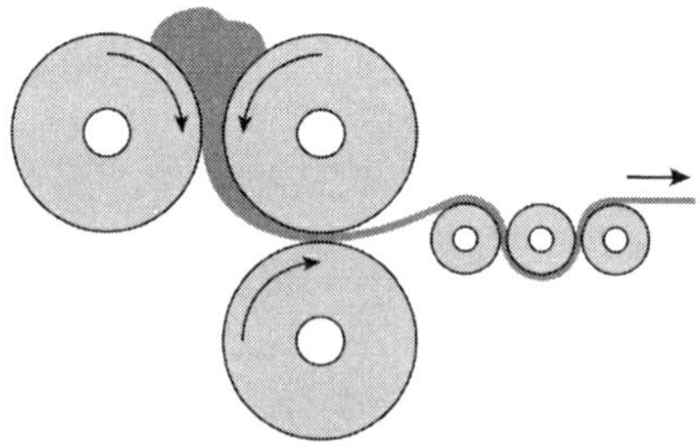

그림 5.23 고분자의 캘린더링.

4) 방적

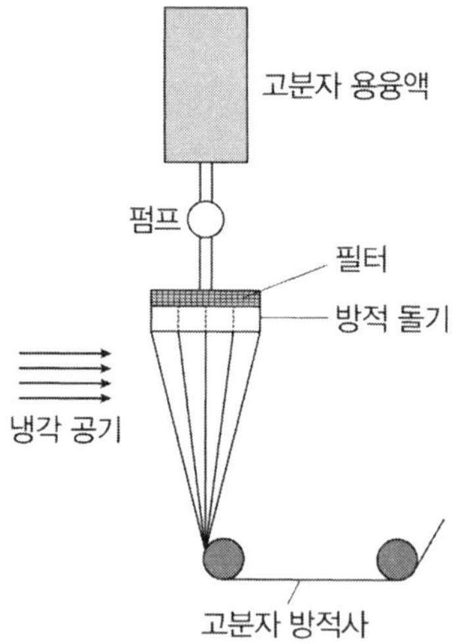

그림 5.24 고분자의 방적.

방적(spinning)은 고분자를 용융 또는 용해 상태로 하여 방적 돌기에서 압출하여 섬유상으로 만드는 방법이다. 그림 5.24에 고분자 용융액으로부터 방적사를 제조하는 장치를 나타내었다. 고분자 용융액을 방적 돌기를 통하여 여러 가닥으로 사출하면서 냉각 공기를 접촉시켜 방적사를 제조한다.

PART 3

신소재의 세계

CHAPTER 6 | 엔지니어링 플라스틱
CHAPTER 7 | 정보통신과 신소재
CHAPTER 8 | 생체의료용 신소재
CHAPTER 9 | 에너지와 신소재
CHAPTER 10 | 3D 프린팅용 소재

CHAPTER
6 엔지니어링 플라스틱

DuPont 사에서 델린(Delrin)이라는 상품명의 폴리아세탈 제품을 출시했을 때 금속을 대체할 수 있는 플라스틱이라는 의미로 **엔지니어링 플라스틱**(engineering plastics, EP)이라는 단어를 처음 사용하였다. 기존의 PE, PP, PS, PVC 등의 범용 플라스틱보다 우수한 기계적, 열적, 화학적 성능을 가지며, 가혹한 물리적, 화학적 조건에서도 오랜 시간 동안 물성이 떨어지지 않고 유지되기 때문에 주로 기계 부품 등의 산업용 재료로 사용되는 플라스틱을 엔지니어링 플라스틱으로 분류하고 있다. 엔지니어링 플라스틱은, 대량 생산되고 가격이 저렴한 범용 플라스틱에 비하여 생산량이 적고 가격도 비싸다. 엔지니어링 플라스틱 중에서도 기계적, 열적 성능이 특별히 뛰어난 엔지니어링 플라스틱을 슈퍼엔지니어링 플라스틱(superengineering plastic)으로 부르기도 한다.

엔지니어링 플라스틱은 구조재나 부품 분야에서 금속이나 세라믹에 필적하는 기계적, 열적 특성을 가지면서도 매우 가볍기 때문에, 그 시장이 점점 확대되고 있다. 비중을 비교했을 때 철이 7.8, 알루미늄이 2.7인 데 비해 엔지니어링 플라스틱은 1.0~1.4로 매우 낮아 경량화가 가능하다. 또한, 금속은 복잡한 형상의 제품의 경우 여러 부품을 따로 만들어서 조립해야 하는데 플라스틱은 한 번에 전체를 성형하여 제작할 수 있는 장점이 있다.

01 엔지니어링 플라스틱의 종류 및 특성

엔지니어링 플라스틱을 명확히 정의하고 있지는 않지만, 일반적으로 내열 온도 100~150℃, 인장강도 50 MPa 이상의 고분자를 의미하는 것으로 통용되고 있다. 여기에 속하는 대표적인 고분자로는 폴리아마이드, 폴리옥시메틸렌(polyoxymethylene, POM), 폴리카보네이트, 폴리페닐렌옥사이드(polyphenylene oxide, PPO 또는 polyphenylene ether, PPE), PBT가 있으며 이들을 5대 엔지니어링 플라스틱이라고 한다.

폴리아마이드는 그 구조의 일부분 또는 전체적으로 지방족 구조가 들어있는 경우 **나일론**이라는 이름으로 불린다. 대표적으로는 그림 6.1에 나타낸 나일론6과 나일론66이 있다. 주로 섬유 형태로 많이 사용되어 왔지만 인장 강도, 충격 강도 등이 우수하여 엔지니어링 플라스틱으로도 중요하게 사용되고 있다. 기계적 특성이 특히 좋은 이유는, N-H기와 카보닐기(C=O) 사이에 형성되는 수소 결합 때문이다. 이 수소 결합은 분자 사슬들의 규칙적인 배열을 도와 나일론이 어느 정도의 결정성을 가지게 하고, 또한 분자 간의 강한 인력을 형성한다(그림 6.2). 폴리아마이드는 그 외에도 내마모성, 내화학성, 윤활성도 우수하여 자동차 또는 기계 부품, 전선 피복 등 전기 분야 부품 등에 사용되고 있다(그림 6.3). 단점은 친수성인 아마이드기 때문에 수분을 쉽게 흡수하여 부피 변화를 일으킨다는 점이다.

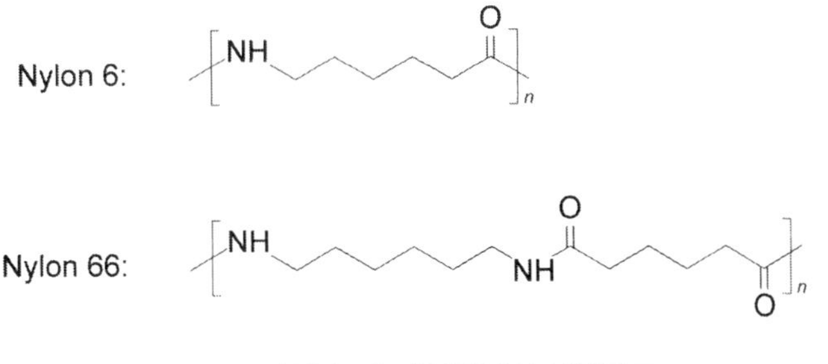

그림 6.1 나일론6와 나일론66의 화학구조.

CHAPTER 6 엔지니어링 플라스틱

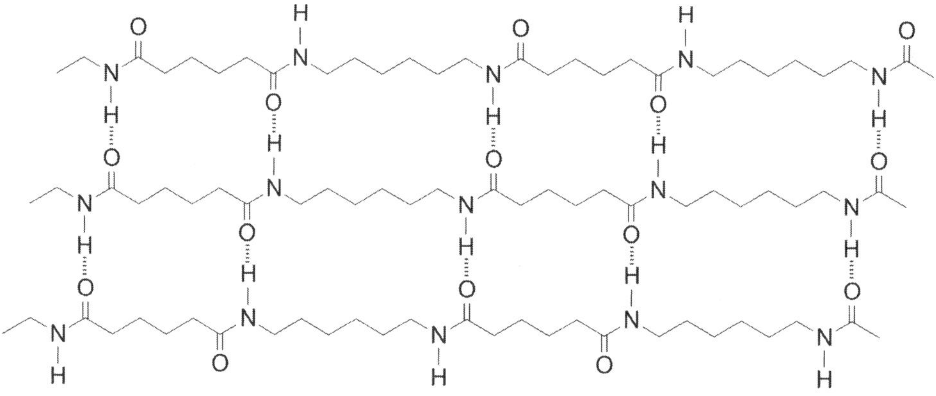

그림 6.2 나일론66의 분자 배열 및 수소 결합 개념도.

그림 6.3 나일론으로 제작된 엔지니어링 플라스틱 부품.
(출처: TT Zop/Wikimedia Commons)

POM의 화학구조는 그림 6.4와 같고 **폴리아세탈**(polyacetal) 또는 폴리폼알데하이드(polyformaldehyde)라고도 한다. POM은 말단기가 헤미아세탈(hemiacetal) 구조여서 열안정성이 떨어지는데(해중합을 쉽게 일으킬 수 있음), 말단기를 무수 아세트산(acetic anhydride)과 반응시켜 보호함으로써 열안정성을 개선하였다. POM은 부분 결정성 플라스틱으로서 기계 부품, 전기 기기 부품, 자동차 부품으로 널리 사용되고 있다.

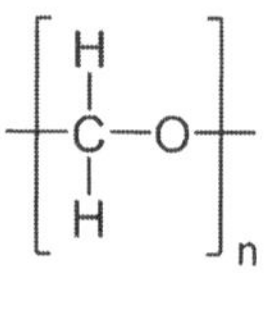

그림 6.4 POM의 화학구조.

PC의 화학구조는 그림 6.5와 같으며, 내열성, 내충격성, 투명성, 경도, 전기 절연성이 뛰어나 전자 부품으로 주로 사용된다. 아울러, 가시광선 투과성이 필요한 안경 렌즈, 헬멧 창, 투명 건축 자재, 실내 등의 커버 등의 용도에 널리 사용된다.

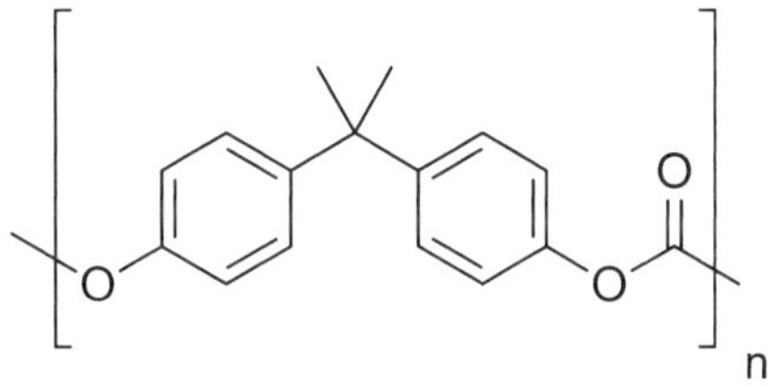

그림 6.5 폴리카보네이트의 화학구조.

그림 6.6에 나타낸 PPO는 기계적 강도, 탄성 계수, 치수 안정성 등이 높으며, 특히 선팽창 계수가 열가소성 플라스틱 중에서 가장 낮은 재료 중의 하나이다. 전기 절연성도 우수하다. 구조재, 전자기기 부품, 자동차 부품, 의료용 기기 부품 등으로 사용되고 있다.

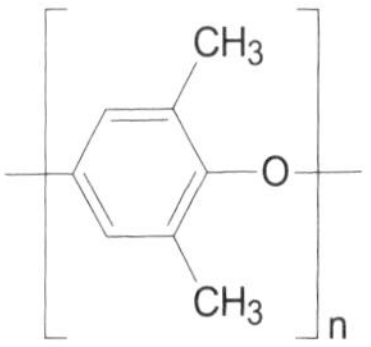

그림 6.6 PPO의 화학구조.

02 슈퍼엔지니어링 플라스틱의 종류 및 특성

슈퍼엔지니어링 플라스틱은 일반적인 엔지니어링 플라스틱보다 특히 열적 성능이 더 우수한데, 기본적으로 150℃ 이상의 온도를 견디는 고내열성을 갖는다. 대표적인 슈퍼엔지니어링 플라스틱 고분자로는 폴리설폰(polysulfone, PSU), 폴리에터설폰

(polyethersulfone, PES), 폴리페닐렌설파이드(polyphenylene sulfide, PPS), 액정 고분자(liquid crystalline polymer, LCP), 폴리이미드, 폴리에터이미드(polyetherimide, PEI), 폴리아마이드이미드(polyamideimide, PAI) 등이 있다. 이들 고분자의 화학구조를 표 6.1에 나타내었다.

표 6.1 슈퍼엔지니어링 플라스틱으로 분류되는 대표적인 고분자

명칭	화학구조
polysulfone(PSU)	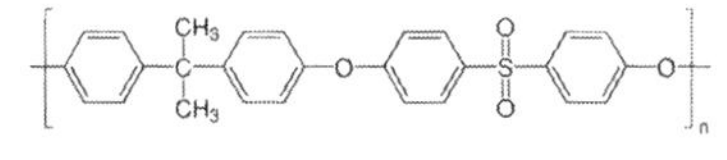
polyethersulfone(PES)	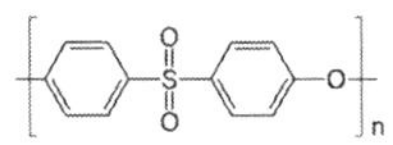
polyphenylene sulfide(PPS)	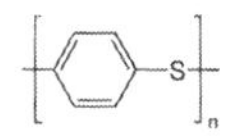
polyimide(PI)	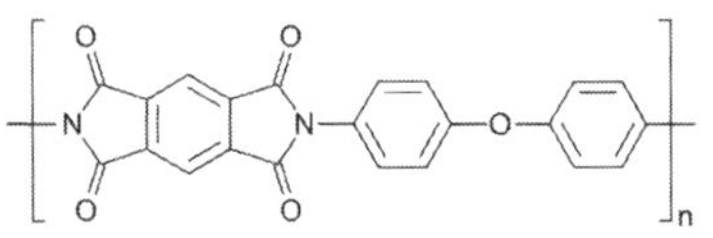
polyetherimide(PEI)	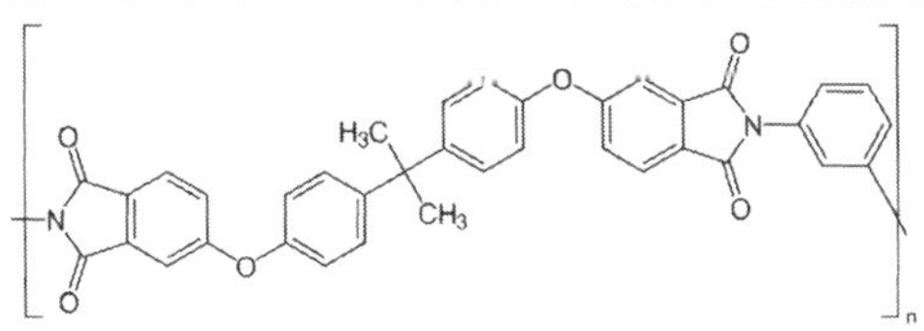
polyamideimide(PAI)	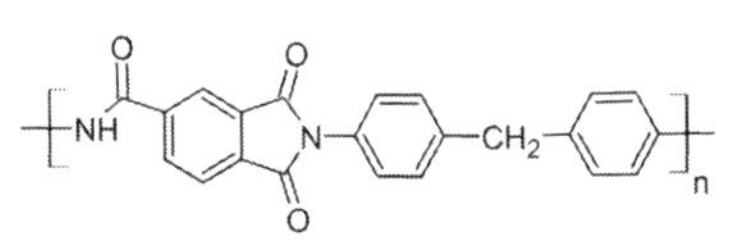
polyetheretherketone(PEEK)	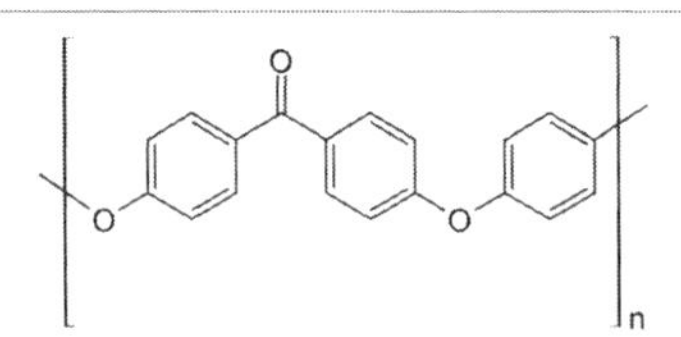

폴리이미드가 뛰어난 기계적, 열적 특성을 가지는 이유는 다음과 같다. 첫째, 폴리이미드는 강직한(rigid) 이미드 및 방향족 고리 구조를 가진다. 둘째, 폴리이미드 고체는 결정성이 높다. 즉, 폴리이미드 사슬들이 규칙적인 배열을 함으로써 분자 간 인력이 최대로 작용한다. 셋째, 전자 주개-받개 간 인력이 작용한다. 폴리이미드의 화학구

조에서 카보닐기 4개가 존재하는 부분에서는 카보닐기가 전자를 끌어당기므로 전자가 부족한 전자 받개(electron acceptor) 구조가 형성되고, 질소 원자 2개의 사이에 존재하는 부분에서는 전자가 풍부한 전자 주개(electron donor) 구조가 형성된다(그림 6.7). 전자 받개 구조와 전자 주개 구조 간의 인력에 의해 형성되는 착체를 전하 이동 착체(charge transfer complex, CTC)라고 하여 전자 받개와 전자 주개 구조 사이에 강한 인력이 작용한다. 전하 이동 착체는 분자 간뿐만 아니라 분자 내에서 형성되기도 한다. 폴리이미드가 뛰어난 기계적, 열적 특성을 갖는 이유 중 하나는 바로 분자 사이에 전하 이동 착체가 형성되기 때문이다.

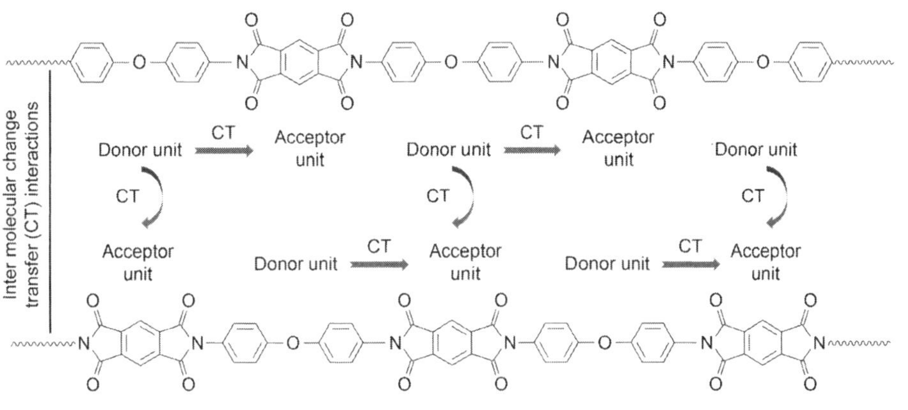

그림 6.7 폴리이미드에서 전하 이동 착체의 형성.

CHAPTER 7

정보통신과 신소재

01 반도체와 집적회로

반도체는 우리의 생활 깊숙이 들어와 있는 첨단 기술이다. 휴대전화, 컴퓨터, TV, 냉장고, 세탁기 등 다양한 제품에 수많은 반도체 소자가 들어 있다. 현재 빠른 속도로 발전하고 있는 인공지능 기술을 뒷받침하는 것도 반도체 소자이다. 2016년에 세계 최고의 바둑기사와 대결을 벌였던 알파고는 300여 대의 기업용 서버를 결합하여 개발한 인공지능 바둑 프로그램으로, 여기에는 천문학적인 숫자의 반도체 소자가 사용되었다. 2019년에 시작되어 전 세계적인 팬데믹을 일으켰던 코로나-19 바이러스의 스파이크 단백질 분석에도 인공지능 기술이 도움을 주었다. 인공지능을 토대로 한 자율주행 기능 자동차에는 1000~2000개 정도의 반도체 소자가 필요한 것으로 알려져 있다. 반도체 기술은 이처럼 현재의 인류 문명뿐만 아니라 앞으로의 과학기술의 발전에 필수 불가결한 기술이라고 할 수 있다.

1. 반도체 소자의 기본 원리와 종류

1) 실리콘 반도체의 종류와 원리

반도체 특성을 나타내는 물질에는 여러 가지 종류가 있으나 여기에서는 산업적으로 가장 큰 비중을 차지하는 실리콘 반도체만 기술하기로 한다. 실리콘 반도체는 크게, 순수한 실리콘으로 된 고유 반도체(intrinsic semiconductor)와 불순물이 첨가된 불순물 반도체(extrinsic semiconductor)로 나누어진다. 실리콘은 14족 원소로서 원자가 전자를 4개 가지므로, 안정한 전자 구조인 8개를 만들기 위해서는 4개가 더 필요하다. 따라서 그림 7.1과 같이 이웃한 실리콘 원자들과 전자쌍을 공유하면서 결합하여 실리콘 결정을 만들게 된다. 이 상태에서는 원자가 전자가 모두 공유 결합에 묶여 있어서(즉 자유 전자가 없어서) 전기가 흐르지 않는다. 그러나 빛이나 열 등의 에너지를 가해 주면 원자가띠에 있던 전자들이 금지된 띠를 넘어 전도띠로 올라갈 수 있기 때문에 전기가 흐를 수 있다(그림 7.2). 이러한 반도체를 고유 반도체라고 한다.

Si : Si : Si : Si
··   ··   ··   ··
Si : Si : Si : Si
··   ··   ··   ··
Si : Si : Si : Si
··   ··   ··   ··
Si : Si : Si : Si

그림 7.1 실리콘 결정의 전자 구조.

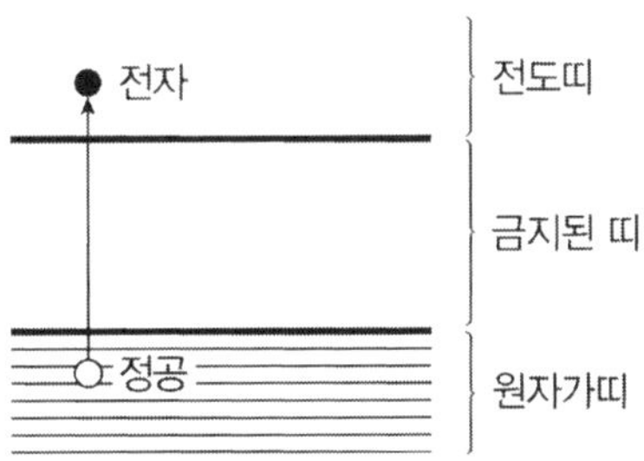

그림 7.2 고유 반도체의 전도성 발현.

불순물 반도체는 실리콘 결정에 미량의 불순물을 첨가(도핑이라고 함)하여 반도체 성질을 부여한 것이다. 원자가 전자 4개인 실리콘의 결정에 원자가 전자가 3개인 13족의 붕소(B), 알루미늄(Al), 갈륨(Ga), 인듐(In)을 첨가하면 그림 7.3(a)에 나타내는 것처럼 전자가 비어있는 상태, 즉 정공(hole)이 생긴다. 이 상태에서 전압을 걸어주면 전류가 흐를 수 있다. 이것을 에너지띠 개념으로 설명해 보자. 그림 7.3(b)에 나타낸 것처럼 13족 원소의 첨가에 의해 금지된 띠 내에 새로운 받개 준위(acceptor level)가 형성된다. 원자가띠 내의 전자들이 약한 에너지만 받아도 쉽게 이 새로운 준위로 올라갈 수 있기 때문에 원자가띠에는 많은 정공이 형성되고, 따라서 정공에 의하여 전기 전도가 일어나게 된다. 정공은 양전하를 띤 입자처럼 행동하며, 정공과 전자의 흐름은 서로 반대 방향이 된다. 이러한 원리로 반도체 특성을 나타내는 것을 p형 반도체라고 한다.

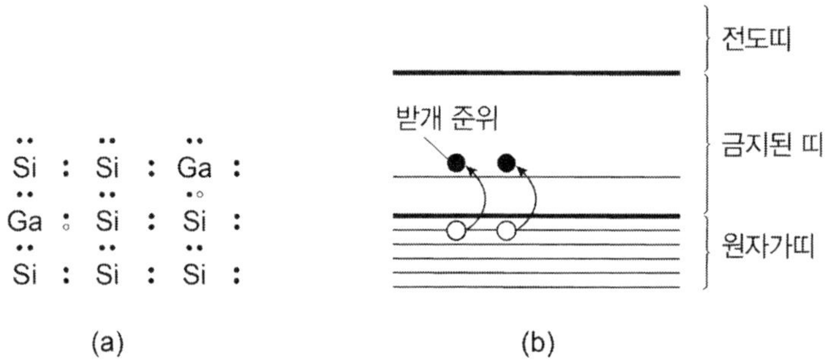

그림 7.3 p형 반도체의 원리: (a) 전자 구조, (b) 에너지띠

p형 반도체와는 다르게 n형 반도체에서는, 원자가 전자가 5개인 15족의 인(P), 비소(As), 안티모니(Sb)가 첨가되고, 첨가한 원자 한 개당 하나씩의 잉여 전자가 생기게 된다(그림 7.4(a)). 이 전자들은 에너지를 약간만 가해 주어도 쉽게 움직일 수 있는데, 이것은 그림 7.4(b)에 나타냈듯이 잉여 전자들이 금지된 띠 내의 전도띠 바로 아래에 새로 생긴 주개 준위(donor level)에 위치하다가 쉽게 전도띠로 올라갈 수 있기 때문이다.

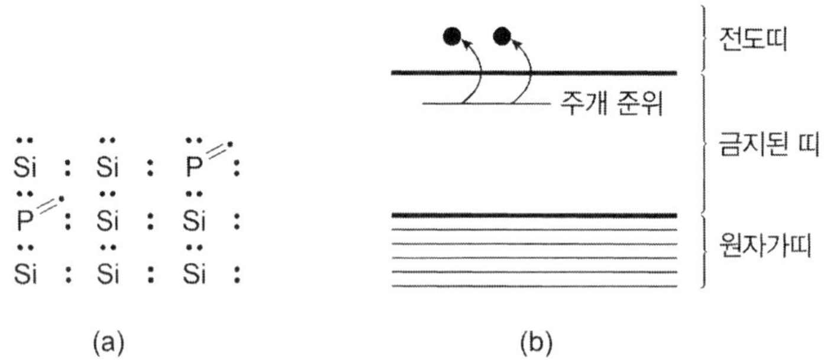

그림 7.4 n형 반도체의 원리: (a) 전자 구조, (b) 에너지띠

2) 다이오드, 트랜지스터, 커패시터

p형 반도체와 n형 반도체를 접합하고 양쪽 끝에 단자를 연결한 소자를 pn 접합 다

이오드(diode)라고 한다. 이 다이오드의 양 끝에 전압을 걸어주면 p쪽에서 n쪽 방향으로는 전류가 흐르지만 반대 방향으로는 흐르지 않는다. 그림 7.5(a)에 보인 것처럼 p쪽에 +, n쪽에 −의 전압을 가하면 p쪽에서는 전하 운반체인 정공들이, n쪽에서는 전자들이 각각 접합면 쪽으로 계속 이동하게 되므로 전류가 흐르게 된다. 그러나 그림 7.5(b)처럼 p쪽에 −, n쪽에 +의 전압을 가하면 전하 운반체인 정공과 전자들이 반대 방향으로 이동하면서 멀어지므로 접합면 부근에 전하 운반체가 고갈되는 영역이 형성되면서 접합면을 통해 전류가 흐르지 못한다.

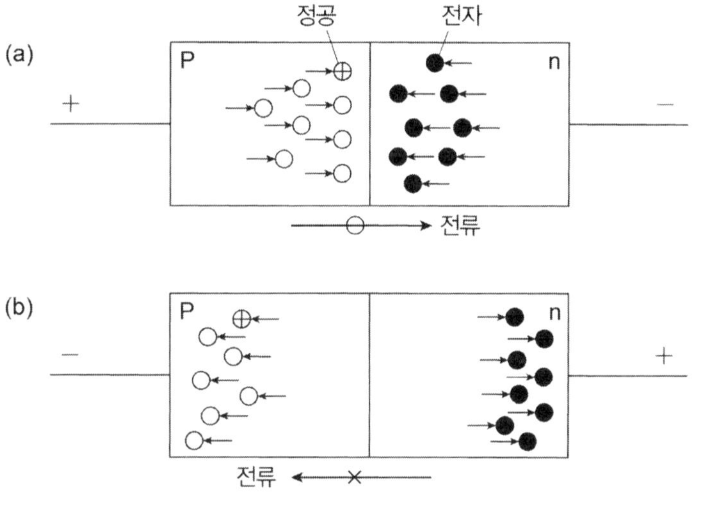

그림 7.5 pn 다이오드에서의 전류의 흐름.

다이오드에, 흐르는 방향이 계속 변하는 교류(alternating current: AC)를 걸어주면 (그림 7.6(a)) p쪽이 +, n쪽이 −가 될 때만 전류가 흐르게 되므로 그림 7.6(b)와 같이 반쪽이 잘려 나간 전류 파형이 얻어진다. 다이오드는 이처럼 정류(rectifying) 작용을 한다. 다이오드와 커패시터(capacitor)를 적절하게 배치 연결함으로써 그림 7.6(c)와 같이 교류로부터 직류를 얻을 수 있다. 다이오드의 특성을 활용한 제품은 우리 주변에서 흔히 볼 수 있는데, 휴대형 소형 가전제품에 사용되는 충전기 또는 전원 어댑터는 가정용 교류 전원으로부터 직류 전류를 만들어낸다. 220 V 전압을 소형 변압기를 사용하여 필요한 전압으로 낮춘 다음, 다이오드와 커패시터를 사용하여 직류를 얻는 것이다.

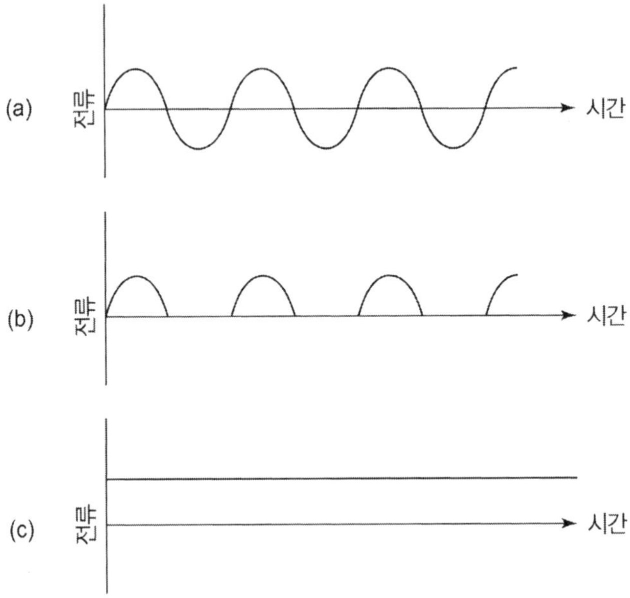

그림 7.6 다이오드의 정류 작용.

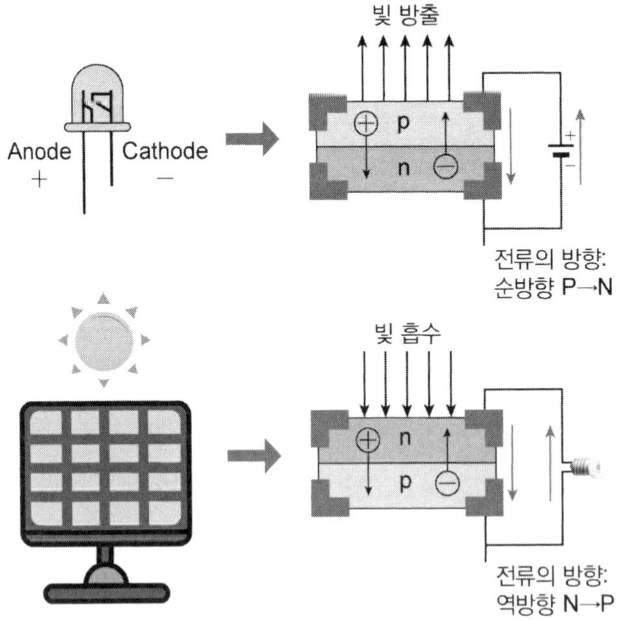

그림 7.7 pn 접합 다이오드를 활용한 LED(위)와 태양전지(아래)의 작동 원리.

다이오드 기술을 활용하여 **발광 다이오드**(light emitting diode, LED)와 **태양전지**(solar cell) 등의 제품들이 개발되었다. p형 반도체와 n형 반도체의 접합 부위에서 정공과 전자가 만나면 양전하와 음전하가 사라지면서 에너지를 발산하게 되는데, 이 에너지가 빛으로 나타나도록 제작된 소자가 LED이다(그림 7.7). 즉, LED는 전기를 빛으로 전환해 주는 소자이다. 반대로, pn 접합 부위에 빛이 조사되면 그 빛 에너지가 흡수되면서 전자와 정공이 발생하는데, 이때 흐르는 전류를 얻어 내는 소자가 태양전지이다(그림 7.7). 태양전지는 빛을 전기로 전환해 준다.

트랜지스터는 그림 7.8에 보인 것처럼 p형 반도체 사이에 n형 반도체가 끼어있는 형태의 pnp형과, n형 반도체 사이에 p형이 끼어있는 형태의 npn형이 있다. 트랜지스터의 세 단자는 각각 에미터(emitter), 베이스(base), 컬렉터(collector)라고 부른다. 트랜지스터에서 컬렉터 전류는 베이스 전류의 수백 배의 크기를 갖는다. 따라서 베이스의 작은 전류의 크기의 변화에 의해 수백 배에 해당하는 컬렉터 전류가 변화한다. 트랜지스터는 이처럼 증폭(amplification) 작용을 수행한다. 트랜지스터의 또 다른 역할은, 전자제품 속에서 각각의 전자 소자에 흐르는 전기량을 조절하는 밸브, 그리고 껐다 켰다 하는 전기 스위치이다.

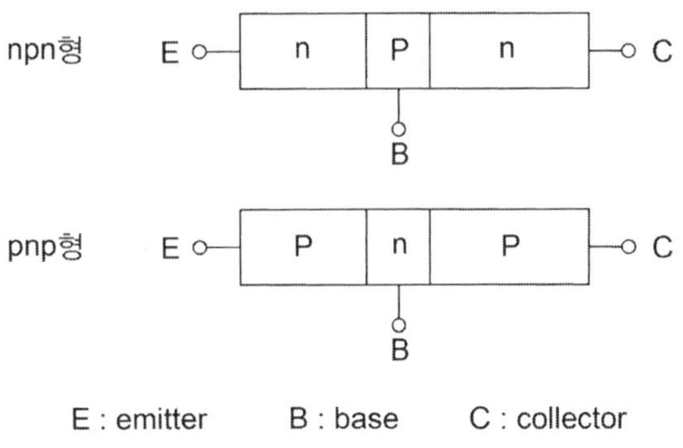

그림 7.8 트랜지스터의 구조.

집적회로에는 전하를 저장해 두기 위한 반도체 소자로서 **커패시터**(capacitor)가 들어 있다. 커패시터는 두 개의 도체 판 사이에 유전체(dielectric)가 위치해 있는 구조이다(그림 7.9). 유전체는 기본적으로 절연성이어서 전류가 흐르지는 않지만, 분극 현상으로 인해 대전이 될 수 있다. 따라서 커패시터에 전압을 걸어주면, 양쪽 도체 판에는 다른 극성의 전하가 각각 유도되어 전하가 축적된다. 전하가 완전히 축적되면 디지털 신호 1을, 그렇지 않으면 0을 나타낸다.

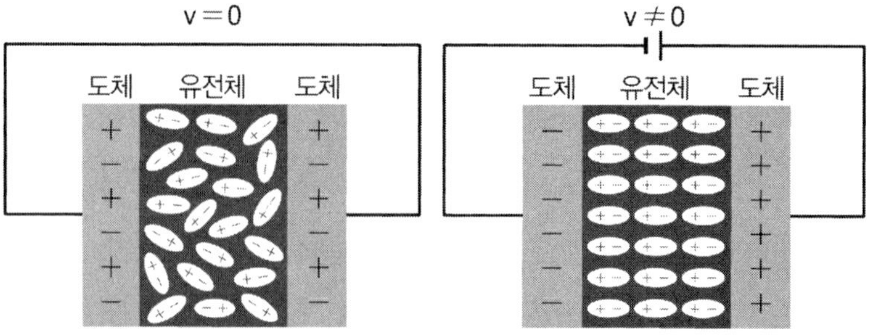

그림 7.9 커패시터의 작동 원리.

2. 집적회로

1) 집적회로의 의미와 발전

다이오드와 트랜지스터가 발명되기 전까지, 진공관(vacuum tube)이 정류나 증폭 작용을 대신했다. 진공관은 전류가 흐르는 회로에 여러 가지 변화를 줄 수 있는데, 1) 교류를 직류로 바꿀 수 있고, 2) 전기 신호를 증폭시킬 수 있으며, 3) 일정한 조건이 만족될 때에만 전류가 흐를 수 있도록 조절하는 스위치 역할을 할 수 있다. 진공관을 이용하여 축음기, 라디오, 텔레비전 등이 발명되었고, 최초의 컴퓨터인 ENIAC도 진공관을 사용하여 만들어졌다. 이처럼 진공관은 다양한 용도에 중요하게 사용되었지만, 부피가 크고 깨지기 쉬우며 작동 시 발생하는 열 때문에 장시간 사용이 어려운 점 등이 큰 단점이었다. 특히 진공관 컴퓨터에서는 수만 개의 진공관이 사용되었기 때문에 컴퓨터의 크기가 집채(무게 50 t, 면적 280 m^2)만 해졌고, 수많은 진공관 중 하나만 터져도 컴퓨터의 작동에 문제가 생겼다. 이러한 진공관의 단점을 해결하려는 노력이 계속되었고, 결국 트랜지스터의 발명으로 이어지게 되었다.

트랜지스터는 진공관 크기의 200분의 1 정도로 부피가 작고 전력 소비량이 낮으며, 안정성이 높기 때문에 진공관을 대체하여 전자 산업을 주도하게 되었다. 초기에는 트랜지스터를 만들어 다른 부품들과 연결하여 사용하였다. 그러나 제품이 복잡해질수록 더욱 많은 트랜지스터와 전자 부품들을 서로 연결해야 하기 때문에 문제를 드러내기 시작하였다. 이에 따라 1950년대 초부터 트랜지스터, 저항(resistor), 커패시터 등을 하나의 반도체 기판에 집적하여 **집적회로**(integrated circuit)를 제작하려는 시도가 시작되었다. 트랜지스터를 비롯한 각각의 소자들을 별도로 만들어 일일이 연결하는 방식은 매우 번거롭고, 특히 불완전한 연결 부위에서 고장이 쉽게 나기 때문에, 이러한 문제를 해결하기 위하여 하나의 기판에 작은 소자들을 일괄적으로 새겨 넣은 집적회로를 만들려는 새로운 시도였다. 최초의 집적회로는 트랜지스터 1개, 저항 3개, 커패시터 1개를 하나의 기판 위에 설치한 것에 불과했다. 그러나 1970년대 초반에는 1 cm^2의 작은 실리콘칩에 수천 개의 소자를 배열할 수 있는 수준으로 발전하였다.

집적회로를 제작하는 기술의 발전에 따라 집적도의 향상은 눈부신 속도로 진행되었다. 1990년대에는 수천만 개 이상의 MOS 트랜지스터와 커패시터가 엄지손가락 손톱 정도의 넓이에 집적된 초대규모 집적회로(very large scale integration: VLSI)가 개발되었다. 최근에는 수십억 개 이상의 소자를 집적한 극초대규모 집적회로(ultra large scale integration: ULSI)로 발전하였다. 반도체 집적도는 지속적으로 높아지고 있으며, 일상생활에서 흔히 '반도체'라고 부르는 것은 이러한 고집적회로의 반도체 칩을 일컫는다.

집적도가 높은 반도체를 사용하면 데스크탑 PC, 노트북 PC 등의 전자기기를 작고 가볍게 할 수 있으며, 성능(처리 속도, 기억 용량)을 비약적으로 높일 수 있다. 반도체의 집적도를 높인다는 것은 한정된 작은 면적에 보다 많은 선을 그려 넣어야 하고, 이를 위해서는 선폭을 더욱더 작게 만들 수 있는 기술이 중요해진다. 아래에서는 반도체 집적회로 칩을 제작하는 기술을 살펴볼 것이다.

2) 집적회로의 제작

① 원재료의 제작

반도체의 원재료로는 **실리콘 웨이퍼**(silicon wafer), 마스크(mask), 리드 프레임(lead frame)을 들 수 있다. 이 세 가지 재료를 제조하는 방법에 대하여 차례대로 설명하기로 한다.

실리콘은 모래의 주성분으로서, 산화 규소(SiO_2) 형태로 모래에 함유되어 있다. 이 실리콘 산화물을 순수 탄소인 코크스와 높은 온도에서 반응시켜 실리콘을 정제한다. 실리콘이 반도체 제조에 사용되기 위해서는 두 가지 조건이 필요한데, 첫째는 99.999999999%(eleven nine이라고 함) 이상의 고순도이어야 하며, 두 번째는 전체가 결함이 전혀 없는 하나의 결정 구조, 즉 단결정(single crystal)이어야 한다는 것이다.

이를 달성하기 위하여 쵸크랄스키(Czochralski)법이라 불리는 방법을 사용한다. 그림 7.10에 보인 것처럼 실리콘의 용융액에 실리콘 단결정 씨앗(seed)을 접촉시킨 상태에서 서서히 회전시키면서 끌어올리면 단결정이 원통 모양으로 성장하게 된다. 이 단결정을 p형 또는 n형으로 만들기 위해 용융액에는 해당되는 불순물이 첨가된다. 순도가 높고 품질이 좋은 단결정을 얻기 위해서는 씨앗을 끌어올리는 속도, 회전 속도, 용융액 온도 등을 정밀하게 제어해야 한다. 또한 진동을 최대한 차단하고 고순도의 아르곤(argon)이나 질소 가스 분위기에서 수행할 필요가 있다. 제조된 단결정을 **잉곳**(ingot)이라고 한다(그림 7.11). 얻어진 잉곳을 다이아몬드 톱으로 얇게 잘라내고 한쪽 면을 갈아 거울처럼 반짝이게 광택을 낸 것이 실리콘 웨이퍼이다(그림 7.11). 반도체의 수율(yield)을 높이기 위해 점차 큰 면적의 웨이퍼를 사용하는 추세에 있다.

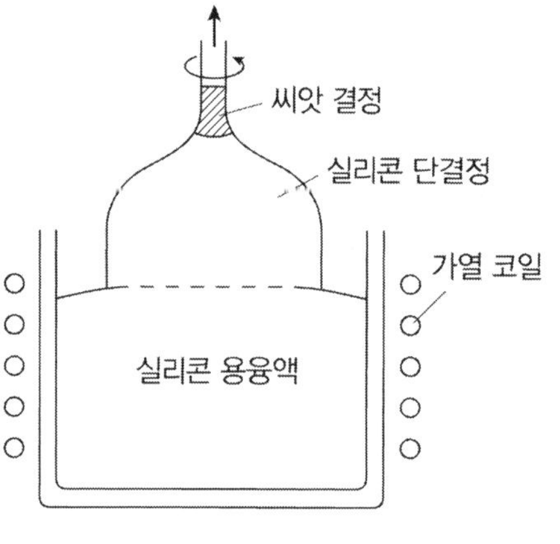

그림 7.10 실리콘 단결정의 제조.

그림 7.11 쵸크랄스키법에 의하여 제조된 잉곳과, 잉곳으로부터 제작된 실리콘 웨이퍼.
(출처: Peter Sobolev/Shutterstock, Titolino/Shutterstock)

웨이퍼에 새겨질 회로 패턴을 층별로 석영판 위에 그려놓은 것을 **마스크**라고 한다. 즉, 마스크는 집적회로의 설계도를 웨이퍼에 옮겨 그리는 데 사용된다. 이 마스크를 통하여 빛이 조사되면 회로 모양에 따라 빛이 투과하는 부분과 투과하지 않는 부분이 존재하고, 투과하는 부분에서는 빛이 웨이퍼 위에 도포된 **포토레지스트**(photoresist, PR)에 조사되어 광화학 반응을 일으킨다. 집적회로의 고집적화가 진행됨에 따라 컴퓨터를 이용한 설계(computer aided design: CAD)가 큰 역할을 하고 있다. 컴퓨터에 저장된 설계도를 따라 전자빔(electron beam) 장비를 사용하여 회로 패턴을 새기며, 빛이 투과되지 않는 부분에는 크로뮴(Cr)이 입혀져 있다. 하나의 집적회로 칩을 제조하는 데 보통 수십 개의 서로 다른 패턴의 마스크가 필요하다. 리드 프레임은 조립 공정 때 칩을 올려놓는 구리 구조물이다. 매우 가는 금선(gold wire)으로 칩과 연결하여 집적회로의 칩이 외부와 전기 신호를 주고받을 수 있도록 한다.

② 웨이퍼 가공

실리콘 웨이퍼를 고온(800~1,200℃)에서 산소와 반응시켜 웨이퍼 표면에 얇고 균일한 산화 규소(SiO_2) 박막을 형성시킨다(그림 7.12(a)). 산화 반응 시 사용되는 물질로는 O_2(건조 산화), H_2O/O_2 또는 H_2O/N_2(가습 산화), H_2O(수증기 산화) 등이 있다.

반도체 집적회로를 제조할 때 회로의 패턴을 실리콘 기판에 새겨 넣는 공정을 **리소그래피**(lithography)라고 한다. 마치 사진을 찍어 인화지에 옮기는 것처럼, 복잡하고 미세한 설계 패턴을 웨이퍼에 옮겨 나타내는 공정이다. 리소그래피 기술은 반도체 집적회로의 집적도를 결정짓는 핵심 기술이라고 할 수 있다. 회로의 선폭을 보다 미세하게 하여 집적도를 향상시키기 위해서는 리소그래피 기술의 발전이 필수적으로 요구된다. 아래에 리소그래피 공정을 기술하기로 한다.

③ 리소그래피

산화막이 입혀진 실리콘 웨이퍼 표면에 그림 7.12(b)와 같이 PR을 도포한다. PR은 빛 또는 방사선에 의해 화학 반응을 일으켜 용해도가 변화하는 고분자 재료로서, 에칭(etching, 식각)에 저항(resist)하는 특성을 가져 반도체의 리소그래피 공정에 핵심 재료로 사용된다.

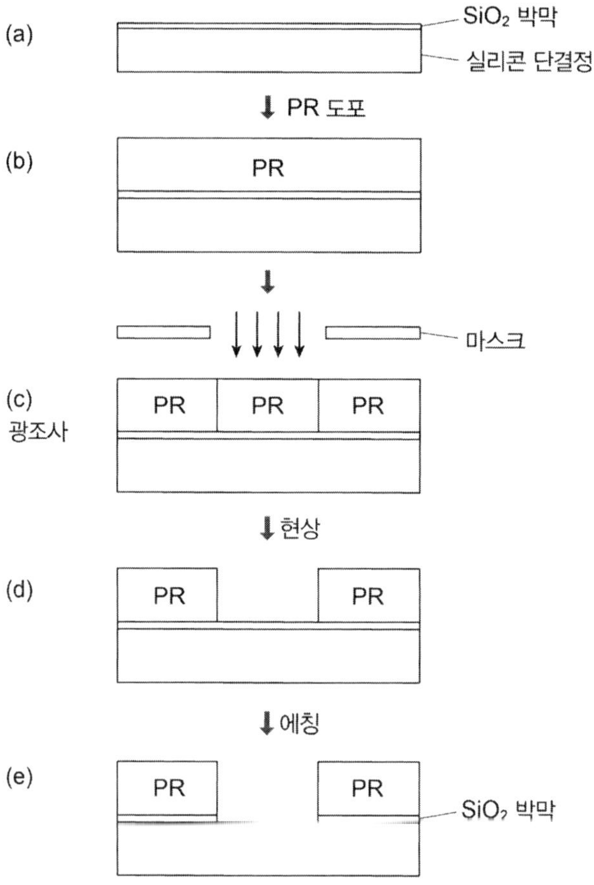

그림 7.12 PR을 사용한 패턴 형성 공정.

광조사(irradiation) 단계에서, 빛이 조사된 부분에서만 광화학 반응에 의하여 용해도가 변하는데, 그림 7.12(c), (d)에서는 용해도가 높아진 (빛이 조사된) 부분이 현상(development) 단계에서 현상액에 용해되어 제거되는 것을 나타내었다. 이처럼 빛이 조사된 부분이 현상액에 의해 제거되는 방식의 PR을 포지티브형(positive type)이라고 한다. 반대로, 빛이 조사되지 않은 부분이 현상 후 제거되고 조사된 부분이 남게 되는 방식은 네거티브형(negative type)이라고 한다. 현상 후 기판에 남은 PR막은 다음 단계인 에칭에서 산화 규소 층을 보호하는 역할을 한다.

그림 7.12(c), (d) 단계를 PR의 화학 반응에 초점을 맞추어 좀 더 자세히 살펴보자(그림 7.13, 그림 7.14). 광산 발생제(photoacid generator, PAG) 화합물과 P(BOCST) 고분자로 구성된 PR은 첫 번째 단계인 광조사에 의해 PAG에서 산이 발생하고, 두 번째

단계인 노광후 가열(post-exposure bake, PEB)에서 이 산이 촉매로 작용하여 터셔리 뷰톡시카보닐(tert-butoxycarbonyl)기를 분해시켜 페놀 구조를 가지는 P(HOST)를 생성한다. 부생성물인 터셔리 뷰틸 양이온은 아이소뷰틸렌과 양성자로 전환되는데 이때 발생한 양성자는 터셔리뷰톡시카보닐기를 분해하는 데 반복적으로 다시 사용되므로 산 촉매로 작용하는 것이다. 분해되지 않은 본래의 P(BOCST)는 알칼리 수용액에 녹지 않지만 P(HOST)는 녹기 때문에 빛이 조사된 부분만 선택적으로 현상액(알칼리 수용액)에 용해되어 제거되므로 미세 패턴을 얻을 수 있다. 이 미세 패턴은 현상에 의해 노광 부분이 제거된 것이므로 포지티브형이다(그림 7.14). 만약 유기 용매를 현상액으로 사용한다면 극성이 높은 P(HOST)는 녹지 않고 P(BOCST)만 녹게 되므로 비노광 부분이 제거된 네거티브형 패턴을 얻게 된다. 그림 7.15에 PR을 사용하여 제작한 시험 패턴(test pattern)의 사진을 보였다.

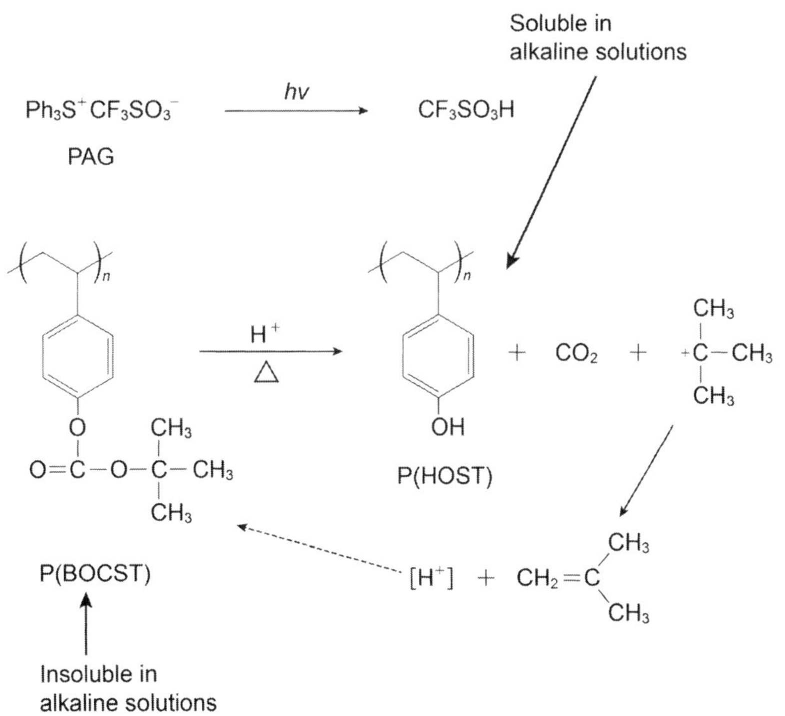

그림 7.13 반도체 리소그래피용 PR의 화학 반응.

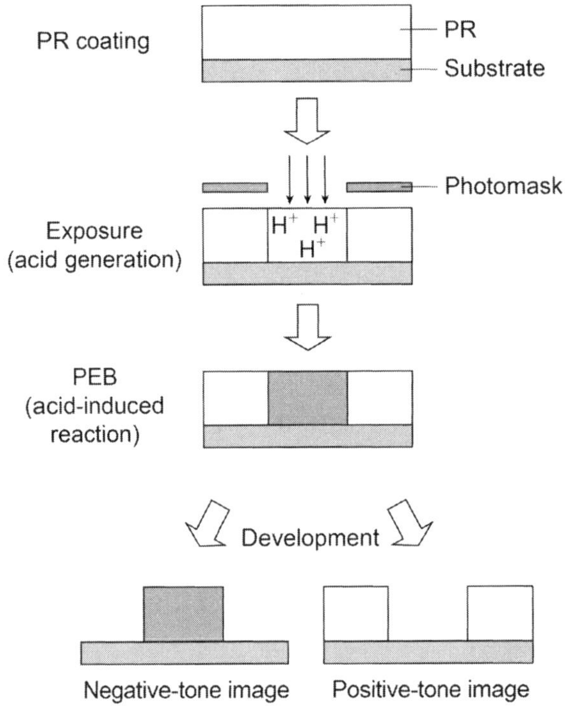

그림 7.14 PR을 이용한 미세 화상 형성 공정.

그림 7.15 PR을 이용하여 제작한 시험 패턴.

④ 에칭

그림 7.12(e)에서 나타내었듯이 에칭(etching)에 의해 산화 규소 막이 제거되어 실리콘 단결정 층이 드러나게 된다. 에칭 기술에는 용액을 사용하는 습식(wet)과 그렇지 않은 건식(dry)으로 나누어진다. 습식에서는 에칭이 등방성(isotropic, 에칭이 모든 방향으로 동일하게 진행)이므로 그림 7.16(b)와 같이 PR막의 아래쪽까지도 진행될 수 있

다. 이 같은 모양을 언더컷(undercut)이라고 하는데, 이렇게 되면 본래 설계했던 선폭과 다른 회로 선폭이 얻어지므로 불량 회로가 생기게 된다. 이러한 문제를 개선하기 위하여 건식이면서 이방성(anisotropic)인 에칭 기술로서 반응성 이온 에칭(reactive ion etching: RIE) 기술이 개발되어 사용되고 있다. 이 방법은, 에칭 대상인 박막 물질에 높은 반응성을 보이는 이온화된 활성 가스(플라스마)를 전기장에 의해 가속시켜 박막에 충돌시킴으로써, 박막과 활성 가스 간의 반응에 의해 박막을 휘발성 물질로 전환시켜 제거하는 방법이다. 산화 규소 막에 반응성을 가지는 활성 가스 성분으로서는 SF_6, CHF_3, O_2 등이 사용된다. 에칭 방향이 기판에 대하여 수직 방향으로 한정되므로 그림 7.16(c)와 같이 기판에 대하여 수직으로 형성된 산화 규소 막을 얻을 수 있다.

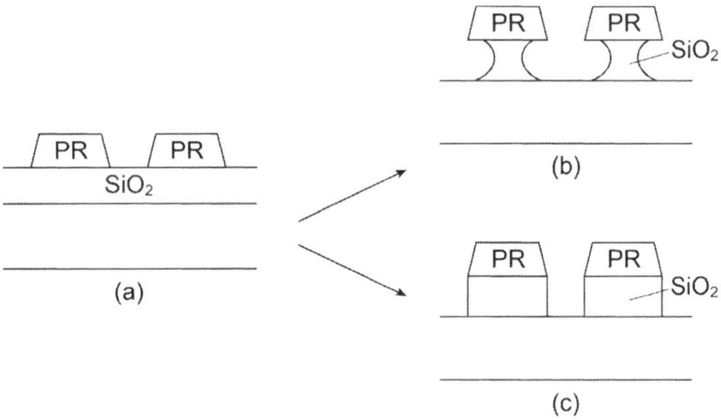

그림 7.16 에칭 공정.

용도를 다한 PR막은 제거되고 다음 단계인 불순물 확산 공정으로 넘어간다. 집적회로의 층에 따라 회로의 모양이 달라지므로 하나의 반도체 칩을 제조하기 위해서는 위와 같은 공정이 수십 회 반복된다. 각 반복 공정에서는 해당 공정에 맞게 설계된 서로 다른 패턴의 마스크가 필요하다.

⑤ 확산

그림 7.17에 불순물 확산 공정(impurity diffusion process)을 나타내었다. 그림에는 n형의 반도체 기판에 p형 불순물을 확산시키는 경우를 나타내었고, 반대로 p형의 기판에 n형 불순물을 확산시킬 수도 있다. 열확산법을 주로 사용하며, 고체 확산(B_2O_3,

P_2O_5, Sb_2O_3), 액체 확산(BBr_3, PCl_3, PBr_3), 기체 확산(BCl_3, B_2H_6, PH_3, AsH_3) 등이 있다. 결과적으로 pn 다이오드가 제조된 예를 보여 주고 있다.

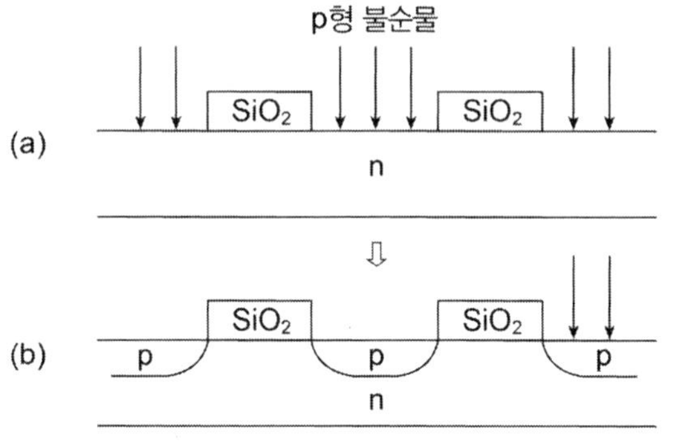

그림 7.17 불순물 확산 공정.

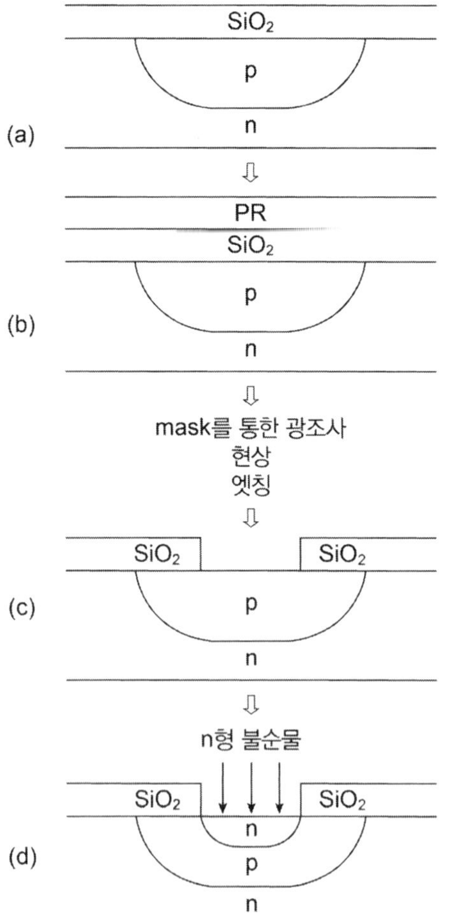

그림 7.18 npn형 트랜지스터의 제조.

트랜지스터를 만들기 위해서는 불순물 확산 공정이 끝난 후 기판에 산화 규소 막을 다시 형성시킨다(그림 7.18(a)). 여기에 PR을 도포하고 그림 7.12의 (b)~(e)와 같은 과정을 반복하여 그림 7.18(c)와 같이 p형 반도체 부분이 일부 드러난 패턴을 제조한다. 이 p형 내에 n형 불순물을 주입시키면 7.18(d)와 같은 npn형 트랜지스터를 제조할 수 있다.

⑥ 배선 및 패시베이션

소자를 다 새긴 후에는 산화 규소 막을 제거한 다음, 전기 전도도가 높고 증발 온도가 낮은 알루미늄, 몰리브데넘, 탄탈럼 등의 금속을 진공 중에서 전자빔으로 가열하여 그림 7.19(a)에 보인 것처럼 소자 위에 증착시킨다. 이 금속막을 PR을 사용하여 패터닝하고 그림 7.19(b), (e)처럼 단자를 만들어 소자들을 서로 연결(배선)한다. 집적회로가 완성되면 수분이나 불순물에 의한 오염이나 기계적 충격으로부터 보호하기 위해 그림 7.19(c)에 나타낸 것처럼 산화 규소 등으로 보호막을 형성시키는데 이것을 **패시베이션**(passivation)이라고 한다.

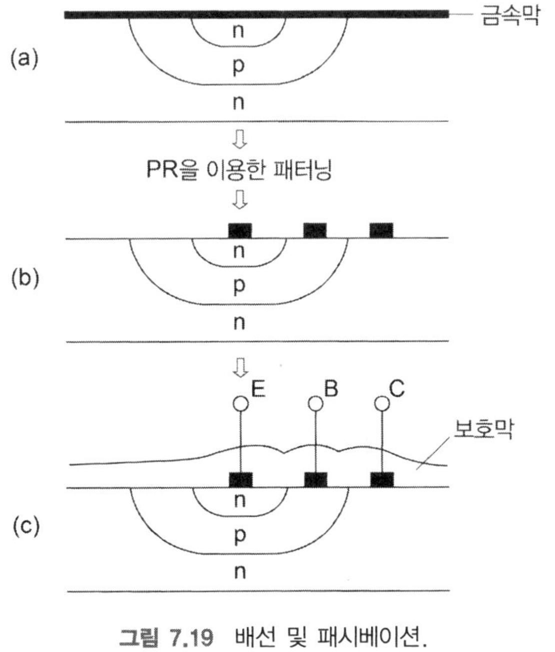

그림 7.19 배선 및 패시베이션.

⑦ 세정 및 패키징

완성된 집적회로는 세정 공정을 거쳐 오염 물질이 제거되는데, 제조 라인의 청정도가 수율을 크게 좌우하므로 중요한 공정 중의 하나이다. 웨이퍼 위에 형성된 집적회로 칩들의 전기적 동작 여부를 컴퓨터로 검사하여 불량품을 찾는다. 웨이퍼 위에 만들어진 집적회로를 그림 7.20에 보였다.

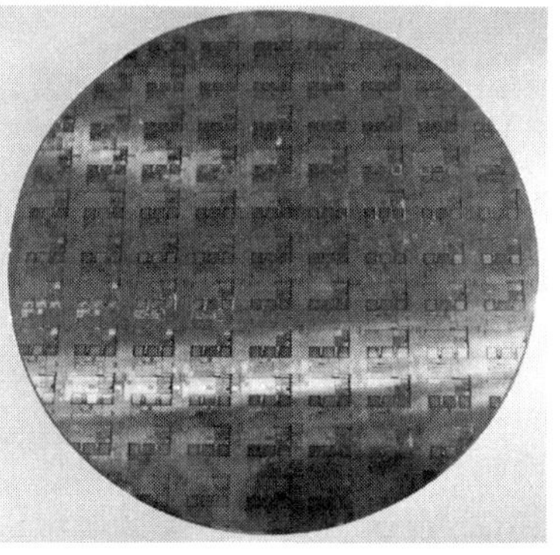

그림 7.20 집적회로가 웨이퍼 위에 완성된 모양. (출처:Peellden/Wikimedia Commons)

이후, 각 칩을 레이저나 다이아몬드 톱을 사용하여 하나의 집적회로 칩 단위로 잘라낸다. 잘라낸 칩 중 정상적인 칩만 리드 프레임 위에 올려놓고 금으로 만든 가는 선으로 칩의 내부 단자와 리드 프레임을 연결해 준다. 마지막으로, 연결 부분을 보호하기 위해 고분자 수지로 전체 칩을 밀봉한 뒤 회사명과 제품명을 써넣어 반도체 칩을 완성한다. 그림 7.21에 완성된 반도체 칩을 보였다.

그림 7.21 완성된 반도체 집적회로 칩

02 디스플레이

영상 시대의 개막은 인류 문명에 큰 혁신을 일으켰다. 정적인 사진에 머물렀던 정보의 전달이 눈앞에서 생생하게 움직이는 동영상으로 전환되면서 인류의 삶이 크게 변화되었다. 이러한 변화는 주로 TV의 발전을 통해 이루어졌다. 1897년 독일의 브라운 박사가 개발한 전자관이 훗날 캐쏘드선관(cathode ray tube, CRT)으로 발전하였다. 브라운관이라고 불리는 CRT는 전자 광선의 작용을 통해 전기 신호를 영상으로 변환해 표시하는 장치이다.

CRT는 대형 화면으로 갈수록 전자를 가속하는 공간이 커져야 하므로 부피가 커지고 무거워 장소를 많이 차지하고 이동이 불편하였다. 또한 소비전력이 높다는 단점도 있었다. 따라서 특히 휴대용 디스플레이로는 사용하기 어렵다. 이러한 단점을 극복하기 위해 플라스마 현상을 이용한 플라스마 디스플레이 패널(plasma display panel, PDP)이 개발되어 TV의 대형화, 슬림화에 기여하였다. 이후 **액정** 디스플레이(LCD), **유기발광 다이오드**(organic light emitting diode, OLED) 등의 디스플레이가 개발되어 현재 주로 사용되고 있다. 이러한 디스플레이는 평판이면서 두께가 얇고 가벼워, 액자처럼 벽에 걸 수도 있고 휴대도 용이하여 급속하게 생활 전반에 걸쳐 보급되었다. 이 절에서는 현대의 영상 문명을 주도하고 있는 LCD, OLED 디스플레이를 간략히 알아볼 것이다.

1. LCD

액정(liquid crystal)은 액체(liquid)와 결정(crystal)의 중간 상태의 물질이다. 보다 구체적으로는, 액정은 액체의 성질인 유동성을 가지면서 동시에, 결정의 특징인 규칙성이 있는 분자 배열을 갖고 있다. 결과적으로, 액정은 움직임이 가능한 액체이면서도 광학적으로는 배향이 가능한 결정 같은 특성을 가지기 때문에 디스플레이 소재로 사용된다.

분자가 액정 상태를 이루기 위해서는 분자의 형태가 봉 모양으로 생기고 분자의 장축이 동일 방향으로 정렬될 필요가 있다. 분자가 액정 상태를 가지기 쉬운 조건은, 분자의 모양이 폭(D)에 비해 길이(L)가 매우 커야 하며, 분자의 중앙 부분이 단단해야 하고, 분자의 끝부분이 다소 휘기 쉬워야 한다(그림 7.22). 이러한 분자 구조를 메소젠(mesogen) 구조라고 하며, 길이 대비 축(L/D)의 비율이 약 3 이상일 필요가 있다. 액정의 성질을 나타내는 분자의 대표적인 예로 그림 7.23의 4-cyano-4'-pentylbiphenyl (5CB)을 들 수 있다. 이 분자는 뻣뻣한(rigid) 벤젠 구조 부분과 유연한(flexible) 알킬 사슬 부분으로 구성되어 있는데, 뻣뻣한 구조는 규칙적인 배열을 만드는 역할을, 유연한 구조는 분자가 움직일 수 있게 하는 역할을 담당한다. CN기는 전기 쌍극자이기 때문에 전기장의 변화에 따라 분자의 배향을 바꾸는 역할을 한다.

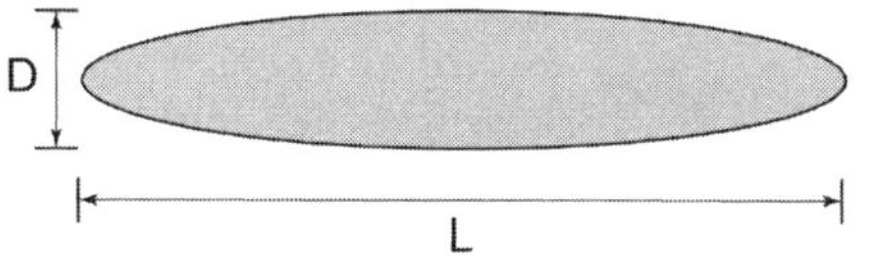

그림 7.22 액정 분자의 개념도.

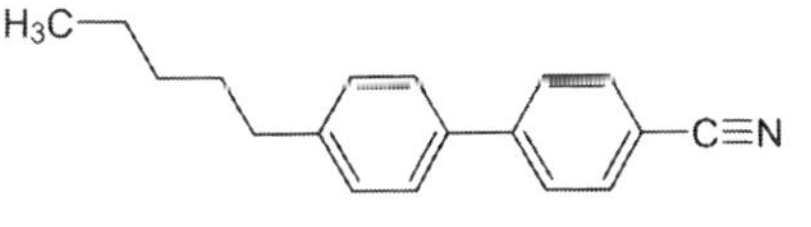

그림 7.23 4-cyano-4'-pentylbiphenyl (5CB)의 화학구조.

액정 성질을 나타내는 분자는 5CB 같은 저분자량 분자 외에 고분자형 액정도 존재한다. 그림 7.24에 나타내었듯이 주쇄로 연결된 구조(왼쪽)는 액정 분자의 뻣뻣한 중앙 부분이 양쪽 끝의 유연한 부분들에 의해 서로 연결되어 있고, 측쇄로 연결된 구조(오른쪽)는 유연한 고분자 사슬을 따라 액정 분자의 끝부분이 매달려 있는 구조이다.

그림 7.24 고분자 액정의 형태.

액정 분자들이 장축 방향으로 배열하면서(즉, 방향 질서를 가짐) 그림 7.25와 같이 네마틱, 스멕틱, 콜레스테릭 상의 배열을 형성한다. 네마틱 상은 분자들이 거의 일정한 방향을 향해 있고(즉, 방향 질서를 가짐) 층상 구조(위치 질서)를 가지지 않는다. 스멕틱 상은 층상 구조를 가지며, 모든 층 내의 분자들이 일정 방향을 향하고 있다. 스멕틱 상은 방향 질서뿐만 아니라 위치 질서도 가지기 때문에 네마틱보다 규칙성이 더 크고 고체에 가깝다. 콜레스테릭 상은 층상 구조를 가지며, 각층 내의 분자는 일정한 방향으로 배열하고 있고, 층들은 나선형으로 배향되어 있다.

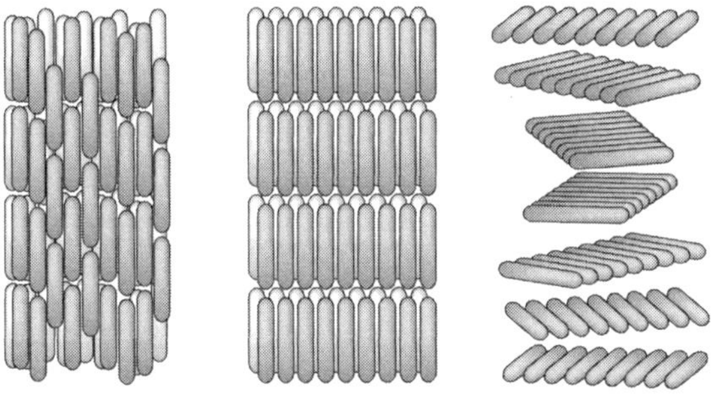

그림 7.25 액정 분자의 배열 방식.

특히 네마틱 상 액정은 큰 이방성(물리적 성질이 방향에 따라 다른 것)을 가지기 때문에 LCD에 주로 이용된다. 현재 많이 사용되고 있는 LCD는 TN(twisted nematic)형인데, 예를 들어 노트북에 사용되는 액정 화면이 TN형 액정을 이용한 것이다. 그림 7.26에 나타낸 것처럼 TN형 LCD에서는 90° 각도로 비틀어진 두 장의 편광판 사이에 액정 분자가 연속적으로 90°만큼 비틀린 액정층이 끼워져 있다. 전기장을 가하지 않은 OFF 상태에서는 한쪽의 편광판을 통과해 진행하는 빛의 진동 방향이 액정층을 통과하면서 90° 회전하게 되므로 다른 쪽 편광판까지 통과하게 되어 밝은 색을 내게 된다. 그러나 전기장이 가해지면(ON 상태) 액정 분자들이 전기장 방향으로 일정하게 배열돼 한쪽 편광판을 통과해 들어온 빛이 액정층에 의해 회전하지 않기 때문에 다른 쪽 편광판을 통과하지 못하게 되어 어둡게 표시된다. 또한, 인가된 전기장의 크기에 따라 투과되는 빛의 양이 조절된다. 이처럼 액정은 LCD에서 빛의 투과 또는 반사량을 조절하는 광 조절 밸브의 역할을 한다.

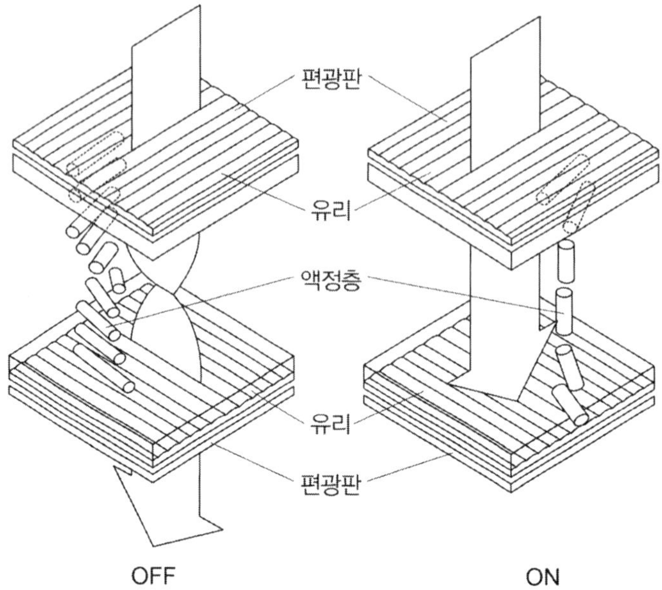

그림 7.26 TN형 LCD의 작동 원리.

LCD의 구조를 그림 7.27에 나타내었다. LCD에는 광원으로서 백라이트(backlight)가 존재하는데, 백라이트로부터 나온 빛은 편광판을 통해 한 방향으로 진동하는 빛만이 통과하게 된다. 이 빛이 두 장의 유리 기판 사이에 존재하는 액정을 통과하는 과정에서, 전기장의 세기에 따라 액정의 분자 배열이 바뀌면서 빛의 세기가 조절된다. 이 빛이 컬러 필터(color filter)를 통과하면서 원하는 색이 나타난다.

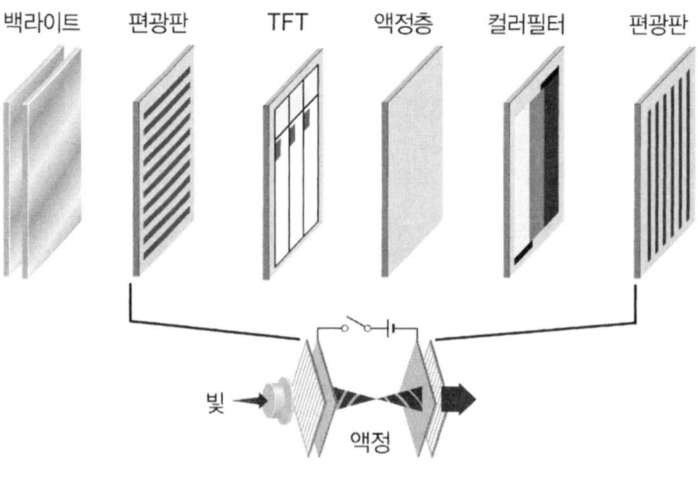

그림 7.27 LCD의 구조.

LCD의 가장 큰 장점은 두께가 얇고 소비전력이 낮다는 점인데, 이것은 LCD의 핵심 재료인 액정 층의 두께가 단지 수 μm에 불과하기 때문이다. 그러나 백라이트에서 나온 빛 중에서 필요한 부분만 남기고 차단하는 방식이기 때문에 선명도가 떨어진다. 또한 액정 분자의 움직임의 한계 때문에 응답 속도가 느려 빠르게 움직이는 동영상을 보면 잔상이 남는다. 화면이 정면에서는 잘 보이지만 비스듬히 보면 잘 보이지 않는 단점도 있다.

2. OLED 디스플레이

OLED는 유기물로 구성된 디스플레이 소자로서, 무기물을 토대로 하는 LED와 대비되며, 스스로 빛을 내는 자체발광 소자라는 면에서 LCD와 대비된다. OLED 디스플레이는 LCD에 비해 화질 반응속도가 1000배 이상 빠르다. LCD가 액정의 움직임을 통해 동영상 신호를 재생하기 때문에 구조적으로 시야각이 좁고 응답 속도가 느린 데 비해, OLED는 어떤 각도에서든 선명한 이미지를 보여줄 수 있고 응답 속도가 빨라 잔상이 남지 않는다. OLED는 물질 자체가 RGB(red, green, blue) 색깔을 내는 자체발광 소자이기 때문에 LCD에 있어야 하는 컬러 필터와 백라이트도 필요 없고 더 얇고 가벼운 디스플레이의 제작이 가능하다. 이러한 장점들 때문에 OLED 디스플레이가 LCD를 대체하면서 주력 디스플레이로 등장하고 있다. 두루마리처럼 둘둘 말거나 접어서 갖고 다니다가 필요할 때 펴서 볼 수 있는 OLED 디스플레이도 상업화되었다(그림 7.28). 참고로, OLED는 조명 시장에서도 형광등, 무기물 LED 등을 대체해 갈 전망이다.

그림 7.28 두루마리형 및 접을 수 있는 OLED 디스플레이
(출처: U.S. Army RDECOM/Wikimedia Commons, Jan Helebrant/flickr).

OLED 디스플레이의 기본 구조는 그림 7.29에 나타낸 바와 같이 캐쏘드(cathode), 전자 주입층(electron injection layer, EIL), 전자 전달층(electron transport layer, ETL), 발광층(emitting layer, EML), 정공 전달층(hole transport layer, HTL), 정공 주입층(hole injection layer, HIL), 애노드(anode)의 적층형 구조로 이루어져 있다. 전자 주입층은 캐쏘드로부터의 전자를 전자 전달층에 주입하는 역할을 하며, 전자 전달층은 주입된 전자를 발광층으로 전달하는 역할을 한다. 정공 주입층은 애노드로부터의 정공을 정공 전달층에 주입하는 역할을 하며, 정공 전달층은 주입된 정공을 발광층으로 전달하는 역할을 한다. 발광층에서는 전달된 정공과 전자가 재결합하여 여기자(exciton)를 형성하고, 여기자가 바닥 상태로 전이하면서 발광을 하게 된다.

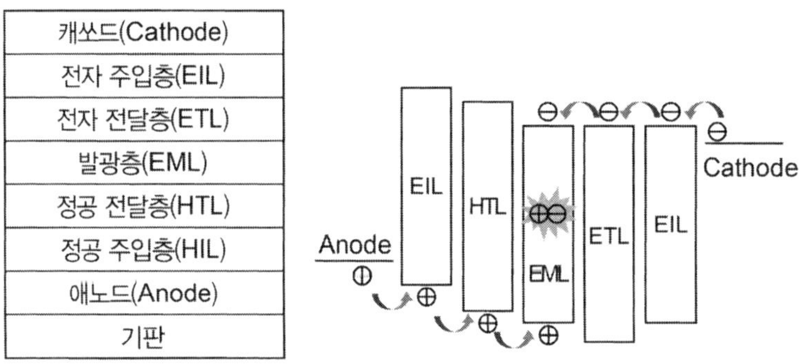

그림 7.29 OLED 디스플레이의 구조.

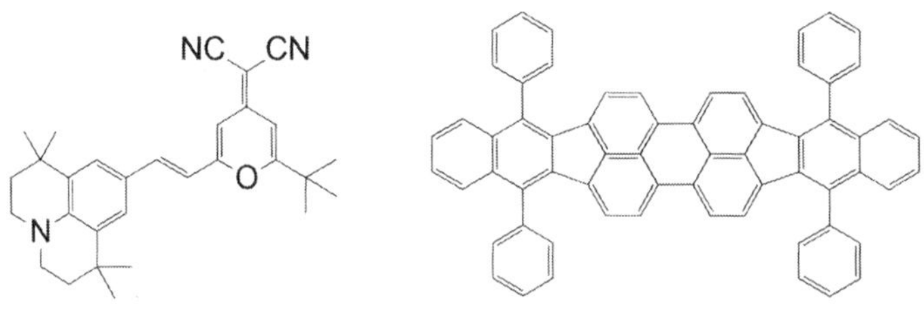

DCJTB　　　　DBP

그림 7.30 OLED에서 적색 형광 발광재료로 사용되는 유기 화합물.

OLED의 발광층은 형광 또는 인광을 발광하며, 적색(R), 녹색(G), 또는 청색(B)을 나타낸다. 이 현상을 전기 발광(electroluminescence, EL)이라고 부른다. 띠간격이 크면 짧은 파장을 가진 청색 쪽의 빛이 나오고, 띠간격이 작으면 긴 파장을 갖는 적색의 빛이 나오게 된다. 전기 발광 현상을 나타내는 대표적인 화합물로서, 특히 적색 형광 발광재료로 사용되고 있는 화합물을 그림 7.30에 나타내었다.

OLED는 많은 장점 때문에 디스플레이와 조명 분야에서 시장을 확대해 가고 있지만, 공정 비용에 의한 비싼 제품 가격 등은 개선되어야 한다. 아울러, 유기 물질은 수분, 산소와 화학적인 반응을 일으키기 쉬워 수명이 짧다는 단점이 있어서 이의 개선도 필요하다.

CHAPTER

8 생체의료용 신소재

01 인공 근육

생체의 근육은 뼈와 뼈를 연결하는 관절 부분을 붙들어 주는 부위로, 필요할 때 부느러운 움직임으로 힘을 낼 수 있다. 근육은 근육 섬유 다발로 구성되어 있고, 근육 섬유 한 가닥은 1,000여 개의 미세근육으로 구성된다. 각각의 미세근육은 마이오신과 액틴이라는 두 종류의 단백질로 구성된다. 뇌의 신호에 따라 액틴이 마이오신 중앙 쪽으로 미끄러져 들어오면서 근육이 수축하게 되면 물건을 드는 힘이 생기는 방식으로 작동한다(그림 8.1). 액틴과 마이오신이 서로 반대 방향으로 움직이면 근육이 이완된다.

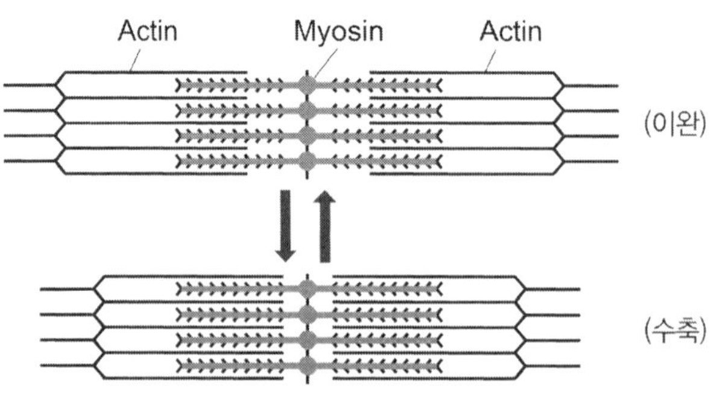

그림 8.1 근육의 수축과 이완의 원리

생체 근육의 수축과 이완 작용으로 생물체의 움직임은 부드럽고 자연스럽다. 이에 비해 지금까지 개발된 로봇은 모터나 피스톤 같은 기계 장치에 의해 작동하기 때문에 어색하고 부자연스럽게 움직인다. 향후 인공 근육이 개발되어 로봇에 장착된다면 사람처럼 자연스럽게 움직이게 되어 보다 활용성이 커질 것이다. 그림 8.2에 인공 근육이 장착된 로봇 손의 움직임을 나타내었다.

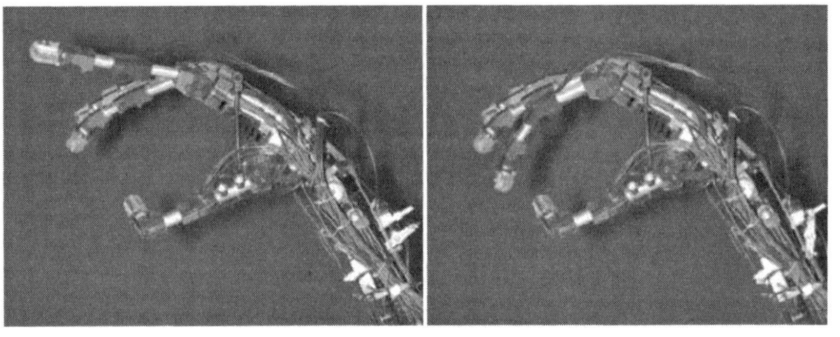

그림 8.2 EAP 인공 근육이 장착된 로봇의 움직임
(출처: Dr. Graham Whiteley, Sheffield Hallam U., UK./NASA)

1. 인공 근육용 소재

인공 근육은 수축이완 변형을 일으킬 수 있으며, 특정 자극 요소에 의해 변형 속도, 응력 등이 조절될 수 있는 인공소재이다. 인공 근육의 가능성이 있는 재료로는 온도 등에 의해 변형을 일으키는 형상기억합금이 있으며, 현재 상업화되어 있다. 전기에 의한 활성을 나타내는 세라믹도 있으나 높은 전압이 요구되고 변형률이 적어 인공 근육으로의 응용은 기대하기 어렵다. 가장 응용 가능성이 큰 재료는 고분자로, 화학기계 시스템(chemomechanical system)으로 불린다.

고분자 인공 근육 소재는 크게 **전기활성 고분자**(electroactive polymer, EAP)와 비전기활성 고분자로 나눌 수 있다(표 8.1). EAP는 전기자극으로 수축이완 변형을 반복적으로 일으킬 수 있는 고분자를 의미하며, 전기자극에 의한 변형률이 높아 인공 근육으로의 응용성이 높을 것으로 기대되고 있다. EAP는 작동 메커니즘에 따라 전장 전기활성 고분자(electronic EAP)와 이온 전기활성 고분자(ionic EAP)로 분류할 수 있다.

전장 전기활성 고분자는 전기장 또는 쿨롱힘에 의해 구동하며(그림 8.3), 이온 전기활성 고분자는 이온의 이동 또는 확산에 의해 구동한다(그림 8.4).

표 8.1 인공 근육용 고분자의 분류

분류	전기활성 고분자(EAP)		비전기활성 고분자	
	전장 전기활성 고분자	이온 전기활성 고분자	물리적 자극인자에 의한 재료	화학적 자극인자에 의한 재료
자극 인자	전기	전기	빛, 자기장, 열	이온, pH, 화학 에너지
구동 원리	전기장 또는 쿨롱힘에 의한 구동	이온의 이동 및 확산	상전이, 작용기 간 인력	작용기 간 결합 및 인력, ATP
대표적 예	- 강유전성 EAP - 유전체 EAP - 전기 점탄성체	- 이온 고분자 젤 - IPMC - 전도성 고분자 - 탄소 나노 튜브 - 전기 유동 유체	빛, 자기장, 열에 의하여 변형되는 고분자	이온, pH, 화학 에너지에 의하여 변형되는 고분자

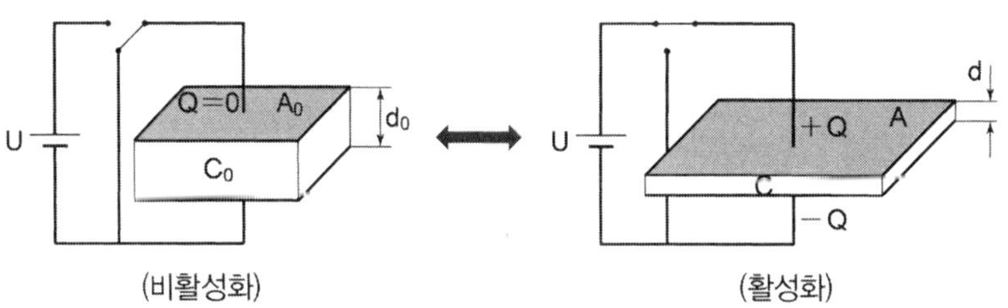

그림 8.3 전장 전기활성 고분자의 구동.

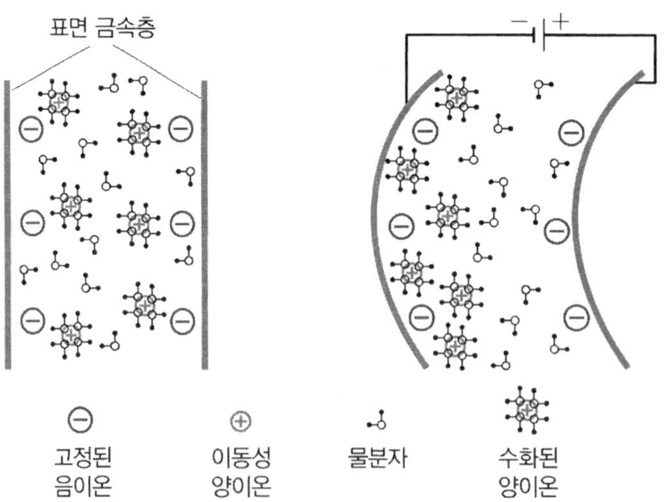

그림 8.4 이온 전기활성 고분자의 구동 원리.

이온 전기활성 고분자의 한 종류로서 현재 가장 활발한 연구가 진행되고 있는 소재는 IPMC(ionic polymer metal composite)이다. 이 소재는 이온 교환이 가능한 고분자 전해질의 양면을 금속으로 도금하여 전극을 형성한 구조를 가진다(그림 8.4). 예를 들어, Nafion과 같은 고분자 전해질은 곁사슬 말단에 설폰산 음이온(SO_3^-)과 이온쌍을 이루는 양이온을 가지고 있어서 해리 매질(dissociation medium)하에서 전압을 가하면 양이온의 움직임이 발생하여 IPMC의 변형을 일으킨다. 이것은 양이온이 해리 매질 분자에 용매화되어 반대 전극으로 이동하는 전기-삼투압(electro-osmosis) 현상에 의한 것이다.

비전기활성 고분자는 전기자극 이외에 물리적 자극 인자(빛, 자기장, 열 등) 또는 화학적 자극 인자(이온, pH, 화학 에너지 등)에 의해 수축이완 변형을 일으킨다. 온도 변환에 따라 변형을 일으키는 재료에는 형상기억합금과 상전이 온도를 기점으로 변형되는 형상기억 고분자, 고분자 젤 등이 있으며, 빛에 의하여 고분자의 작용기 간의 인력이 변화하여 변형되는 재료와 자기장에 의해 분자를 들뜨게 해 변형되는 재료가 있다. 이온과 pH에 따라 고분자의 작용기가 해리되어 작용기 간의 결합 및 인력에 의해 수용액 상에서 변형을 일으키는 재료가 있다. 또한 마이오신, 액틴과 같은 생체 단백질을 이용한 합성 고분자 젤이 있으며, 이것은 화학 에너지(ATP)에 의해서 구동된다.

2. 인공 근육의 응용

이러한 인공 근육 소재를 로봇에 적용하여 항공, 우주, 군사, 의료 등의 첨단 분야에 활용하기 위한 연구가 활발하게 이루어지고 있다. 예를 들어 우주탐사, 화산탐사, 재난 현장에서의 생존자 수색, 테러나 전쟁에서의 정보 수집 등 인간이 접근하기 어려운 장소에서 활용될 수 있다. 한편, 인류의 삶을 윤택하고 편리하게 하기 위한 인간친화형, 인간생활지원 로봇의 개발이 요구되고 있다. 이러한 바이오 로봇은 인간에 안전해야 하며, 소음 등이 없어야 한다. 인공 근육은 기계적 구성요소(motor, gear 등)가 없어서 소형화가 가능하며, 소음이 없는 장점이 있다.

급속한 노령화와 사회적 가치관의 변화로 인하여, 현 인류는 삶의 질의 향상과 건강한 삶에 대해 매우 큰 관심이 있다. 인체의 노화로 인한 여러 질병 중 가장 대표적인 것이 노안이며, 일반적으로 40세 이상이 되면 서서히 눈의 조절력이 떨어지기 시작해서 책을 오래 보기가 힘들어지고 눈앞이 침침해지며, 60세 이상이 되면 조절력을 거의 상실하여 가까운 것을 명확히 볼 수 없게 된다. 눈의 조절이란 가까운 물체를 주시하기 위해 눈에서 일어나는 현상으로, 눈의 모양체근의 수축에 의해 모양소대의 이완이 일어나 수정체의 만곡이 증가되어 일어난다. 이러한 조절이 약화되면 가까이 있는 물체에 초점을 제대로 맞추지 못하기 때문에 노안이 일어나는 것이다. 인공 근육은 모양체근과 같은 평활근(smooth muscle)을 보완, 대체할 수 있으므로 노화에 따른 질병 치료에 응용할 수 있다. 또한 사고 또는 질병으로 인하여 손상되거나 퇴화된 근육, 즉 안면근(face muscle), 골격근(skeletal muscle), 심장근(cardiac muscle) 등으로 응용할 수 있다.

02 콘택트렌즈

콘택트렌즈(그림 8.5)란 안구의 전면에 직접 밀착시켜 사용하는 렌즈를 말하며, 시력 교정 또는 미용을 목적으로 한다. 초기의 콘택트렌즈는 유리나 PMMA를 이용하여 제작한 딱딱한 하드렌즈였다. 여기에 젖음성(wettability), 유연성, 함수성을 개선하여 착용감을 보완한 하이드로젤 렌즈가 등장하면서 콘택트렌즈의 대중화가 이루어졌다. 그 후 산소 투과성(O_2 permeability)을 향상시킨 실리콘 하이드로젤 렌즈가 개발되었다.

그림 8.5 콘택트렌즈.
(출처: Africa Studio/Shutterstock)

그림 8.6에 콘택트렌즈 제조에 사용되었거나 사용되고 있는 단량체 또는 고분자를 나타내었다. 콘택트렌즈용 단량체는 주로 바이닐 단량체이며 라디칼 중합으로 고분자를 합성한다. 라디칼 중합은 반응의 조절(특히 다분산도)이 용이하며 가교 구조의 형성에 의해 젤을 제조하기가 쉽다. 가교제(crosslinking agent)로는 두 개의 작용기를 가지는 EGDMA 등을 사용한다. 고분자의 가교에 의해 젤화(gelling)를 더 용이하게 일으킬 수 있고, 또한 젤의 탄성 계수를 높일 수 있다.

대부분의 콘택트렌즈는 두 종류 이상의 단량체를 공중합시켜 제조한다. 공중합을 시킴으로써 단일 종류의 고분자가 가지는 단점을 보완할 수 있다. 예를 들어, 높은 산소 투과성 때문에 사용하는 실리콘 고분자는 소수성(hydrophobic)이 높아서 콘택트렌즈에 사용하기에 불리하다. 그러나 친수성(극성이 높은) 단량체를 함께 사용하여 실리콘 단량체와 공중합시키면 이러한 문제를 해결할 수 있다. 아울러, 공중합을 활용하여 기계적 특성을 향상시킬 수도 있다. 예들 들어, 실리콘 기반 소재의 탄성 계수를 낮추기 위해 연성 고분자(soft polymer)를 포함시킬 수 있다. 표 8.2에 콘택트렌즈 소재의 몇 가지 특성을 정리하였다.

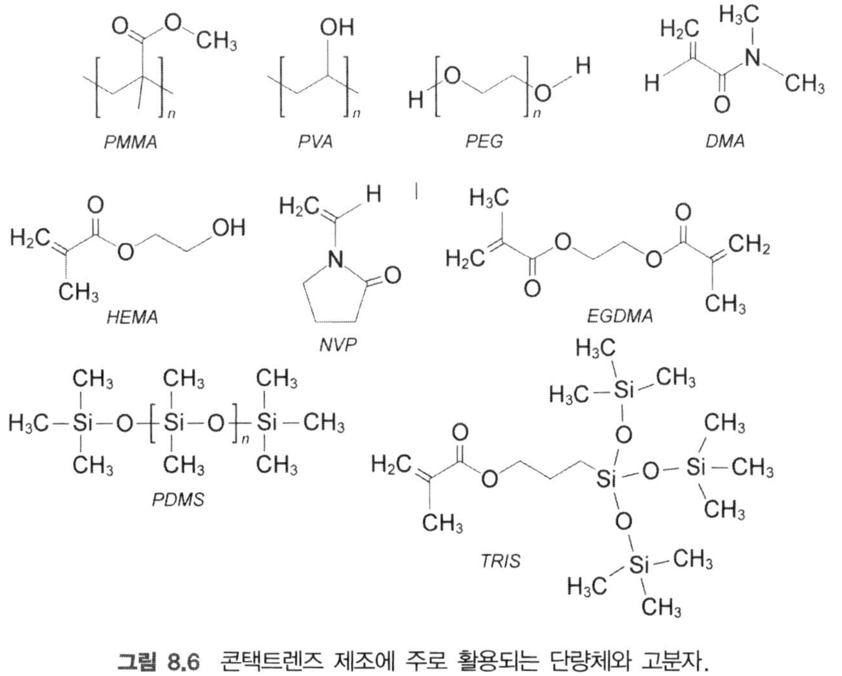

그림 8.6 콘택트렌즈 제조에 주로 활용되는 단량체와 고분자.

표 8.2 콘택트렌즈 소재의 특성

소재	산소 투과도 (Dk/t)	수분 함량 (중량%)	탄성 계수 (MPa)	착용 시간 (days)
PMMA	0	0	1,000	<1
PMMA-silicone	15	0		
Silicone-HEMA (hard)	10~100	0	10	
HEMA hydrogel HEMA-NVP HEMA-MMA	10~50	30~80	0.2~2	1~7
Silicone hydrogel TRIS-HEMA PDMS-HEMA	60~200	20~55	0.2~2	7~28
PVA	10~30	60~70		<1

1. 콘택트렌즈 소재의 발전

① 하드렌즈

콘택트렌즈는 재질에 따라 하드렌즈, 탄성렌즈, 소프트렌즈로 분류된다. 하드렌즈는 다시 가스 불투과성 하드렌즈와 가스 투과성 하드렌즈로 나뉜다. 가스 불투과성 하드렌즈는 1880년대에 유리로 제조된 렌즈가 그 시작으로, 착용감이 떨어지는 단점이 있었다. 이후 1930년대에 PMMA를 기본 재료로 하는 렌즈가 출시되었다. PMMA 렌즈는 광학적으로 우수하고 안정도가 높은 장점 때문에 초기 콘택트렌즈 시장의 대부분을 차지하였다. 그러나 젖음성(wettability)이 좋지 않아 착용감이 떨어지고 각막(cornea)에 대한 산소 투과성이 매우 낮아 생리적 문제를 일으켰다. 특히 장시간 착용하거나 높은 도수의 두꺼운 렌즈를 착용한 사람들에게 많은 문제가 발생하였다. 이러한 단점을 개선하기 위하여 가스 투과성 하드렌즈가 개발되었다.

가스 투과성 하드렌즈는 "rigid gas permeable(RGP)" 렌즈로 불렸고, cellulose acetate butyrate, silicon resin 및 siloxanyl/MMA 혼합물이 주로 이용되었다. PMMA 기반 하드렌즈에 비하여 산소 투과도는 어느 정도 개선되었지만 여전히 젖음성이 낮아 착용감이 좋지 않다는 단점이 있었다.

② 소프트렌즈

소프트렌즈는 하드렌즈에 비해 유연(flexible)하고, 말거나 접어도 손상을 입지 않는다. 하드렌즈가 눈에 편안해질 때까지 어느 정도의 적응 기간이 필요한 반면, 소프트렌즈는 통증이나 불편함 없이 적응할 수 있다. HEMA의 고분자는 산소 투과성과 젖음성이 우수하고, 분자 내에 친수성 하이드록시기(-OH)를 가지고 있어 수분 함량(H_2O content)이 높기 때문에 하이드로젤(hydrogel) 콘택트렌즈 제조에 주로 사용되었다. **하이드로젤 렌즈**는 HEMA와 소량의 가교제에 의해 그물 모양으로 형성되어 다량의 물을 함유한다. HEMA 기반 하이드로젤 렌즈는 착용감이 우수하지만, 장시간 착용 시 단백질과 지방 등이 렌즈 표면에 침착된다. 특히 단백질 침착물은 렌즈의 수명을 단축시키고 착용 시 이물감을 느끼게 하며, 심한 경우 알레르기성 결막염, 안구 건조증, 각막염 등의 문제를 일으킨다.

이러한 단점을 개선하기 위하여 1998년 **실리콘 하이드로젤 렌즈**가 개발되었다. Si-O 결합을 갖는 실리콘 고분자는 렌즈 표면이 소수성 성질을 띠므로 단백질 흡착 억제 특성을 가진다. 또한 실리콘 하이드로젤 렌즈는 HEMA와 실리콘 고분자의 공중합체로 제조되어 하이드로젤 렌즈의 젖음성과 실리콘 고분자의 높은 산소 투과성을 동시에 가진다. 이후 산소 투과성과 젖음성을 향상시키기 위한 연구개발이 지속되고 있다.

2. 콘택트렌즈 소재의 개발 동향

콘택트렌즈 소재 개발의 가장 중요한 목표는 긴 착용 시간과 우수한 착용감이다. 이를 달성하기 위하여 고려되어야 할 요소들을 그림 8.7에 정리하였다. 우수한 젖음성, 산소 투과성, 수분 함량이 기본적으로 갖추어져야 한다. 실리콘 소재의 사용은 산소 투과성 향상에 가장 큰 기여를 한다. 또한 소재의 수분 함량이 높을수록 젖음성과 함께 산소 투과성이 증가한다. 여기에 더하여 적절한 두께와 기계적 특성을 가져야 한다. 실리콘 하이드로젤 렌즈는 다른 소재에 비하여 산소 투과도가 가장 높고, 수분 함량이 양호하며, 높은 Si-O 결합 에너지 때문에 내구성이 우수하여 가장 많이 사용되고 있다.

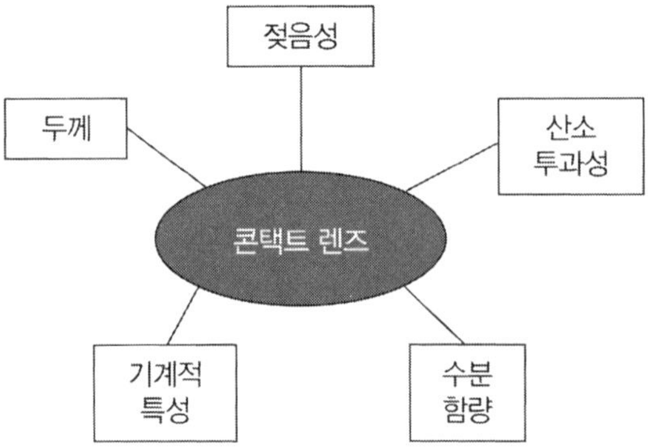

그림 8.7 콘택트렌즈 개발에서 고려되어야 할 요소들.

최근 폴리바이닐알코올(poly(vinyl alcohol), PVA)을 기본 소재로 하는 콘택트렌즈가 많은 관심의 대상이 되고 있다. PVA 기반 하이드로젤은 낮은 비용, 높은 생체이용율(bioavailability), 우수한 젖음성 등이 장점이다. 특히 PVA는 하이드록실기가 존재하기 때문에 원하는 특성을 얻기 위한 화학적 변환(chemical modification)이 용이하다.

흡습성 생체 고분자(hydroscopic biopolymer)인 히알루론산(hyaluronic acid, HA)(그림 8.8)도 콘택트렌즈의 연구개발에서 많은 관심을 받고 있다. HA가 가지는 아미노기 및 하이드록시기는 친수성을 강화시켜 높은 생체 친화성을 갖게 한다. 현재 시판되는 일부 콘택트렌즈 제품에는 HA가 윤활제(lubricating agent)로 첨가되어 있다. 향후, HEMA 기반 하이드로젤이나 실리콘 하이드로젤의 특성을 향상시키기 위해서 HA가 윤활제로 더 많이 활용될 것으로 예상된다. 그러나 HA의 높은 가격 때문에 불리한 점도 있다.

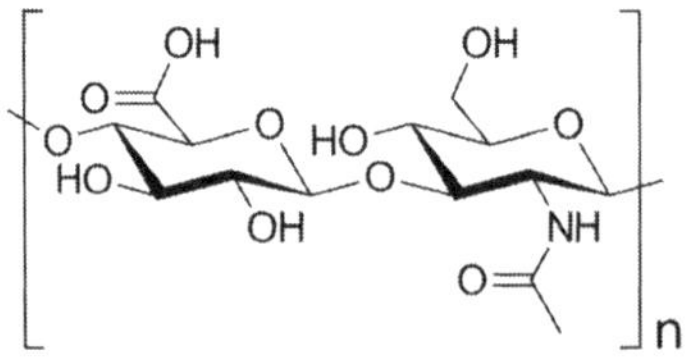

그림 8.8 히알루론산(hyaluronic acid)의 화학구조.

현재까지의 콘택트렌즈는 대부분 시력 보정 혹은 미용 등의 목적으로 활용되었다면, 최근에는 착용만으로 생체 정보나 건강상태를 실시간으로 진단하여 휴대전화로 무선전송을 해 주는 등의 스마트 콘택트렌즈의 연구도 활발히 진행되고 있다. 예를 들어, 가해지는 응력에 따른 저항 변화로 미세한 부피 변화를 감지하는 **응력 센서**(strain sensor)를 콘택트렌즈에 집적화함으로써, 실시간으로 안압을 진단하는 스마트 콘택트렌즈(smart contact lenses)가 개발된 바 있다(그림 8.9). 이러한 렌즈에 사용되는 소재는 센서나 무선 송신을 담당하는 전자 회로(NFC 칩, near field communication) 등이 연결될 수 있어야 한다. 실리콘 하이드로젤 렌즈(탄성 계수 ≈ 0.09 MPa)에 탄성 계수가 매우 높은 UV 경화형 고분자층(UV curable polymer layer, 탄성 계수 ≈ 360 MPa)을 일부 혼합하여, 센서에 안구의 부피 변화에 따른 응력을 최대한 집중시킴으로써 미세한 압력까지 감지할 수 있도록 설계하고 있다.

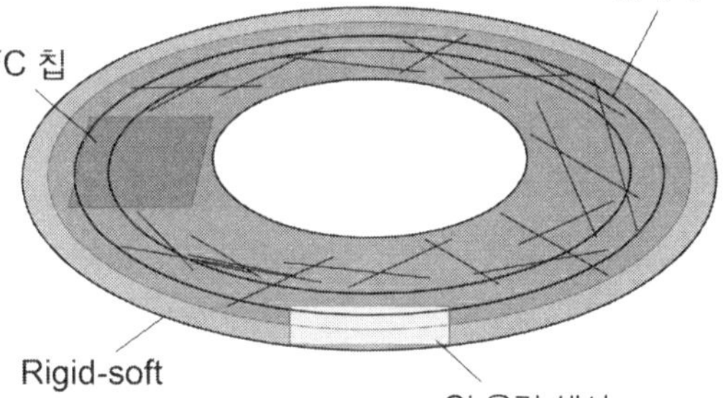

그림 8.9 스마트 콘택트렌즈의 구조.[1)]

이외에도, 포도당과 반응하여 광학적 특성이 달라지는 발색 소재를 소프트 콘택트렌즈에 내장하여, 눈물 속 포도당 농도 변화에 따른 색변화로 혈당 수치를 측정하는 스마트 콘택트렌즈도 개발된 바 있다.[2)] 콘택트렌즈로 혈당 수치를 진단하는 것은 혈액을 채취하는 방법에 비해 부담이 작고 간편하며, 실시간 진단이 가능한 장점이 있다.

이처럼 다양한 기능의 스마트 콘택트렌즈들이 개발되고 있지만, 상용화를 위해서는 초고감도 및 질환 인자에 대한 선택성이 명확한 소재의 개발, 또한 생체적합성이 우수한 소재의 접목이 필수적이다. 아직은 질환 인자의 검출을 위한 시간이 오래 소요

1) Nat Biomed Eng 5, 772-782. (2021)
2) Anal. Chem., 76, 610-618. (2004)

되거나 샘플의 부피가 많이 요구되는 등 극복해야 할 한계점들이 존재하지만, 병원을 방문하지 않고도 환자의 거부감 없이 건강상태의 실시간 진단이 가능하다는 점에서 향후 주목받을 기술로 전망된다.

03 치아수복용 복합수지

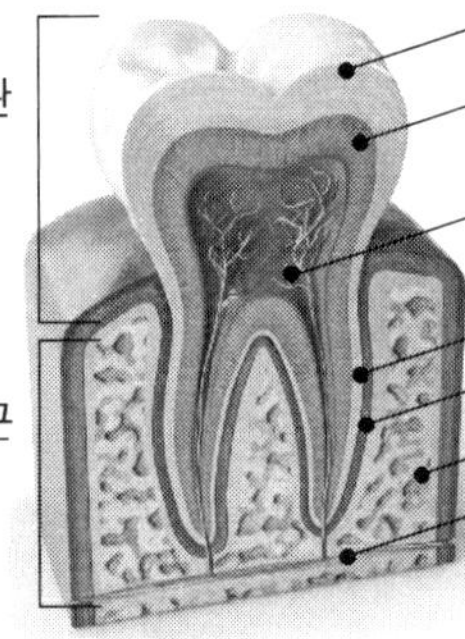

그림 8.10 치아의 구조.

치아는 그림 8.10에 나타내었듯이 바깥층으로부터 법랑질(enamel), 상아질(dentin), 백악질(cementum), 치수(pulp)로 구분된다. 법랑질은 무기질(인산석회, $Ca_{10}(PO_4)_6(OH)_2$) 95~98 질량%, 유기질 3~5 질량%로 구성되어 있다. 법랑질은 세포가 없고 모스 경도(Mohs hardness)가 6~7 정도로 생물체 구성 성분 중 가장 단단하며, 손상을 입으면 재생이 불가능하다. 상아질은 딱딱하고 견고한 조직처럼 느껴지지만, 확대해 보면 미세한 구멍이 많은 조직이다. 75 질량%의 무기질, 20 질량%의 유기질, 5 질량%의 물과 기타 물질로 이루어져 있으며, 모스 경도 4~5 정도인 약간 유연한 조직이다. 치수는 치아의 가장 안쪽 부분을 구성하는 조직으로, 치아의 성장과 발육 시기에 치아에 영양을 공급한다.

치아가 충치 등에 의해 손상되면, 재생이 불가능하기 때문에 인공재료로 수복해야 한다. 과거에 널리 사용되어오던 아말감(amalgam)은 수은의 합금으로, 시술이 쉽고 내마모성(durability of abrasion) 등의 기계적 물성은 우수하지만, 자연치아와의 색상의 차이가 뚜렷하여 심미성이 떨어지고 치아조직과의 접합성이 좋지 않을 뿐 아니라 수은의 점진적인 유출로 인하여 장기적인 관점에서 의료인이나 환자의 인체에 유해하다는 단점이 있었다. 따라서 현재는 이러한 단점을 극복할 수 있는 고분자 복합수지가 개발되어 주로 사용되고 있다. **치아수복용 고분자 복합수지**는 심미성과 기계적 특성이 우수하고 인체 유해성이 낮은 장점이 있다. 그림 8.11에 손상된 치아를 고분자 복합수지로 수복한 사례를 나타내었다. 치아수복용 고분자 복합수지는 2장 03절에서 설명한 고분자/세라믹 복합재료에 해당한다. 고분자 복합수지의 화학적 원리는 어떻게 될까?

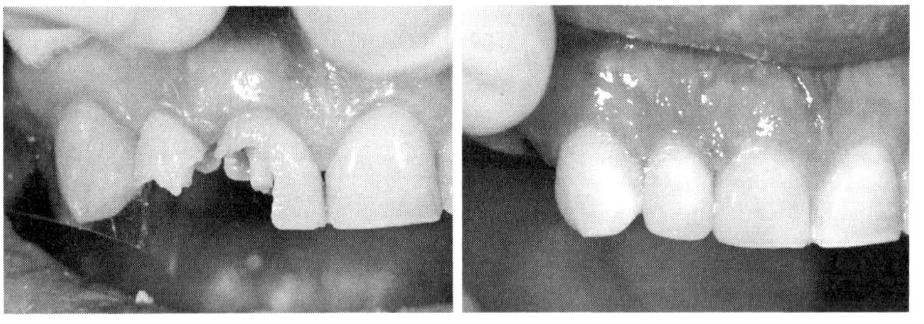

그림 8.11 손상된 치아(왼쪽)과 고분자 복합수지로 수복한 치아(오른쪽).
(출처: Lighthunter/ Shtterstock)

1. 복합수지의 구성

치아수복용 고분자 복합수지의 주요 구성 물질로는 이작용성 단량체(difunctional monomer), 반응성 희석제(reactive diluent), 광개시제(photoinitiator), 촉진제(activator), 무기 충전재(inorganic filler), 색소(pigment)를 들 수 있다. 이작용성 단량체로서는 그림 8.12에 나타낸 bis-GMA와 UDMA가 단독으로 또는 혼합되어 사용되는데, 중합이 가능한 메타크릴레이트기를 2개씩 가지고 있다. 이들 단량체를 한 개의 메타크릴레이트기를 가지며 분자량이 작은 MMA와 비교하면, bis-GMA와 UDMA는 분자량이 커서 **중합수축**(polymerization shrinkage)이 작고, 중합이 가능한 작용기가 2개이므로 더 강한 그물구조 중합체를 생성하며, 휘발성이 없고 구강 내에서 빨리 굳는다. 그러나 bis-GMA와 UDMA는 점도가 높아서 충분한 양의 무기 충전재를 혼합하기가 어렵다. 따라서 점도가 매우 낮은 TEGDMA를 반응성 희석제로 bis-GMA 또는 UDMA

단량체에 혼합하여 점도를 낮춘다. TEGDMA도 메타크릴레이트기를 2개 가지기 때문에 중합에 참여할 수 있다.

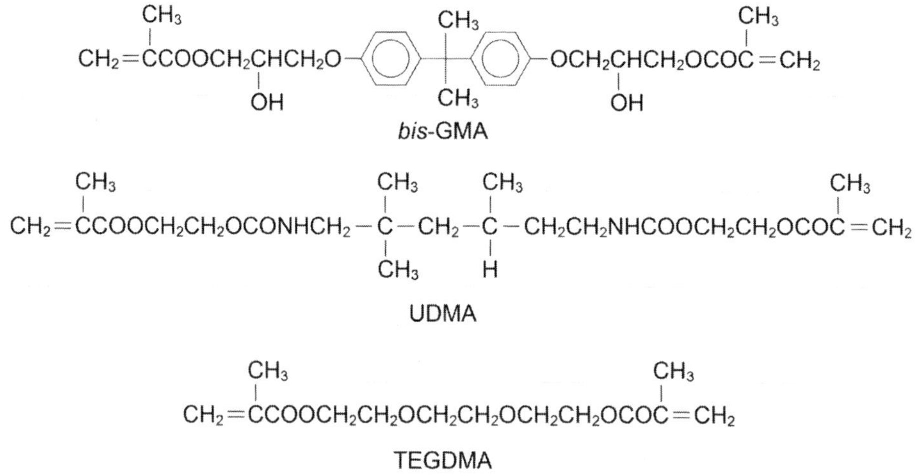

그림 8.12 치아수복용 복합수지에 사용되는 단량체와 희석제.

복합수지가 ① 우수한 기계적 성질(특히 치아의 저작압(occlusal pressure)에 견딜 수 있는), ② 우수한 마모 저항성, ③ 낮은 열팽창 계수, ④ 낮은 중합 수축(polymerization shrinkage)을 나타낼 수 있도록 무기(세라믹) 충전재 분말을 혼합한다. 무기 충전재는 복합수지 전체 중량의 70% 이상 혼합되며, 주로 석영, 붕규산염 유리, 리튬 알루미노규산염 유리(lithium aluminosilicate glass), 바륨 유리(barium glass), 바륨 알루미노규산염 유리(barium aluminosilicate glass), 알루미나, 알루미노규산염 유리 등을 사용한다. 무기 충전재 입자의 크기는 일반적으로 1~100 μm 범위이다.

고분자와 무기 충전재의 결합력이 부족하면 시술 시 또는 사용 시에 복합수지 표면에서 충전재 입자가 탈리될 수 있고, 고분자–무기 분말 간의 계면으로 물이 침투하여 복합수지 강도의 저하 및 변색을 일으킬 수 있다. 따라서 무기 충전재 입자를 실레인 커플링제(silane coupling agent)로 **표면 개질**(surface modification)하여 고분자와 무기 충전재 입자가 화학적으로 단단하게 결합하도록 한다. 그림 8.13에 표면 개질된 무기 충전재 입자를 나타내었다. 표면 개질제로는 대표적으로 3–트라이메톡시실릴프로필메타크릴레이트(3–(trimethoxysilyl)propyl methacrylate, 3–TMSPMA)를 사용한다. 실리카 입자의 표면에 존재하는 실란올(silanol)기와 3-TMSPMA 메톡시실란기의 축합 반응에 의해 Si-O-Si 구조가 생성되면서 메타크릴레이트기가 실리카 입자 표면에 공유 결합으로 붙게 된다. 이 메타크릴레이드기는 bis-GMA 또는 UDMA의 중합 시에 함께 중합되어 매트릭스 고분자에 단단하게 결합한다.

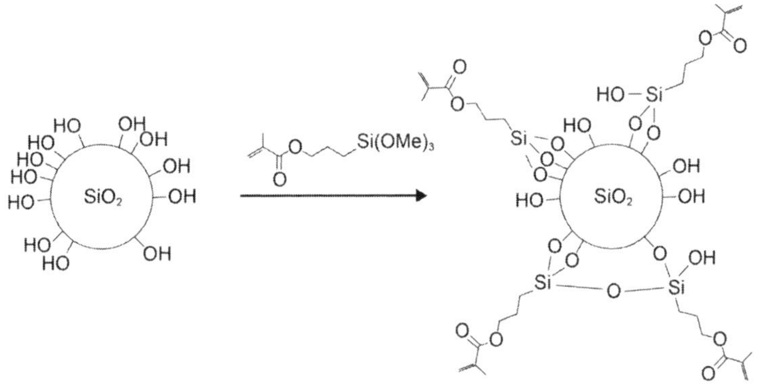

그림 8.13 표면 개질된 무기 입자.

광개시제로는 인체에 무해하고 가시광선(420~480 nm 파장) 조사에 의해 분해되어 라디칼 화학종을 생성할 수 있는 캠퍼퀴논(camphorquinone)이 주로 사용된다. 캠퍼퀴논만으로는 감도가 낮고 중합 반응이 느리게 진행되기 때문에 촉진제로 N, N-다이아미노에틸 메타크릴레이트(N,N-dimethylaminoethyl methacrylate, DMAEMA) 같은 3차 아민이 소량 첨가되어 사용된다. 이외에는 복합수지의 색상을 자연치아와 유사하게 만들기 위한 색소가 포함된다.

2. 복합수지의 경화 반응

복합수지 조성물(composite resin formulation)은 말랑거리는 반죽과 유사하다. 치아의 손상 부위에 복합수지 조성물을 충진한 후 광조사기로 빛을 조사하면 먼저 캠퍼퀴논에 라디칼 구조가 생성된다(그림 8.14). 이 라디칼 화학종이 촉진제에서 수소 원자를 뽑아오면서 촉진제에 라디칼 구조가 생성되고, 이 촉진제의 라디칼 화학종이 단량체의 메타크릴레이트기를 공격하면서 라디칼 중합이 시작된다.

복합수지 조성물에 사용되는 단량체와 희석제는 메타크릴레이트기가 2개씩인 이작용성이기 때문에 그림 8.15에 나타낸 것처럼 가교 중합이 일어나 그물구조 모양의 중합체가 생성된다. 중합에 의해 가교 구조가 형성되면서 점도가 빠르게 증가하여 대략 1분 안에 딱딱하게 굳는다. 조성물이 굳으면서 분자의 움직임이 급격하게 제한되기 때문에 어느 정도의 메타크릴레이트기가 미반응으로 잔류하기 쉽다. 이것을 PMG(pendant methacrylate group)라고 하는데, PMG는 생체 유해성을 나타낼 수 있으므로 메타크릴레이트의 반응을 최대한 일으켜 PMG의 수를 최소화할 필요가 있다. 무기 충전제의 표면에 존재하는 메타크릴레이트기도 중합에 함께 참여하여 충전제 입자가 중합체에 단단하게 고정된다.

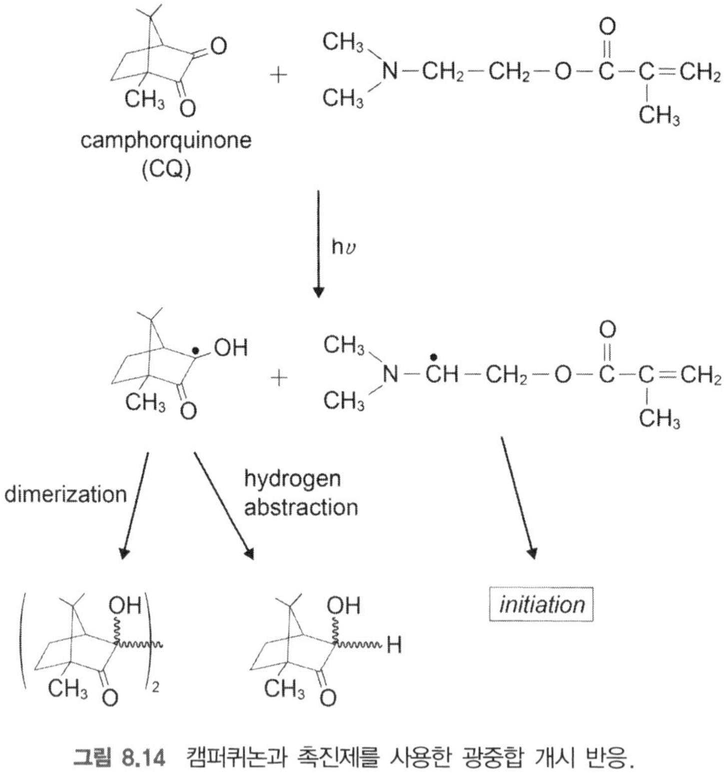

그림 8.14 캠퍼퀴논과 촉진제를 사용한 광중합 개시 반응.

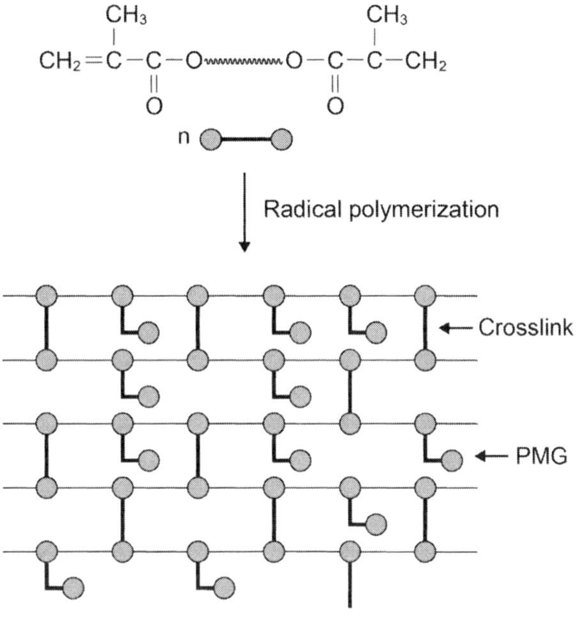

PMG: (unreacted)pendant methacrylate group

그림 8.15 이작용성 메타크릴레이트 화합물의 가교 반응에 의한 그물구조 중합체 생성.

3. 치아수복용 복합수지 개발 동향

최근에는 단순히 기존의 치아를 대신하는 기본적인 역할 이외에도 자연치아와 조화를 이루는 심미적 요소를 고려할 뿐만 아니라, 시술 후에도 이차적인 충치 예방을 할 수 있도록 서서히 플루오린 이온을 방출하는 등 복합적 기능을 수행하는 치아수복 재료들이 개발되고 있다.

복합수지 조성물의 중합 과정에서 메타크릴레이트기가 서로 접근하게 되므로 중합 수축이 일어나게 된다. 그림 8.16에 나타낸 것처럼 빛이 가장 강하게 조사되는 윗부분부터 중합이 일어나므로 중합이 나중에 진행되는 옆부분과 아랫부분의 복합수지 부분이 들려 올라가게 된다. 이에 따라 복합수지와 치아와의 접착력이 약해질 수 있고, 발생한 틈에 이차적인 충치가 발생할 수 있다. 따라서 중합 수축을 최소화하는 것이 중요한 과제 중의 하나이다. 중합 수축을 감소시키는 일반적인 방법으로서는 ① 무기 충전제의 함량을 높이거나, ② 분자량이 더 큰 단량체를 사용하거나, ③ 개환 반응

(ring-opening reaction)에 의해 부피가 팽창되거나 부피 수축이 최소화되는 단량체를 개발하는 것 등이 있다.

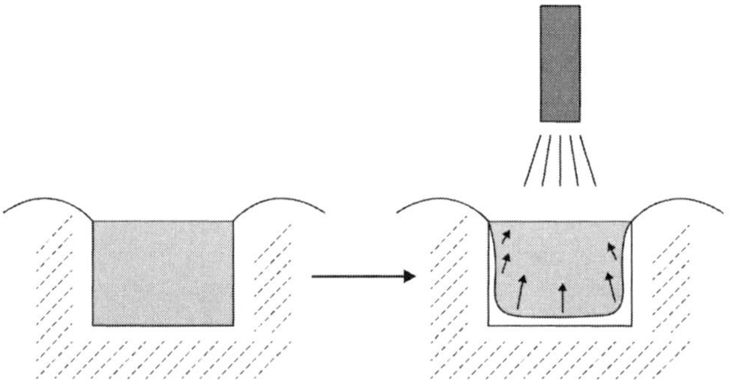

그림 8.16 치아수복용 복합수지 조성물의 중합 시 발생하는 중합 수축.

CHAPTER 9

에너지와 신소재

01 리튬 이온 이차 전지

전지는 전기화학 반응을 통해 화학 에너지를 전기 에너지로 변환하는 장치이다. 방전만 가능하여 한 번만 사용 가능한 일차 전지와는 달리 이차 전지는 충전을 통해 여러 번 사용할 수 있기 때문에 환경적, 경제적으로 유리하다. 이차 전지는 가전, 컴퓨터, 휴대전화 등의 동력원으로 다양하게 사용되고 있을 뿐만 아니라 최근에는 전기자동차 및 대용량 전력 저장 시스템으로 그 적용 범위를 넓혀가고 있다.

리튬 이온 이차 전지는 애노드 및 캐쏘드에서 리튬 이온이 관여하는 산화/환원 반응을 통하여 화학 에너지를 전기 에너지로 변환하는 장치로, 1991년에 상용화되었다. 리튬의 전극 전위가 모든 원소 중에서 가장 낮은 값을 가지기 때문에 리튬 이온 전지의 전압은 크다. 아울러 리튬이 가벼운 금속이기 때문에 에너지 밀도(energy density, 단위 질량당 저장 에너지량) 면에서도 매우 유리하다. 결과적으로 기존의 니켈-수소 전지, 니켈-카드뮴 전지에 비해 높은 작동 전압과 무게 · 부피당 높은 에너지 밀도를 가지기 때문에 현재 이차 전지 시장에서 우위를 점하고 있다. 특히 최근 시장이 급성장하고 있는 전기자동차의 경우 1회 충전으로 주행이 가능한 거리를 최대화하기 위하여 전지의 에너지 밀도 향상이 연구개발의 중요한 이슈로 대두되고 있다. 아울러 가격이 저렴하고 내구성과 안정성을 갖춘 전지를 개발하기 위한 경쟁이 치열하게 전개되고 있다. 이를 위하여 전지의 주요 구성 요소인 애노드, 캐쏘드, 분리막, 전해액을 개선하기 위한 연구가 다양하게 진행되고 있다.

1. 리튬 이온 이차 전지의 구조 및 원리

리튬 이온 이차 전지는 크게 애노드, 캐쏘드, 전해질, 분리막으로 구성되어 있다. 그림 9.1에 리튬 전지의 구성과 충방전의 원리를 나타내었다. 탄소재 또는 리튬 합금이 애노드로 사용되고, 캐쏘드로는 Li_xCoO_2와 같은 리튬계 산화물이 사용되며, 이 전극 물질들은 층상 구조를 가진다. 방전 시에는 애노드에 있던 Li^+ 이온이 전해질을 통해 이동하여 캐쏘드의 층 사이로 들어가면서 캐쏘드에서 **층간 삽입**(intercalation) 반응이 일어나게 된다(식 9.1). 충전 시에는 식 9.1 반응의 역반응으로, 산화물 캐쏘드 층간에 들어있던 리튬 원자가 이온 형태로 빠져나가 전해질을 통하여 애노드로 이동한다.

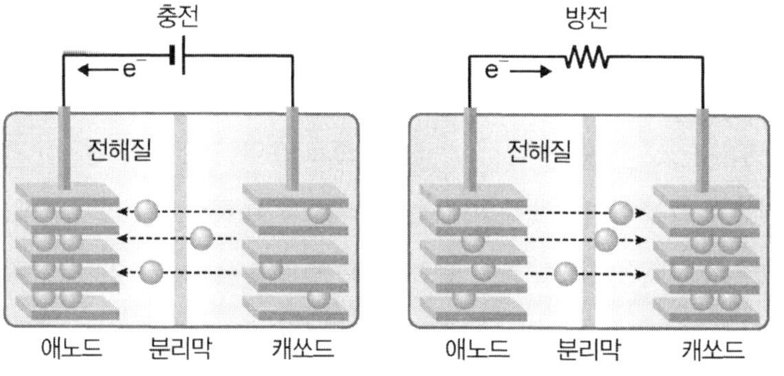

그림 9.1 리튬 이차 전지의 구성과 충방전의 원리.

$$CoO_2 + xLi^+ + xe^- \rightarrow Li_xCoO_2 \quad (9.1)$$

애노드에는 결정성 흑연이 주로 사용되는데, 캐쏘드와 마찬가지로 층상 구조를 가져 리튬 이온이 층간에 삽입될 수 있고, 탈리될 수도 있다. 애노드에서는 방전 시에 다음 식 9.2의 산화 반응이 일어나고, 생성된 전자는 외부 회로를 따라 캐쏘드 쪽으로 흐른다. 충전 시에는 이 반응의 역반응이 일어난다.

$$CLi_x \rightarrow C + xLi^+ + xe^- \qquad (9.2)$$

전해질은 리튬 이온의 이동이 일어나는 매체로서, 일반적으로 리튬염을 유기 용매에 용해시킨 혼합물을 사용한다. 두 전극에서의 반응에 의하여 전해질 중에 존재하는 리튬 이온의 농도는 일정하게 유지된다.

2. 리튬 이온 이차 전지용 전극 물질

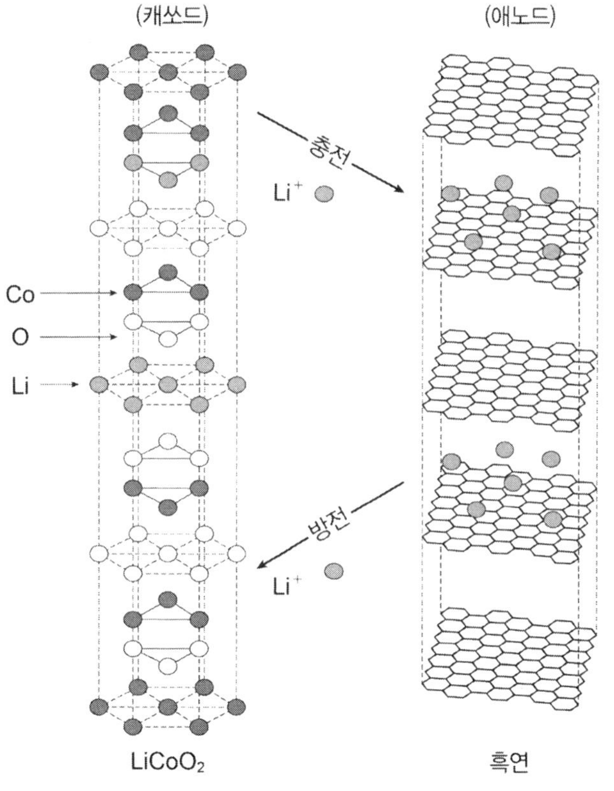

그림 9.2 $LiCoO_2$ 캐쏘드와 흑연 애노드의 층상 구조 및 리튬 이온의 이동.

1970년대에 처음 제안되었던 리튬 이온 이차 전지의 애노드는 금속 리튬이었다. 그러나 일반적으로 금속 애노드는 충방전 시 나뭇가지 모양 돌기(dendrite)가 형성되기 때문에 전지의 충방전 수명에 한계가 있고 내부 단락(short)의 우려가 있다. 따라서 리튬 이온 이차 전지의 안정성을 향상시키기 위한 다양한 시도가 이루어졌는데, 그중 대표적인 것이 탄소재 전극인 결정성 흑연 전극을 사용하는 방법이다(그림 9.2).

리튬 이온 이차 전지에서 애노드 활물질(active material)은 리튬 대비 낮은 전위가 요구되는데, 흑연 전극은 리튬 대비 0.1 V 정도의 낮은 전위를 가진다. 이 때문에 상업화된 리튬 이온 이차 전지가 4.0 V 정도의 고전압을 나타낼 수 있다. 또한 흑연은 리튬의 가역적인 삽입/탈리가 가능한 층상 구조를 가지고 있어서 안정적인 전지 구동을 가능하게 한다.

보다 개선된 애노드 소재를 개발하려는 노력도 계속되고 있다. 실리콘의 경우 1개의 실리콘 원자가 리튬 이온 4개를 잡아 둘 수 있는 데 비해, 흑연은 6개의 탄소 원자가 1개의 리튬 원자를 잡아 둘 수 있다. 따라서 실리콘의 이론적 저장 용량이 4,200 mAh/g으로, 흑연의 이론 용량(372 mAh/g)에 비해 매우 높다. 반면 실리콘은 리튬 이온의 삽입 및 탈리 시 300% 정도의 이론적 체적 변화를 나타내는데, 흑연의 이론적 체적 변화인 12%보다 매우 높다. 실리콘의 이러한 큰 체적 변화는 내부 단락 유발, 애노드 물질의 부스러짐, 집전체로부터의 탈리 현상 등을 일으키므로 애노드 소재의 상용화에 걸림돌로 작용한다. 최근 그림 9.3과 같이 실리콘을 나노선(nanowire)으로 성장시켜, 나노선이 가지는 유연함과 실리콘 사이에 빈 공간을 제공하여 이러한 단점을 개선한 애노드 소재가 개발되었다. 또한 흑연에 실리콘을 수% 정도 혼합하여 흑연의 저장 용량을 증가시키면서 부피 변화는 작은 애노드 소재도 연구되고 있다.

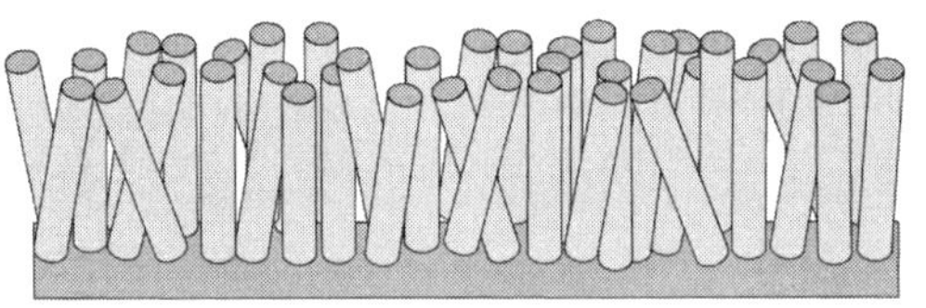

그림 9.3 실리콘 나노선 전극.

캐쏘드 소재로는, 리튬 이온이 소재로부터 저장/방출 시 전기적 중성을 유지해야 하므로 전이 금속을 포함하고 있는 리튬계 산화물 캐쏘드 소재가 집중 개발되고 있다. 최초로 상용화된 리튬 이온 이차 전지 캐쏘드 소재인 층상 구조 $LiCoO_2$을 그림 9.2에 나타내었다. $LiCoO_2$는 리튬 이온이 소재 내에 가득 차 있을 경우(완전 방전 시) Co가 +3가로 존재하게 되며, 반대로 리튬 이온이 소재로부터 완전히 방출된 경우(완전 충전 시) Co가 +4가로 존재한다. 그러나 리튬 이온이 이 소재로부터 0.5개 이상 방출될 경우(Li_xCoO_2에서 x 〈 0.5) 층상 구조가 붕괴되는 문제점이 있다. 따라서 $LiCoO_2$ 구조에서 가역적으로 활용 가능한 리튬의 양이 제한되기 때문에 소재가 발휘할 수 있는 전지용량 역시 감소하게 된다.

이러한 단점을 개선하기 위하여 Co를 니켈, 망가니즈, 알루미늄 등으로 부분 치환한 소재가 개발되었다. $LiNi_xMn_yCo_{1-x-y}O_2$ 또는 $LiNi_{1-x-y}Co_xAl_yO_2$ 소재는 이종 원소를 도입함으로써 층상 구조를 안정화시켜 더 많은 리튬을 가역적으로 저장/방출할 수 있게 되었다.

3. 리튬 이온 이차 전지용 전해질

리튬 이차 전지에서 충전/방전 반응이 일어날 때 외부 전기 회로에서는 전자가 이동하고, 전지 내부에서는 리튬 이온이 이동한다. 리튬 이온의 이동은 전해질(electrolyte)이라는 매체를 통해 일어난다(본래 전해질은 용매에 용해되어 이온종을 생성할 수 있는 물질을 지칭하지만, 리튬 이차 전지에서는 리튬 이온이 이동하는 매체를 전해질이라고 부른다). 이 전해질은 용매를 함유하고 있으며 용매의 상태에 따라 전해질을 표 9.1과 같이 분류할 수 있다.

표 9.1 용매 종류에 따른 리튬 이차 전지 전해질의 분류 및 특성

용매의 상태	액체	고체	젤 고분자
용매의 조성	유기 액체	무기물 또는 고분자	고분자 + 유기 액체
이온 전도도	high	low	good
안전성	poor	high	good
기술 완성도	high	low	good

액체 용매를 사용하는 **액체 전해질**은 리튬 염을 유기 용매에 용해시킨 것으로, 현재 생산되고 있는 대부분의 리튬 이차 전지에 적용되고 있다. 이온 전도도가 높지만 화재나 폭발 위험성을 가지는 것이 단점이다. 무기물이나 고체 고분자를 사용하는 **고체 전해질**은 액체 상태의 전해질에 비해 안전성이 높지만 일반적으로 이온 전도도가 낮다.

그러나 최근 액체 전해질과 유사한 높은 이온 전도도를 나타내는 고체 전해질이 다수 보고되면서 상용화를 위한 연구개발이 활발히 진행되고 있다. **젤 고분자 전해질**은 액체 전해질과 고체 전해질의 중간적 특성을 보이며, 현재 시판되고 있는 리튬 폴리머 전지에 일부 적용되고 있다.

리튬 이차 전지에 사용되는 액체 전해질은 용매, 리튬 염, 첨가제로 구성된다. 그림 9.4에 액체 전해질에 사용되는 구성 성분을 정리하였다. 액체 전해질의 이온 전도도에 큰 영향을 주는 것이 유기 용매의 유전율과 점도이다. 현재 리튬 이차 전지에 사용되고 있는 용매는 대부분 카보네이트계 화합물이다. 일반적으로 고리형 카보네이트는 고유전율/고점도의 특징을 보이는 반면, 선형 카보네이트는 저유전율/저점도를 나타낸다. 리튬 염의 용해/해리 측면에서는 유전율이 높을수록 유리하지만 이온의 이동도(mobility) 측면에서는 점도가 낮은 것이 바람직하다. 액체 전해질에 사용되는 대부분의 용매는 적절한 유전율과 점도를 갖도록 고리형 카보네이트와 선형 카보네이트의 혼합물을 사용한다.

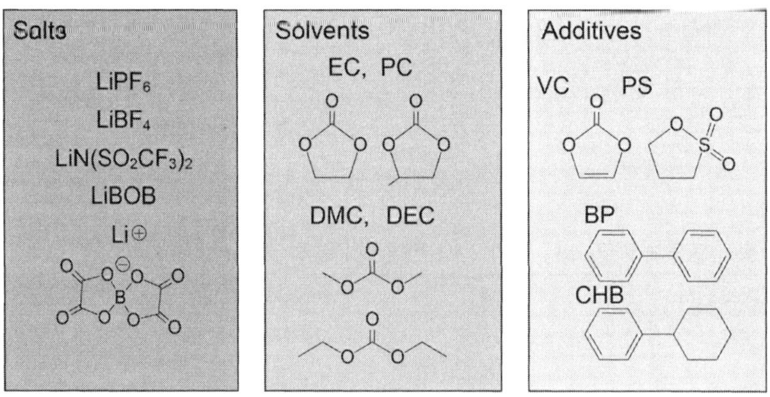

그림 9.4 리튬 이차 전지용 액체 전해질의 구성 성분.

그림 9.4에 나타낸 **리튬 염** 중 $LiPF_6$는 열적으로 불안정하며, 미량의 수분과 반응하여 HF를 생성하고 생성된 HF가 전지 성능을 저하시키는 문제점이 있음에도 불구하고, 높은 이온 전도도와 우수한 안전성 때문에 현재 대부분의 액체 전해질에 채택되고 있다. **첨가제**는 액체 전해질의 기능을 향상시키기 위하여 첨가된다. 캐소드나 애노드 표면에 보호막을 형성하여 전지의 열화를 억제하거나 안전성을 향상시킨다. 용매나

리튬 염에 작용하여 안정성이나 이온 전도도를 높여주기도 한다. 대표적인 첨가제로 바이닐렌 카보네이트(vinylene carbonate, VC)를 들 수 있는데, 애노드와 캐쏘드 표면에 보호막을 형성하여 전극의 열화를 억제해 준다.

표 9.1에서 액체 전해질의 이온 전도도가 높은 것으로 되어 있지만, 기본적으로 유기 용매에서의 이온 전도도는 물에서보다 매우 낮다. 물과 비교할 때 유기 용매에서의 낮은 이온 전도도는 액체 전해질을 사용하는 리튬 이차 전지의 충방전 속도를 제한하는 주요 원인 중 하나이다. 이것을 바꾸어 말하면, 액체 전해질의 이온 전도도를 높임으로써 리튬 이차 전지의 출력 특성을 향상시킬 수 있다는 뜻이다.

4. 리튬 이온 이차 전지용 분리막

분리막은 캐쏘드와 애노드 사이에 위치하여 두 전극의 직접적인 접촉을 막아 내부 단락을 방지함으로써 이차 전지의 안정성의 측면에서 중요한 역할을 담당한다. 동시에 전지의 충방전 시 리튬 이온이 원활하게 통과할 수 있는 통로를 제공함으로써 전지의 출력 특성에도 영향을 준다. 일반적으로 분리막은 폴리에틸렌, 폴리프로필렌 등의 **폴리올레핀**(polyolefin)계 재료로 제조된다. 분리막은 용매 추출과 이축 연신을 기반으로 하는 습식 공정(wet process) 또는 일축 연신을 기반으로 하는 건식 공정(dry process)을 통해 수 nm에서 수 μm에 이르는 미세 기공을 가지는 다공성 필름의 형태로 만들어져 리튬 이온이 통과할 수 있도록 한다(그림 9.5). 충전 및 방전 과정에서 온

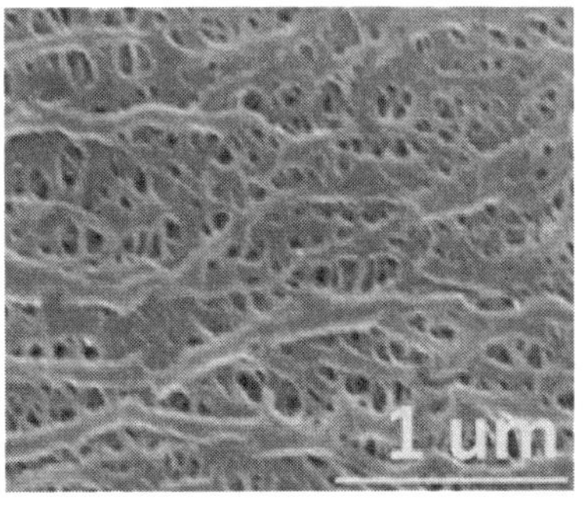

그림 9.5 리튬 이온 이차 전지의 폴리올레핀 분리막의 전자현미경 사진
(출처: Shi, J., Xia, Y., Yuan, Z. et al. Porous membrane with high curvature, three-dimensional heat-resistance skeleton: a new and practical separator candidate for high safety lithium ion battery. Sci Rep 5, 8255 (2015). https://doi.org/10.1038/srep08255).

도가 증가하고 전류가 과다하게 흐를 경우(즉, 열 폭주가 일어날 경우), 폴리올레핀계 분리막은 특정 온도에 도달하면 미세 기공이 닫히는 셧다운(shutdown) 작용을 통해 리튬 이온의 이동을 막아 전류를 감소 또는 차단시킴으로써 폭발을 방지한다.

리튬 이온 이차 전지의 분리막으로 사용되기 위해서는 다양한 특성들을 만족해야 한다. 분리막은 캐쏘드와 애노드의 접촉을 방지해야 하므로 전기 절연체여야 하고, 장시간의 전지 작동 과정에서 화학적으로 안정해야 한다. 분리막의 두께가 얇을수록 리튬 이온의 통과가 원활해져 에너지 밀도와 출력 밀도가 높아지지만 반대로 기계적 강도는 떨어진다. 기계적 강도가 낮으면 특히 전지 작동 과정에서 형성되는 리튬 덴드라이트(dendrite)에 의해 쉽게 손상을 입을 수 있다. 따라서 분리막은 두께가 얇아 우수한 전지 성능을 나타내면서도 충분한 기계적 안정성을 가질 필요가 있다(상업화된 분리막은 평균 두께가 9~12 μm임). 분리막의 다공도(porosity)가 높을수록 이온 전도도가 높아지지만 반대로 기계적 강도가 감소하므로 적절한 다공도를 가져야 한다(이상적인 다공도는 30~60%로 알려져 있음). 기공 크기는 캐쏘드의 활물질이나 첨가제의 침투를 막을 수 있을 만큼 충분히 작아야 하며, 1 μm를 넘지 않은 것이 좋다.

젖음성(wettability)은 분리막이 액체 전해질을 얼마나 잘 흡수하여 젖어있는지를 보여주는 지표인데 젖음성이 높을수록 리튬 이온의 수송 능력이 높아진다. 분리막은 전지에 비정상적으로 열 폭주가 일어날 경우 미세 기공구조가 닫혀 리튬 이온의 이동을 억제할 수 있어야 하고, 전체적인 열 수축(thermal shrinkage)이 5% 미만이어야 한다.

현재 상용화된 폴리올리핀계 분리막은, 전자기기의 빠른 발전에 따라 리튬 이온 이차 전지에 요구되는 더욱 높은 에너지 밀도, 열적 안정성 등의 조건을 충족시키지 못하는 단점이 존재한다. 또한, 일반적으로 사용되는 전해액은 에틸렌 카보네이트(ethylene carbonate) 또는 다이에틸 카보네이트(diethyl carbonate) 등 친수성의 카보네이트 계열 유기용매를 사용하는데, 폴리올레핀 분리막은 소수성을 가지기 때문에 전해액이 분리막에 빠르게 젖어 들지 못하여 이온 전도도에 좋지 않은 영향을 미치는 문제점도 존재한다. 이러한 단점을 개선하기 위한 보다 진보된 분리막 재료의 개발이 필요하다.

02 차세대 이차 전지

차세대 이차 전지는 현재 상용화된 리튬 이차 전지보다 높은 출력, 에너지 밀도, 수명, 안전성을 나타내는 전지를 의미하며, 유망한 후보군으로는 고체 전해질을 사용하는 리튬 이온 이차 전지를 비롯한 리튬-황 이차 전지, 리튬-공기 이차 전지, 소듐 이온 이차 전지 등이 있다.

1. 고체 전해질 리튬 이온 이차 전지

기존 리튬 이온 이차 전지에서 사용되고 있는 액체 전해질을 고체 전해질로 대체하려는 연구가 활발하게 진행되고 있다. 그 이유로는 첫째, 액체 전해질은 발화 시 연료의 역할을 하기 때문에 화재나 폭발의 위험성이 있는 반면 고체 전해질은 전지의 안전한 사용을 가능하게 한다. 둘째, 고체 전해질에서는 액체 전해질에서 적용하기 어려운 캐쏘드와 애노드 소재를 사용하여 전지의 에너지 용량이 증가할 수 있다. 셋째, 액체 전해질 전지에 비하여 패키징 공정의 비용을 감소시킬 수 있다. 액체 전해질의 경우 액체의 누출을 방지하기 위해 각 단위 셀의 밀봉이 필요한 반면 고체 전해질을 사용하는 경우에는 캐쏘드, 전해질, 애노드의 단순 적층으로 공정이 이루어진다. 산화물계, 황화물계, 수소화물계 고체 전해질 전지가 연구되고 있다.

산화물계의 대표적인 예로서는 $Li_7La_3Zr_2O_{12}$, $Li_{1+x}Al_xTi_{2-x}(PO_4)_3$ 등을 들 수 있다. 황화물계의 예로서는 Li_2S 계열의 유리, $Li_7P_3S_{11}$ 등을 들 수 있다. 수소화물계는 $LiBH_4$가 대표적이다. 표 9.1에 나타내었듯이 일반적으로 고체 전해질의 이온 전도도는 낮은 편이나, 몇몇 고체 전해질의 경우 액체 전해질의 이온 전도도 수준까지 도달해 있다.

리튬 고분자 전지는, 전해질로 고분자 필름을 사용함으로써 전지의 구성요소 전체가 고체로 제작된다. 따라서 전극과 전해질을 얇게 할 수 있어서 전지의 부피가 작아지고, 액체의 유출이 없으며, 견고하고 다양한 형태의 전지 제작이 가능하다. 전해질용 고분자로는 PVDF(poly(vinylidene fluoride)), PAN, poly(ethylene oxide) 등이 사용된다. 전해질은 이들 고분자와 리튬 염의 혼합물로 되어 있다.

2. 리튬-황 이차 전지

리튬-황 이차 전지(lithium-sulfur battery)는 리튬 금속을 애노드로, 황/탄소 복합체를 캐쏘드로 사용하는 이차 전지 시스템이다. 원자재 수급이 불안정할 수 있는 니켈, 코발트, 망가니즈 등을 사용하지 않는 장점이 있다. 캐쏘드 소재로 활용되는 황 원소는 자연에 풍부하며 가격이 저렴하고 환경친화적일 뿐만 아니라 높은 이론 용량(1,675mAh/g)을 가지고 있다. 따라서 2 V 대의 낮은 구동 전압에도 불구하고 상용 리튬 이온 이차 전지보다 질량당은 약 10배, 부피당은 약 3배 수준의 높은 이론 에너지 밀도(2,567 Wh/kg, 2,199 Wh/L)가 예상된다. 그림 9.6에 리튬-황 이차 전지의 충방전 반응 메커니즘을 나타내었다. 방전(환원) 과정에서는 고리 형태의 S_8이 리튬과 반응하여 리튬 폴리설파이드 $Li_2S_x(6 < x \le 8)$로 변환된다. 계속되는 환원 과정에서 리튬 폴리설파이드 $Li_2S_x(2 < x \le 6)$가 생성되며 완전 환원 시 리튬 설파이드 Li_2S가 생성된다. Li_2S의 산화 과정은 환원 과정과 반대로 진행되며, 리튬 설파이드가 리튬 폴리설파이드를 거치고, 완전 산화 시 S_8의 형태로 되돌아간다. 단계적으로 진행되는 화학반응을 이용하기 때문에 충방전 속도가 느릴 수 있고, Li_2S_x가 전해질에 용해될 수 있어서, 이러한 단점들이 개선되어야 한다.

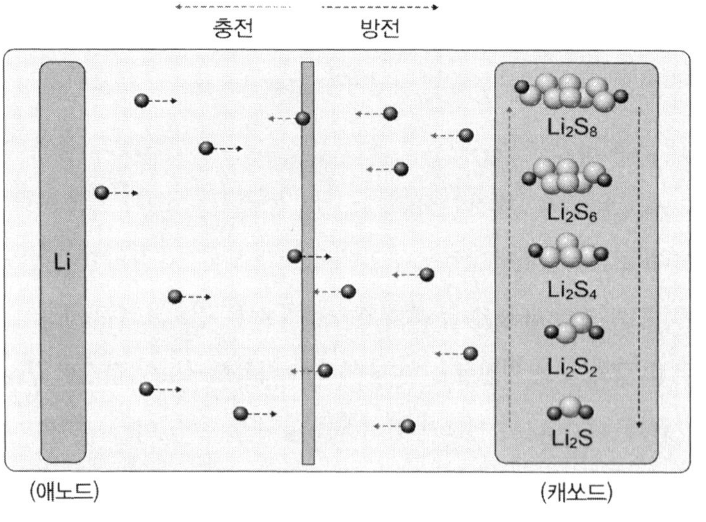

그림 9.6 리튬-황 이차 전지의 충방전 원리.

3. 리튬-공기 이차 전지

리튬-공기 이차 전지(lithium air battery)는 고에너지를 가지는 차세대 전지로 주목받고 있다. 리튬 이온 이차 전지는 무거운 전이 금속 산화물 기반의 캐쏘드 소재(예를 들어 $LiCoO_2$)를 사용한다. 반면에 리튬-공기 이차 전지는 공기 중에 어디서나 존재하는 가벼운 산소를 캐쏘드 소재로 사용하기 때문에 질량당 에너지 밀도가 매우 높으며 이론적인 수치는 거의 가솔린 연료에 근접하는 것으로 알려져 있다. 원자재 수급이 불안정할 수 있는 니켈, 코발트, 망가니즈 등을 사용하지 않는 장점도 있다. 리튬-공기 이차 전지는 방전 시 리튬 이온이 산소와 만나 리튬 산화물이 공기극 표면에 형성되며, 충전 시에는 리튬 산화물이 다시 리튬 이온과 산소로 분해되는 반응(식 9.3)이 가역적으로 일어나면서 전지가 구동된다. 리튬 이온 이차 전지가 전지의 성능 향상을 위해서 전극(캐쏘드과 애노드) 소재 자체의 조성이나 형상을 제어해야 하는 데 비해, 리튬-공기 이차 전지는 공극 표면 혹은 전해액을 조절하여 전기화학적 반응 생성물 생성 및 분해 반응을 미세하게 조절함으로써 전지의 성능을 극대화할 수 있다.

$$2Li + O_2 \leftrightarrows Li_2O_2 \tag{9.3}$$

4. 소듐 이온 이차 전지

리튬 이온 이차 전지는 높은 기전력과 에너지 밀도 때문에 먼저 상업화되어 이차 전지 시장을 선점하고 있다. 그러나 리튬은 한정된 지역에만 매장되어 있고 가격이 급등하는 등 수급이 불안정하다. 또한 리튬 이온 이차 전지는 온도에 대한 민감도가 높아 극지대, 우주와 같은 극한의 상황에서 효율이 많이 떨어진다. 이러한 단점을 극복하기 위하여 리튬 대신에 다른 원소를 사용하는 이차 전지의 개발이 이루어지고 있다. 이중 대표적인 것이 **소듐 이온 이차 전지**이다. 소듐은 지구상 어디에나 풍부하게 존재하는 원소(리튬에 비해 1000배 정도 많음. 원료 물질로서 NaCl이나 Na_2CO_3를 활용함)이기 때문에 고갈에 대한 우려가 없고 가격이 안정될 수 있다. 리튬과 같은 1족 알칼리 금속 원소이므로 리튬 이온 전지와 작동원리가 유사하며, 따라서 현재의 리튬 이온 전지와 생산공정을 공유할 수 있다는 장점도 가진다. 영하 20도에서도 에너지 밀도가 90% 유지되는 장점도 있다.

기본적인 소듐 이온 전지 구성은 리튬 이온 전지와 동일하지만 사용되는 소재들이 다르다. 먼저 애노드 소재의 경우, 활물질로 대부분 **하드카본**(hard carbon)을 사용하는데, 2~3개 또는 4~6개 정도의 그래핀 적층을 가지는 결정질 물질이 무질서하게 배열되어 있다(그림 9.7). 이들 무질서한 적층으로 인해 미세기공 또는 결함을 많이 함유하고 있다. 하드카본은 층간 거리(〉 0.37 nm)가 흑연의 층간 거리(0.34 nm)보다 커서 리튬 이온보다 큰 소듐 이온을 저장하기에 유리하다. 하드카본은 석유, 석탄, 또는 고분자를 액상, 기상, 고상 반응을 통해 제조한다.

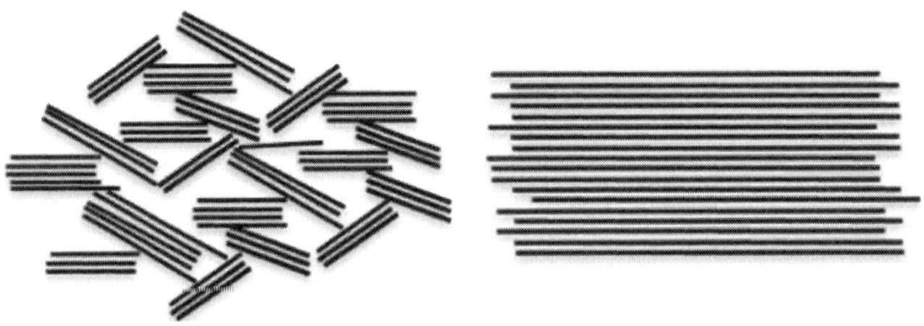

그림 9.7 하드카본(왼쪽)과 흑연(오른쪽)의 모식도

캐쏘드 소재로는 (파란색 염료로도 사용되는) 프러시안 블루(Prussian blue)를 사용한다(그림 9.8). 페로사이안화 철(ferric ferrocyanide, $Fe_4[Fe(CN)_6]_3$)의 화학식을 가지는 화합물인 프러시안 블루는 넓은 골격 구조를 통해 소듐 이온의 빠른 삽입과 탈리반응이 가능하다.

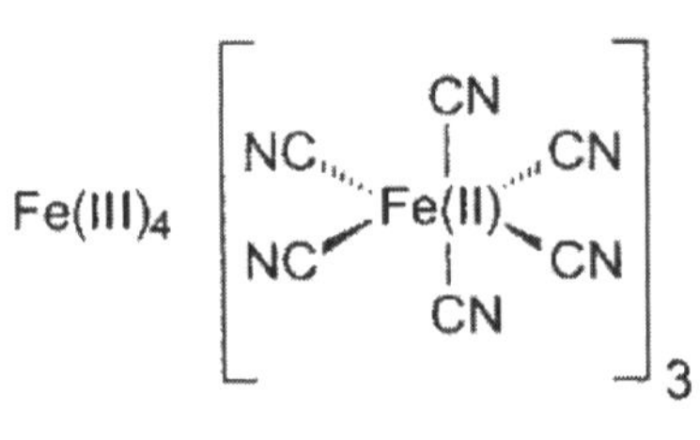

그림 9.8 프러시안 블루의 화학구조

소듐 이온은 리튬 이온에 비해 체적과 질량이 크기 때문에 소듐 이온 전지의 에너지 밀도가 리튬 이온 전지에 비해 절반 정도로 낮다. 따라서 소듐 이온 전지는 일단은 차량이나 모바일 기기를 위한 전지보다는 에너지 저장 시스템(ESS)용으로 상업화될 전망이다.

03 연료 전지

인류 문명의 발달에 중요하게 기여해 온 화석 연료(석유, 천연가스, 석탄)는 매장량이 한정되고 연소 시 환경 문제를 일으키므로, 공급이 안정적이며 친환경적인 대체 에너지를 개발하는 것이 시급한 과제이다. 현재 가장 주목받고 있는 대체 에너지원의 하나는 **연료 전지**이다.

연료 전지는 연료의 화학 에너지를 전기화학적인 반응에 의해 전기와 열로 직접 변환시키는 장치이다. 일반적으로 수소와 산소(또는 공기)를 전기화학적으로 반응시키며, 내연기관에 비하여 효율이 매우 높다. 반응 과정에서 나오는 배출 열까지 효과적으로 이용할 경우 최대 80%의 효율까지 달성할 수 있다. 전기를 생산하는 과정에서 배출되는 주된 물질이 물이므로 공해 문제를 유발하지 않는다는 점도 중요한 장점이다. 또한, 기존의 발전 기술과는 달리 기계 운동이 없으므로 소음이나 진동이 없다는 것도 특징이다.

일반 전지가 전지 내에 들어있는 물질의 화학 반응을 통해 전기 에너지를 얻는 데 비하여, 연료 전지는 반응 물질(연료)을 외부에서 공급받는다. 개발된 연료 전지는 모두 캐쏘드에 산소(또는 공기)를 사용하고 있으며, 애노드에는 주로 수소가 사용된다. 산소는 공기로부터 분리하여 얻을 수 있으며, 수소는 석유, 석탄, 천연가스, 메탄올, LPG 등 다양한 원료로부터 얻을 수 있어서 연료의 확보가 용이하고 안정적이다.

1. 연료 전지의 구조 및 원리

1960년대에 인공위성과 아폴로 우주선에서 전력 공급원으로 사용된 이래 우주 개발에 주로 사용되고 있는 **알칼리 연료 전지**를 토대로, 연료 전지에서 일어나는 화학 반응을 살펴보자. 알칼리 연료 전지의 작동 원리를 그림 9.9에 나타내었다. 애노드에는 백금-팔라듐(Pt-Pd) 합금과 테플론(Teflon)의 혼합물을, 캐쏘드에는 백금-금(Pt-Au) 합금과 테플론의 혼합물을 사용한다. 전해질에는 다공성 물질에 KOH 용액을 흡수시킨 것을 사용한다. 애노드에서는 다음 식 9.4와 같이 수소와 수산화 이온(OH^-)이 반응하여 물과 전자를 생성하는 반응이 일어난다.

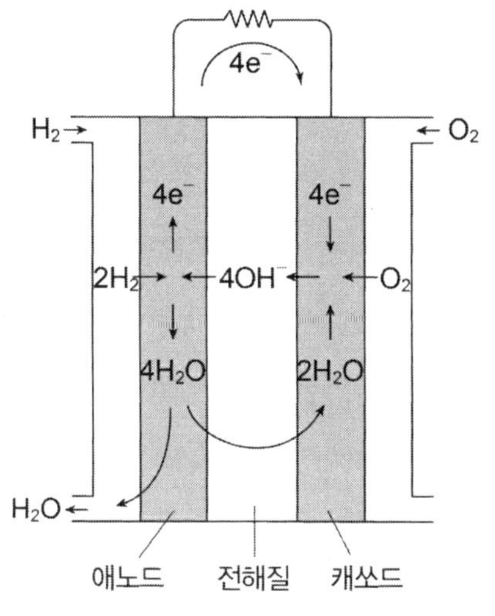

그림 9.9 알칼리 연료 전지의 작동 원리.

$$2H_2(g) + 4OH^-(aq) \rightarrow 4H_2O + 4e^- \qquad (9.4)$$

캐쏘드에서는 산소, 물과 함께, 외부 회로를 통해 흘러온 전자가 반응하여 수산화 이온을 생성한다(식 9.5). 수산화 이온은 전해질을 통해 애노드로 이동한다.

$$O_2(g) + 2H_2O + 4e^- \rightarrow 4OH^-(aq) \qquad (9.5)$$

식 9.4와 9.5를 합치면 다음 식 9.6의 전체 반응식이 얻어진다. 결과적으로 수소와 산소가 반응하여 전기와 물을 생성하는 셈이다. 백금 촉매를 사용하면 위 반응이 40℃ 정도의 낮은 온도에서 일어날 수 있다.

$$2H_2(g) + O_2(g) \rightarrow 2H_2O \tag{9.6}$$

위 반응식은 물의 전기분해 반응식의 역이다. 전기분해에서는 물을 수소와 산소로 분리하기 위하여 전기 에너지를 투입한다. 따라서 반대로 수소와 산소가 반응하여 물이 되는 과정에서는 전기 에너지가 발생하는 것이라고 생각하면 이해하기 쉽다.

2. 각종 연료 전지

연료 전지는 전해질의 종류에 따라 표 9.2와 같이 분류할 수 있다. 이중 용융탄산염 연료 전지와 고체 산화물 연료 전지는 고온형으로, 알칼리 연료 전지, 인산형 연료 전지, 고분자형 연료 전지는 저온형으로 분류된다.

표 9.2 연료 전지의 분류

구분	고온형		저온형		
	용융탄산염형 연료 전지 (MCFC)	고체 산화물형 연료 전지 (SOFC)	알칼리 연료 전지	인산형 연료 전지 (PAFC)	고분자 전해질형 연료 전지 (PEMFC)
전해질	탄산염	산화물 세라믹	알칼리	인산	고분자막
촉매	니켈	페로브스카이트	백금	백금	백금
전하 운반체	CO_3^{2-}	O^{2-}	OH^-	H^+	H^+
작동 온도(℃)	650	1,000	70~100	200	≤80
용도	대용량 화력발전소 (수십 MW)	대용량 화력발전소 (수십 MW)	우주선, 군사용 등 특수용도	소규모 발전소, 병원, 호텔, 버스	휴대용 전원(비디오카메라, 노트북), 교통수단(승용차, 버스, 선박), 우주선

용융탄산염형 연료 전지(molten carbonate fuel cell: MCFC)에서는 전해질로 Li_2CO_3, K_2CO_3, $LiAlO_2$ 등의 혼합물을 사용하는데, 용융 상태 유지를 위하여 650℃ 정도의 고온을 유지해 주어야 한다. 이 연료 전지의 장점은 수소와 일산화 탄소(CO)의

혼합가스, 즉 합성가스를 직접 연료로 사용할 수 있다는 점이다. 다음 식 9.7, 9.8과 같이 애노드에서 수소와 일산화 탄소가 각각 탄산 이온(CO_3^{2-})과 반응하여 전자를 내놓는다.

$$H_2 + CO_3^{2-} \rightarrow H_2O + CO_2 + 2e^- \tag{9.7}$$

$$CO + CO_3^{2-} \rightarrow 2CO_2 + 2e^- \tag{9.8}$$

캐쏘드에서는 산소, 이산화 탄소, 전자가 반응하여 탄산 이온을 생성한다(식 9.9). 탄산 이온은 전해질을 통하여 애노드로 이동한다. 전극 물질로는 애노드에 니켈(Ni), 캐쏘드에 산화 니켈(NiO_2)을 사용한다.

$$O_2 + 2CO_2 + 4e^- \rightarrow 2CO_3^{2-} \tag{9.9}$$

고체 산화물형 연료 전지(solid oxide fuel cell: SOFC)는 지르코니아(ZrO_2) 같은 산화물 세라믹을 전해질로 사용한다. 지르코니아로 제조된 실린더 모양의 미세관들을 연결하여 전지를 구성하고 1000℃ 정도에서 작동시킨다.

인산형 연료 전지(phosphoric acid fuel cell: PAFC)는 진한 인산(H_3PO_4)을 전해질로 사용하여 200℃ 정도에서 작동시키는 전지이다. 전극은 백금 또는 니켈 입자를 탄소-테플론의 다공성 물질에 분산시킨 형태로 되어 있다. 상용화에 성공하여, 4.8MW/month 급의 발전설비가 건설되어 가동 중이다.

고분자 전해질형 연료 전지(polymer electrolyte membrane fuel cell: PEMFC)는 상온 운전이 가능하고 출력 밀도가 높을 뿐만 아니라 적용 분야가 다양하여 시장성 측면에서 가장 주목을 받고 있다. 특히 출력을 기민하게 변화시킬 수 있어 신속한 시동이 요구되는 전기자동차의 동력 공급원으로 사용하기에 가장 적합하다.

고분자 전해질형 연료 전지에서 일어나는 반응은, 애노드에서의 반응(식 9.10), 캐쏘드에서의 반응(식 9.11), 전체 반응식(식 9.12)으로 나타낸다. 애노드에서 생성된 양성자(proton)는 고분자 전해질막을 통하여 캐쏘드로 이동한다.

$$H_2 \rightarrow 2H^+ + 2e^- \tag{9.10}$$

$$\frac{1}{2}O_2 + 2H^+ + 2e^- \rightarrow H_2O \tag{9.11}$$

$$H_2 + \frac{1}{2}O_2 \rightarrow H_2O \tag{9.12}$$

고분자 전해질막은 전기적으로는 절연체이지만 애노드로부터 캐쏘드로 양성자를 전달하는 매개체로 작용한다. 현재 PEMFC용 전해질막으로 상용화되어 가장 널리 사용되고 있는 고분자는 DuPont 사에서 개발한 플루오린계 양이온 교환 수지(상품명 Nafion)로, polytetrafluoroethylene을 주쇄로 하고 측쇄에 설폰기($-SO_3H$)를 갖는 **과플루오르화설폰산고분자**(perfluorosulfonic acid polymer)이다(그림 9.10). 이 고분자는 무게의 25% 이상이 수화된 상태에서 설폰기가 해리되어 높은 이온 전도도(~0.1 S/cm, 25℃)를 나타낸다. 또 주쇄인 polytetrafluoroethylene에 기인하는 기계적 물성, 내화학성, 내식성, 전기화학적 안정성이 우수하다.

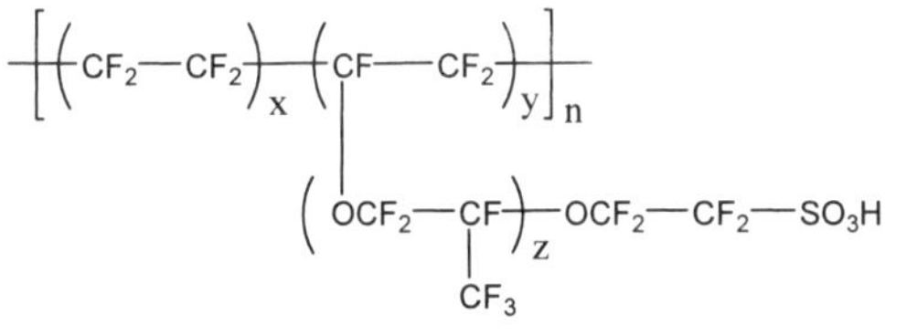

그림 9.10 연료 전지 전해질용 고분자의 예(플루오린계).

일반적으로 플루오린계 이온 교환 수지는 고가이기 때문에 저렴한 가격의 **비플루오린계 수지**로 대체하려는 연구도 진행되고 있다. 최근 개발된 비플루오린계 이온 교환 수지의 예로서, 폴리에터에터케톤(polyetheretherketone, PEEK)에 설폰기를 도입한 수지와, 폴리설폰(polysulfone)에 아미노기를 도입한 수지를 그림 9.11에 보였다. 화학 구조에서 볼 수 있듯이 전해질용으로 개발된 비플루오린계 이온 교환 수지는 일반적으로 벤젠 고리를 포함하는 탄화수소계 고분자를 주쇄로 하고 측쇄에 이온 교환이 가능한 작용기를 가진다. 이밖에, 다공성 수지에 양이온 교환 수지를 함침시킨 강화복합막 전해질과 양이온 교환 수지에 친수성 무기물을 첨가한 무기물 충진형 복합전해질막 등도 개발되고 있다.

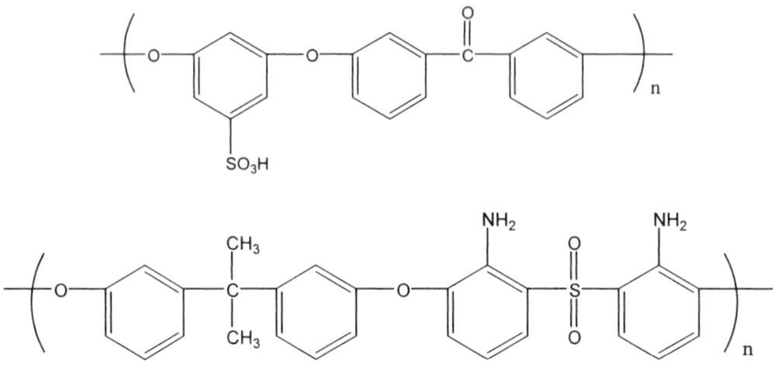

그림 9.11 연료 전지 전해질용 고분자의 예(비플루오린계).

고분자 전해질형 연료 전지의 주요 구조는, 고분자 전해질막의 양면에 촉매 전극 층을 접착시켜 전해질과 전극이 하나의 구조를 이루는 것이다. 촉매 전극은 전자들이 공급되거나 이탈하는 것이 용이하도록 탄소에 지지된 백금(carbon-supported platinum)의 형태로 사용되며, 백금 촉매 분말의 표면에 이온 교환 수지(ionomer)를 흡착시킨 후 전극과 전해질막을 접착시킨다. 그림 9.12에 전해질막(ionomer membrane)과 전극의 구성을 나타내었다.

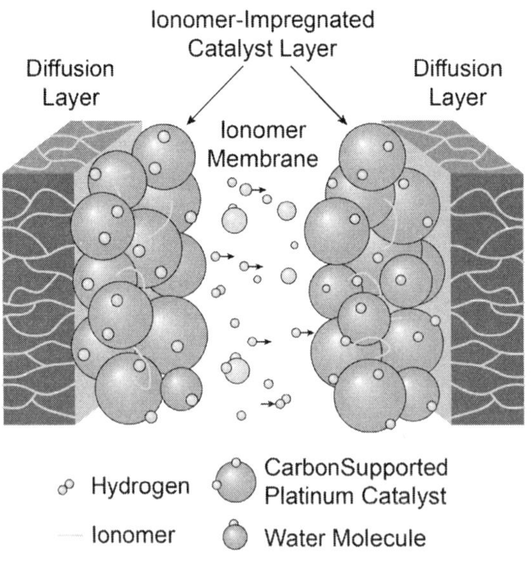

그림 9.12 고분자 전해질형 연료 전지의 구성.

3. 연료 전지의 전망

현재 연료 전지 분야에서 진행되고 있는 주요 연구는 자동차의 내연기관을 연료 전지로 대체하는 것이다. 현재 사용하고 있는 내연기관 자동차는 화석 연료를 사용하고 있는데, 배기가스 중에 들어있는 일산화 질소(NO)와 이산화 탄소가 대기를 오염시키고 지구 온난화를 심화시키고 있다. 자동차에 수소 연료 전지를 사용하면 전기 동력을 얻으면서 물만 배출되기 때문에, 자동차 배기가스에 의한 환경 문제를 근본적으로 해결할 수 있다. 이를 달성하기 위해서는 수소 기체를 자동차에 안전하고 경제적으로 적재하는 방법을 개발해야 한다. 수소를 적재하기 위한 방법으로는 ① 수소 기체를 압축시키거나, ② 수소 기체를 액화시키거나, ③ 수소저장 합금을 사용하는 방법이 있다. 세 번째 방법의 경우에서는 가벼우면서 수소저장 용량이 큰 합금의 개발이 관건이다.

연료 전지의 본격적인 상업화를 위해서는 촉매의 개선도 필요하다. 연료 전지 내에서 수소를 환원시키는 데 사용되는 촉매가 값비싼 귀금속인 백금이기 때문이다. 연료 전지는 같은 성능의 다른 배터리보다 10배 이상 비싸기 때문에 가격 경쟁력이 낮은 실정이다. 이를 개선하는 방법으로서는 백금을 촉매로 사용하되 더 많은 양의 수소가 만들어지게 하거나, 만들어지는 수소의 양이 적더라도 백금이 들어가지 않은 촉매를 개발하는 것 등을 들 수 있다.

04 수소저장 합금

현재 인류가 사용하고 있는 대표적인 에너지원은 석유, 석탄, 원자력, 태양광, 조력, 풍력 등을 들 수 있다. 그러나 석유는 매장량 한계 및 공해, 석탄은 낮은 효율 및 공해, 원자력은 방사능 누출 위험 및 핵 폐기물 처리 문제, 태양, 조력, 풍력은 낮은 효율 및 시간적 공간적 제약의 문제를 안고 있다. 따라서 이러한 단점이 개선된, 나아가 값싸고 풍부하면서 무공해인 새로운 에너지원의 개발이 요구되고 있다. 기존 에너지원의 대안의 한가지로 제시되고 있는 것이 수소 에너지이다. 수소를 연료로 사용하는 연료 전지를 통하여 에너지를 얻는 기술이 활발하게 개발되고 있다. 그러나 여기에는 수소를 안전하고 저렴하게 저장하는 기술이 뒷받침되어야만 한다.

1. 수소 에너지

수소로부터 다음의 반응에서 발생하는 반응열 또는 전기를 에너지로 이용할 수 있다. 수소 연료 전지는 다음의 식 9.13 반응에서 발생하는 전기를 얻는 장치이다.

$$H_2 + 0.5O_2 \rightarrow H_2O \qquad (9.13)$$

위의 반응에 사용되는 수소는 물의 전기분해로 제조될 수 있으므로 원료가 무궁무진하다고 볼 수 있다. 또한, 에너지를 얻는 반응의 생성물이 물이므로 공해가 발생하지 않는다. 태양광이나 풍력 등 재생 에너지의 잉여 전기로 물을 전기분해하여 수소 형태로 사용한다는 개념으로, 수소는 저장과 운반이 용이하고, 저장과 운반 과정에서 손실이 발생하지 않는다는 장점이 있다. 현재 수소를 저장할 때 주로 물리적 기반의 저장 방식이 사용되고 있는데, 고압으로 압축 또는 극저온 냉각으로 액화해야 하므로 설비와 에너지 면에서 비용이 많이 소요되고 안전성의 문제가 제기되는 단점이 있다.

이러한 문제를 해결하기 위하여 개발되고 있는 소재 중의 대표적인 것이 수소저장 합금이다. 수소저장 합금은 물리적 기반의 저장 방식에 비해 부피 대비 수소 저장량이 크며 저압(10~30기압)에서도 안전하게 수소를 저장할 수 있어서 많은 관심을 끌고 있다.

2. 수소의 저장 및 방출 원리

수소저장 합금에 주로 사용되는 금속은 란타넘/니켈계($LaNi_5$), 마그네슘/니켈계(Mg_2Ni), 철/타이타늄계(FeTi) 등이다. La는 풍부하게 존재하지 않아 $LaNi_5$ 합금의 가격이 비싸고, Mg_2Ni 합금은 값도 싸고 저장 능력도 크지만 수소 방출 온도(300℃ 이상)가 높은 단점이 있다. FeTi 합금은 수소저장 용량이 크고 반복 사용에 잘 견디며, 수소 방출 온도가 180℃로 낮다는 장점이 있다. 또한 가격이 저렴하고 원료가 풍부하여 가장 유망하다. 그러나 FeTi 합금은 수소 흡수를 위한 별도의 활성화 공정이 필요한 단점이 있다.

FeTi 합금은 Ti이 매우 안정한 **금속 수소화물**(metal hydride)인 TiH_2를 형성하면서 수소를 흡수하여 저장할 수 있다. Ti는 수소와 원활하게 반응하므로 수소저장은 용이하지만 수소와의 강한 결합력 때문에 수소 방출 시 높은 에너지가 필요하다. 따라서 수소와 반응하지 않는 Fe와 함께 합금으로 제조하여 수소의 흡수 및 방출을 제어할 수 있도록 한 것이다. 금속 수소화물의 일반적인 생성 반응식은 다음 식 9.14와 같다. 이 식에서 M은 금속을 나타낸다.

$$(\frac{x}{2})H_2 + 2M \rightleftharpoons 2MH_x \tag{9.14}$$

수소저장 합금 내에 저장된 수소 원자는 그림 9.13에 나타낸 것처럼 결정 격자 내의 비어있는 틈새에 위치하게 된다. BCC 격자의 경우 수소 원자가 격자 면에 위치하게 되며, FCC의 경우에는 격자의 중심에 위치하게 된다. 이것은 **틈새형 수소화물**에 해당한다. 그림 9.14에 수소저장 합금의 수소 흡수와 방출의 개념도를 나타내었다. 수소 흡수는 발열 반응이어서 온도가 증가하고, 수소 방출은 흡열 반응으로 온도가 감소한다. 수소저장 합금은 미세하게 분쇄된 분말 형태로 저장 탱크에 충전되어 사용된다. 온도가 높아지면 이 수소화물이 서서히 분해되면서 수소를 방출하게 된다. 이때 온도를 조절하여 방출 속도를 조절할 수 있다. 수소저장 합금은 일반적으로 저온에서 수소의 압력을 높이면 수소를 흡수하고, 온도를 높이고 압력을 낮추면 수소를 방출한다.

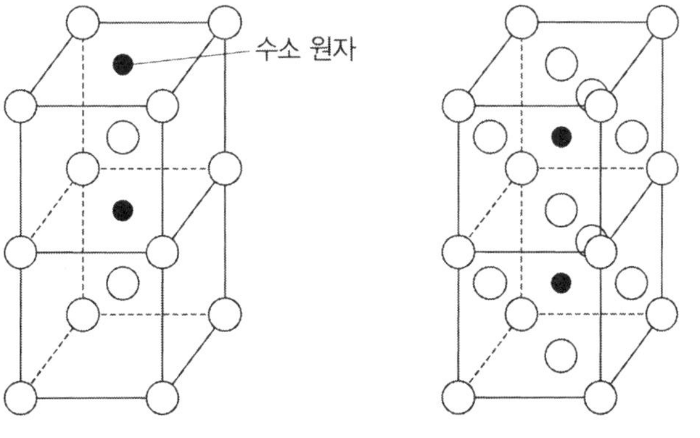

그림 9.13 BCC(왼쪽)와 FCC(오른쪽) 결정 내 수소의 저장.

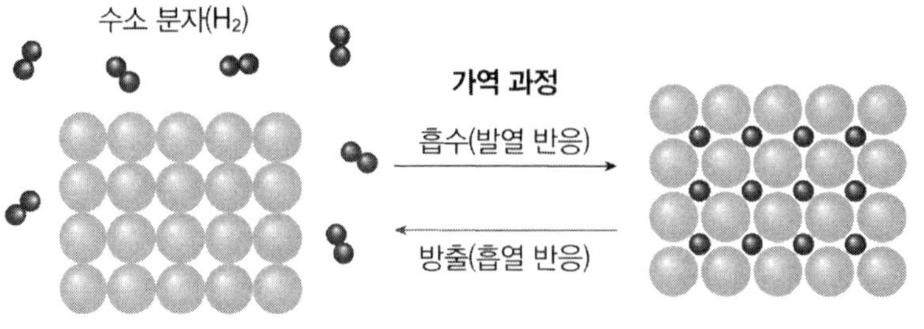

그림 9.14 수소저장과 방출의 개념도.

FeTi 합금은 위에서 기술한 장점에도 불구하고, 제조 후 첫 번째 수소 흡수를 위해서는 고온의 열활성화 공정이 필요하다는 단점이 있다. 이것은 FeTi 합금이 제조 후 공기 분위기에 노출되면 합금 표면에 두께 200~300 Å의 치밀한 산화물 층이 형성되어 수소 흡수를 방해하기 때문이다. 따라서 FeTi 합금의 수소 흡수를 활성화시키기 위하여 진공 또는 수소 분위기하에서 고온 열처리(400~450℃)를 통한 산화막 제거가 필요하다. 이러한 FeTi 합금의 단점을 개선하기 위한 다양한 연구가 시도되고 있다.

3. 수소저장 합금의 개발과 활용

수소저장 합금의 개발 방향은 수소저장 용량이 크고 방출 속도가 빠르며, 수소의 흡수-방출을 반복해도 합금 분말이 미세화되는 경향이 낮고 그 성능이 저하되지 않는 합금을 개발하는 것이다. 아울러 활성화가 쉬우며, 고온 또는 고압이 아닌 상태에서도 수소를 흡수-방출할 수 있고, 가격이 저렴해야 한다. 산소나 수분에 대한 안정도도 우수해야 한다.

수소저장 합금은 활용 면에서 수소 자동차 등에 사용하는 이동형과 수소 충전소 등에 고정하여 사용하는 정치형으로 나뉜다. 이동형은 질량 대비 저장량이 클 필요가 있고, 정치형은 질량은 고려할 필요가 없고 부피 대비 저장량이 높은 것이 요구된다. 정치형 수소저장 합금의 대표적인 $LaNi_5$와 FeTi 합금의 경우 10기압에서 1 m^3당 약 110 kg의 수소를 저장할 수 있고, 고압 수소에 비해 같은 부피에서 4배 이상의 수소를 저장할 수 있다.

수소저장 합금은 수소를 흡수할 때 열을 방출하고 수소를 방출할 때 열을 흡수하기 때문에 이러한 성질을 이용하여 냉난방 장치 개발에 활용하려는 시도도 있다. 수소저장 합금을 용기에 넣고 태양열로 가열하면 수소를 방출하면서 열을 흡수하므로 냉방에 이용할 수 있고, 반대로 온도가 내려가면 수소를 흡수하면서 열을 발생하므로 난방에 이용할 수 있다는 논리이다.

CHAPTER

10 3D 프린팅용 소재

01 3D 프린팅 기술

3D 프린팅 기술(3D printing technology)은 3차원 정보로 이루어진 설계도를 바탕으로 다양한 물질을 사용하여 입체적인 물체를 제작하는 기술이다. 3D 프린팅 기술은 현재 전자소자, 자동차, 항공기, 주택 등 다양한 제조업 분야에 응용되고 있거나 응용 개발이 진행되고 있고, 치아 보형물, 인공 장기, 피부 이식 등의 의료 분야에서도 연구가 진행 중이다. 그림 10.1에 3D 프린팅 기술로 제작한 제트엔진과 인공심장을 나타내었다. 그림 10.2에는 3D 프린터를 이용하여 집을 건축하는 모습을 나타내었다.

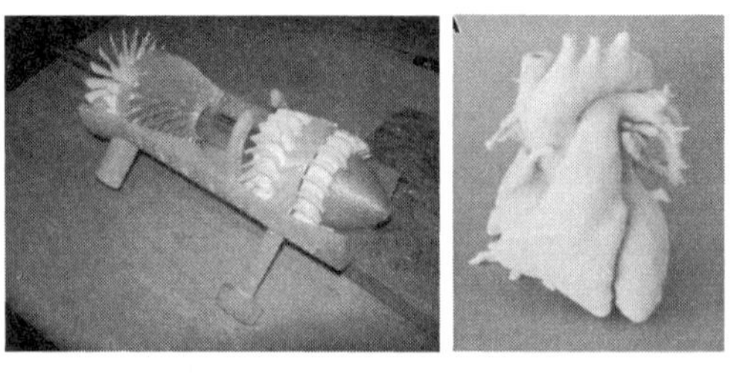

그림 10.1 3D 프린팅 기술로 제작된 제트엔진(왼쪽, 출처: CMitchell/Wikimedia Commons)과 인공심장(오른쪽, 출처: Giovanni Biglino, Despina Koniordou, Marisa Gasparini, Claudio Capelli, Lindsay-Kay Leaver, Sachin Khambadkone, Silvia Schievano, Andrew M. Taylor, Jo Wray /Wikimedia Commons)

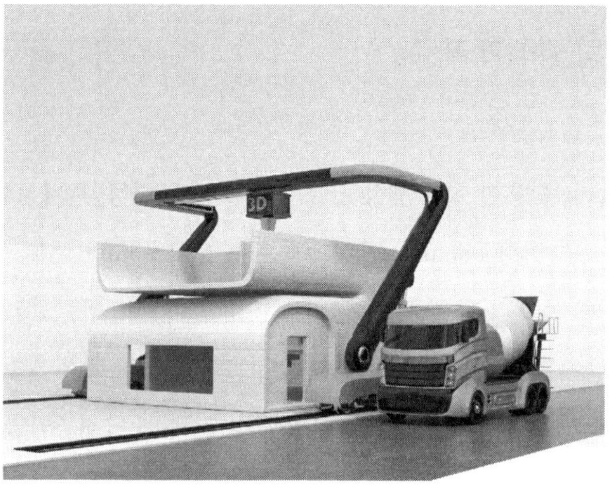

그림 10.2 3D 프린터로 집을 건축하는 모습. (출처: Chesky/Shutterstock)

2016년 다보스 세계경제포럼에서는 3D 프린팅 기술을 4차 산업혁명의 주요 기술로 선정한 바 있다. 3D 프린팅 기술은 제조 설비, 설계 비용, 제작 시간, 투입 인력을 대폭 줄이며 다양한 형태의 제품 제작이 가능하다는 점에서 제조업의 혁명을 일으킬 것으로 기대되고 있다.

그 이유로는 첫째, 과거에는 제품을 만들기 위해 많은 경우에 제품의 모양이 새겨진 금형을 먼저 제작해야 했다. 이런 금형을 제작하는 과정은 적지 않은 시간과 비용이 든다. 그러나 3D 프린터를 사용하면 금형을 제작하는 과정을 생략할 수 있다. 둘째, 금형을 사용하는 방식으로는 가능하지 않았던 특수한 형상도 자유롭게 제작할 수 있다. 예를 들어 기존 방법으로는 구현하기 어려운 격자 구조를 3D 프린팅 방식으로 만들 수 있다. 셋째, 기존의 제조업에서는 중앙에서 물품을 생산하여 지역으로 운송하는 시스템인 데 비해 지역 특성에 따라 분산 생산이 가능해진다. 넷째, 각 생산 단계에서 필요할 때마다 물품을 제작하여 사용할 수 있기 때문에 재고를 크게 줄일 수 있을 것으로 예상하고 있다. 다섯째, 사용자들이 물품을 구매하는 대신에 원하는 물품을 직접 디자인하고 생산하는 것이 가능해진다. 결과적으로 물품의 제조 방식뿐만 아니라 기업의 운용과 유통 체계까지도 큰 영향을 미칠 것으로 예측된다.

02 3D 프린팅 방식과 재료

3D 프린팅 기술을 활용한 실물 제작 단계는 모델링, 프린팅, 피니싱의 3단계로 구성된다(그림 10.3). 모델링(modeling) 단계에서는 CAD(computer aided design), 3D 모델링 프로그램, 3D 스캐너 등을 사용하여 제품을 설계한다. 프린팅(printing) 단계는 설계도에 따라 물체를 만드는 단계로, 3차원 구조물을 만들기 위해 바텀업(bottom-up) 방식으로 소재를 한 층씩(layer by layer) 인쇄하는 적층가공 방식(additive manufacturing) 또는 탑다운(top-down) 형식으로 소재를 깎아나가는 절삭가공 방식(subtractive manufacturing)이 있다. 피니싱(finishing) 단계는 제작물에 대해서 보완 작업을 하는 단계로서, 색을 칠하거나 표면을 연마하고, 부분 제작물을 조립하는 등의 작업을 진행한다.

그림 10.3 3D 프린팅 기술을 활용한 실물 제작 단계. (출처: http://3dprintingindustry.com)

적층가공 방식은 재료를 액체, 분말, 섬유 등의 상태로 0.01~0.08 mm의 높이로 적층하여 입체 형상을 제작하는 방식으로, 층이 얇을수록 보다 정밀한 형상을 얻을 수 있다. 형상 제작과 동시에 채색을 진행할 수 있는 장점이 있다. **절삭가공 방식**은 한 개의 덩어리로 된 재료를 조각하듯이 깎아내 입체 형상을 제작하는 방식이다. 적층가공 방식에 비해 완성품이 더 정밀하다는 장점이 있지만, 재료가 많이 소모되고 컵처럼 안쪽이 빈 모양은 제작하기 어려우며 채색 작업을 별도로 해야 하는 단점이 있다.

3D 프린팅에 활용되는 소재는 고분자, 금속, 세라믹, 식재료 등 매우 다양하며, 액체, 분말, 섬유 등의 형태로 사용된다. 재료의 형태에 따라 조형성, 견고성 등의 특성이 달라진다. 액체 기반의 방식은 정확한 조형이 가능하다는 장점이 있으나 내구성이

떨어지는 단점이 있다. 분말 기반의 방식은 다양한 원료의 사용이 가능하며 제작물이 견고한 장점이 있다. 플라스틱과 금속이 3D 프린팅용의 주요 재료로 사용되고 있다. 플라스틱을 사용하는 프린팅은 저가형의 개인용 프린터에 주로 활용되고 있고, 일반적으로 제조업에서 사용되는 많은 플라스틱 소재들이 사용되고 있다. 금속은 높은 물성 때문에 고가형의 산업용에 주로 활용되고 있다.

용도 및 제조 방식에 따라 사용되는 소재가 달라질 수 있는데, 재료 선택의 기준으로는 색상, 투명도, 기계적 특성(인장 강도, 경도 등), 열적 특성(유리 전이 온도 등), 생물학적 적합성, 내습성 등이 있다.

3D 프린팅 기술에서는 적층가공 방식이 더 많이 사용되고 있으므로, 적층가공 방식의 대표적인 기술들을 소개한다. 먼저, FDM(fused deposition modeling) 방식은 압출(extrusion)을 이용하는 방식이다. 그림 10.4(왼쪽)에 나타내었듯이 열가소성 수지 필라멘트가 가열된 노즐을 통과하면서 용융되어 적층되고 냉각되면서 굳어지는 방식이 많이 사용되고 있다. 필라멘트를 사용하는 이 방법을 FFF(fused filament fabrication)이라고 부르기도 한다. 그 외에 점성 액체 또는 슬러리 상태의 재료를 용융 장치 없는 노즐을 통하여 공급하는 방식도 사용된다. XY 평면상에서 움직이는 재료추출 헤드의 노즐을 통하여 액상의 재료가 나오면서 적층된다. 한 층의 제작이 완료되면 제작판이 Z 방향으로 움직인 후 다음 층을 제작한다. 간단한 기계장치로 구성되어 있으며 가격 및 유지 보수 비용이 저렴하다는 장점이 있지만, 성형 속도가 느리고 층별로 쌓이면서 미세한 굴곡이 발생하여 이를 제거하기 위해 연마 등의 후처리가 필요한 단점도 있다. 비교적 단순한 형상을 빠르고 저렴하게 제작하는 데 주로 사용된다.

FDM 방식에는 주로 열가소성 플라스틱이 사용된다. 대표적인 예로서 polylactic acid(PLA), acrylonitrile-butadiene-styrene copolymer(ABS), ABSi, polyphenylsulfone(PPSF), PC, PETG, polyetherimide(PEI), 나일론, PP 등을 들 수 있다. 이중 ABS가 표면광택이 좋고 착색이 쉬우며 성형성과 내화학성이 우수하여 가장 많이 사용되고 있다. PLA는 옥수수 전분에서 추출한 원료로 만든 친환경 수지로, ABS보다 내열성과 강도가 떨어지지만 폐기되었을 때 미생물에 의해 생분해되는 장점이 있다.

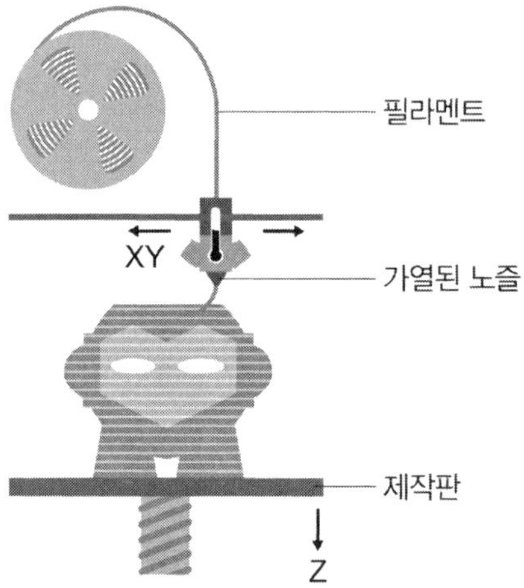

그림 10.4 FDM 방식.

SLA(stereo lithography apparatus) 방식은 액체 상태의 광경화성 플라스틱 전구체(prepolymer)가 담긴 용기의 한 면에 자외선 레이저를 조사하여 용기 내부의 액체를 한 층씩 경화시키면서 적층하는 방식이다(그림 10.5). 정밀도가 높은 것이 장점이지만 제품의 강도는 약한 편이다. 높은 정밀도 때문에 장신구, 치기공(dental technology), 의료용 용도에 사용된다. 사용되는 재료는 고분자 전구체(단량체 포함), 점도를 낮추기 위한 반응성 희석제(reactive diluent), 광중합 개시제 등으로 구성된다.

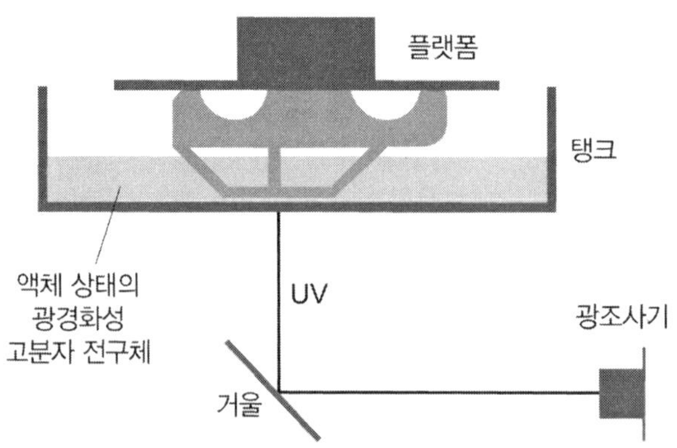

그림 10.5 SLA 방식.

SLS(selective laser sintering) 방식은 분말 형태의 재료를 고출력 레이저로 녹여 굳히면서 적층하는 기술이다. 그림 10.6에 나타낸 것처럼 롤러를 이용하여 분말 재료를 얇게 올린 후 레이저로 녹여 굳히는 단계를 반복하여 형상을 제작한다. 레이저를 사용하기 때문에 정밀도가 높고 복잡한 형상의 제작이 가능하여 주로 산업용으로 사용된다. 재료에 따라 가열온도 및 레이저 조작 등의 설정이 복잡하고 장비의 가격이 비싼 것이 단점이다. SLS 방식의 금속 3D 프린터에서 사용되는 재료는 분말 형태의 타이타늄, 백금, 알루미늄, 코발트, 니켈, 구리, 금, 은과 이들의 합금이 사용되고 있다. 최근 고품질 타이타늄, 초내열합금 등의 고부가가치 소재가 집중 연구개발되고 있다. 예를 들어, 항공기용 타이타늄 브라켓 부품의 경우 기존 가공법(절삭)으로 제작 시 손실되는 원료량이 많은 데 비해 3D 프린팅으로 제작하면 원료량을 1/30으로 줄일 수 있어 3D 프린팅용 고품질 타이타늄 분말을 제조하는 기술이 연구되고 있다. 고분자 재료는 나일론이 가장 많이 사용되지만 PS, PP 등도 사용된다. 유리섬유, 탄소섬유 등으로 강화시킨 고분자 재료도 사용된다.

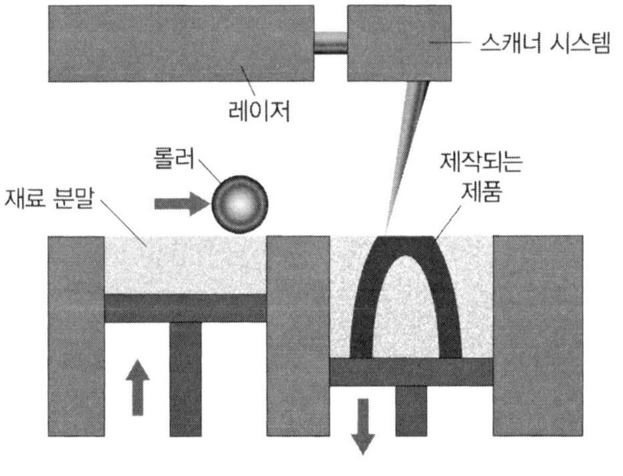

그림 10.6 SLDS 방식.

MJM(multi jetting modeling) 방식은 하나 또는 여러 개의 잉크젯 프린팅 헤드가 방울 상태의 재료를 선택적으로 분사하고 자외선으로 경화시켜 적층하는 방식이다. 사용되는 재료에는 광경화성 수지, 왁스 등이 있다. 한 층의 높이가 매우 낮은 정밀한 3D 프린팅 기술로서, 피니싱 작업이 거의 필요 없고 주로 산업용으로 사용된다. PP, ABS 등이 주로 사용된다.

참고문헌

화학세계, 대한화학회
일반화학교재연구회, 일반화학, 자유아카데미
화학교재연구회, 일반화학, 사이플러스
공업화학 전망, 한국공업화학회
김영근 등, 신소재 이야기. 자유아카데미
정찬문, 공업화학, 자유아카데미
원동연 등, 재료과학, 집문당
김승주 등, 고체화학, 자유아카데미
권혁상 등, 공업재료 이론과 응용, 교보문고
Harry R. Allcock, Introduction to Materials Chemistry, Wiley
Malcolm P. Stevens, Polymer Chemistry An Introduction, Oxford
월간중앙
物質と材料の基本化学, 共立出版株式会社
박영준 등, 임상치과재료학, 군자출판사
고영무 등, 치과재료학, 군자출판사
William D. Callester, Jr. et al., Material Science and Engineering, Wiley

찾아보기

저자 소개

정찬문
연세대학교 화학공학과 졸업
연세대학교 대학원 화학공학과 석사
Tokyo University 합성화학과 박사
Cornell University 화학과 박사후연구원
한국과학기술연구원 고분자연구부 선임연구원
현) 연세대학교 과학기술대학 화학 및 의화학과 교수
E-mail: cmchung@yonsei.ac.kr

재료화학

저　　자　정찬문
발 행 인　김지영
발 행 처　자유아카데미
주　　소　경기도 파주시 회동길 37-42
　　　　　파주출판도시
전　　화　031-955-1321
팩　　스　031-955-1322
홈페이지　www.freeaca.com
전자우편　main@freeaca.com (대표)
　　　　　editor@freeaca.com (편집)
　　　　　crm@freeaca.com (영업)
등　　록　제406-2003-017호, 1980. 7. 12
제1판1쇄　2023년 4월 15일 발행

저자와의
협의하에
인지생략

ISBN 979-11-5808-449-3　93430